绿色建筑评价技术指南

住房和城乡建设部科技发展促进中心　组织编写

中国建筑工业出版社

图书在版编目（CIP）数据

绿色建筑评价技术指南/住房和城乡建设部科技发展促进中心组织编写．—北京：中国建筑工业出版社，2010
ISBN 978-7-112-11864-9

Ⅰ．绿…　Ⅱ．住…　Ⅲ．建筑工程-无污染技术-评估-指南　Ⅳ．TU-023

中国版本图书馆 CIP 数据核字（2010）第 035391 号

责任编辑：齐庆梅
责任设计：张　虹
责任校对：关　健

绿色建筑评价技术指南
住房和城乡建设部科技发展促进中心　组织编写
*
中国建筑工业出版社出版、发行（北京西郊百万庄）
各地新华书店、建筑书店经销
北京红光制版公司制版
北京同文印刷有限责任公司印刷
*
开本：787×1092 毫米　1/16　印张：17½　字数：387 千字
2010 年 3 月第一版　2013 年 12 月第八次印刷
定价：**46.00** 元
ISBN 978-7-112-11864-9
（19126）

编 委 会 名 单

序

我国正处在工业化、城镇化快速发展的关键阶段，坚持可持续发展，大力推动建筑节能，妥善应对气候变化，事关我国经济社会的发展全局和人民群众的根本利益，是国家经济社会发展的重大战略。多年来，国家强调节能减排，要加强对节能等低碳和零碳技术的研发和产业化投入，加快建设以低碳为特征的工业、建筑和交通体系，增强全社会应对气候变化的意识，加快形成低碳绿色的生活方式和消费模式。在2009年11月27日国务院常务会议上，提出到2020年单位国内生产总值二氧化碳排放比2005年下降40％～45％的目标，并在哥本哈根世界气候大会上向全世界做出了庄严承诺。

绿色建筑体现了人与自然和谐共存，顺应时代发展的潮流和社会民生的需求，是建筑节能和建筑业可持续发展的迫切需要，不仅涉及老百姓的生活质量，而且也是关系国计民生的大事业，全面推进建筑节能与推广绿色建筑已成为我国住房和城乡建设领域推进节能减排的重要战略措施之一。落实这一战略措施将会不断引导我国城镇建设向重科学、重节约、重效益、重质量、健康协调的方向发展。

为大力发展适合我国国情的绿色建筑，规范和引导绿色建筑的健康发展，住房和城乡建设部于2006年发布了《绿色建筑评价标准》GB/T 50378—2006，2007年出台了《绿色建筑评价标识管理办法（试行）》，并委托部科技发展促进中心负责绿色建筑评价标识的具体日常管理工作。之后，住房和城乡建设部印发了《绿色建筑评价技术细则》。为了充分发挥和调动各地发展绿色建筑的积极性，进一步推进绿色建筑评价标识工作，促进绿色建筑全面、快速发展，提高我国绿色建筑整体水平，住房和城乡建设部又印发了《一二星级绿色建筑评价标识管理办法（试行）》。自2008年4月绿色建筑评价标识工作正式启动以来，已先后评出22个绿色建筑评价标识项目，在行业内反响强烈，推动了中国特色绿色建筑的发展，并为制定符合我国国情的绿色建筑评价体系积累了丰富的经验。

目前，住房和城乡建设部已委托13个省（市）开展当地一二星级绿色建筑评价标识工作，还将陆续在其他省市推进绿色建筑评价标识。为了加强对各地绿色建筑评价标识工作的指导，住房和城乡建设部科技发展促进中心在总结过去几年绿色建筑评价工作实践经验的基础上，组织参与绿色建筑评价标识工作的国内知名专家和参与绿色建筑发展的相关专业人员编写了《绿色建筑评价技术指南》，对《绿色建筑评价标准》进行了深入剖析，并对依据标准，如何围绕评价要点、实施途径、关键点等重点内容开展评价工作进行了详细解读，以便加强全国各地进行绿色建筑评价工作的能力建设和指导绿色建筑技术的发展。这必将有利于广大管理人员、设计人员、工程技术人员以及房屋建筑开发建设人员对绿色建筑评价标准和绿色建筑技术的深入理解，对加快绿色建筑评价标识在全国的推广将起到积极的促进作用。

住房和城乡建设部建筑节能与科技司

2010年1月20日

前　言

为大力发展绿色建筑，规范和引导绿色建筑的健康发展，住房和城乡建设部于2006年发布了《绿色建筑评价标准》GB/T 50378—2006，并于2007年出台了《绿色建筑评价标识管理办法（试行）》（建科［2007］206号），委托住房和城乡建设部科技发展促进中心负责绿色建筑评价标识的具体组织实施等日常管理工作，为此专门成立了绿色建筑评价标识管理办公室（以下简称“绿标办”），自2008年起开始启动我国的绿色建筑评价标识工作。截至2009年底，绿标办已先后进行了三批“绿色建筑设计评价标识”和一批“绿色建筑评价标识”的评审工作，共评出17个标识项目，在建筑行业内反响强烈。

为深入贯彻落实《国务院关于印发节能减排综合性工作方案的通知》精神，充分调动和发挥各地发展绿色建筑的积极性，促进绿色建筑全面、快速发展，提高我国绿色建筑整体水平，住房和城乡建设部于2009年6月印发了《关于推进一二星级绿色建筑评价标识工作的通知》（建科［2009］109号），并制定了《一二星级绿色建筑评价标识管理办法（试行）》，推动具有一定绿色建筑基础的省市开展地方一二星级绿色建筑评价标识工作。截至2009年底，已有十三个省市获得住宅和城乡建设部批复，并已陆续启动地方一二星级绿色建筑评价标识工作。

为支持全国各地进行绿色建筑评价工作的能力建设和指导绿色建筑技术的发展，住房和城乡建设部科技发展促进中心组织绿色建筑评价标识专家委员会的各专业权威、知名专家和专业人员编写本书，他们中既有《绿色建筑评价标准》和《绿色建筑评价标识管理办法》的制订者，也有曾多次参加绿色建筑评价标识评审工作的专家，都具有丰富的专业理论知识和标识评价经验。

本书通过对绿色建筑评价工作实践的总结和归纳具体的评价方法和经验，对《绿色建筑评价标准》进行深入的剖析和解读，每款条文均通过“评价要点”、“实施途径”、“关注点”和“建议提交材料”等部分进行详细阐述，同时结合“评价案例”以加深理解。其中“评价要点”旨在向评价人员阐述评价方法；“实施途径”旨在向建设单位、房地产开发商和设计人员提供能够达到要求的方法和措施；“关注点”着重指出申报单位准备申报材料时应关注的事宜，以及评审专家在评标过程中主要关注的内容；“建议提交材料”则为方便申报单位准备完整详实的申报材料。此外，本书精心挑选了通过评价的两个住宅建筑标识项目和两个公共建筑标识项目作为完整案例，对评价过程进行详细介绍，有助于读者了解标识评价的完整过程。本书还在“附录”部分对我国“绿色建筑评价标识”工作的相关制度和文件进行了汇编，并列出建议提交材料的清单，以便于读者查阅和参考。

总之，本书力求成为从事绿色建筑评价标识工作的管理人员、专业人员及专家的培训教材，为广大建设单位、房地产开发商、设计单位和咨询单位等申报绿色建筑评价标识提供指导，并为加快绿色建筑评价标识在全国的推广提供有力的工具。

感谢美国能源基金会（The Energy Foundation）对本书的资助，感谢张瑞英、吴萍对本书的大力支持。

本书在编写过程中几易其稿，但由于编写时间紧，文中肯定存在不足之处，恳请广大读者批评指正。对《绿色建筑评价标准》和本书的意见和建议，请反馈给住房和城乡建设部科技发展促进中心绿色建筑评价标识管理办公室（地址：北京市海淀区三里河路 9 号住房和城乡建设部南配楼 204 室；邮政编码：100835；E-mail：cngb@mail. cin. gov. cn；网址：www. cngb. org. cn)。

目　录

第1章　概　　述

第2章　评　价　要　求

第3章　节地与室外环境

第4章　节能与能源利用

第5章　节水与水资源利用

第6章　节材与材料资源利用

第7章　室内环境质量

第8章 运营管理

第9章 绿色建筑评价标识案例分析

第1章 概　　述

1.1 绿色建筑评价标识的背景及工作开展情况

1.1.1 绿色建筑评价标识产生的背景

我国已进入工业化、城镇化快速发展时期，人口、资源、环境与工业化、城镇化、经济快速增长的矛盾日益显著。据2007年版《中国统计年鉴》，我国建筑能耗从2000年的2.8亿吨标煤增长到2006年的5.0亿吨标煤；而建筑建造和使用过程中造成的环境污染日益严重。据有关报道，与建筑有关的空气污染、光污染、电磁污染等约占环境总体污染的34%；建筑垃圾约占人类活动产生垃圾总量的40%。与此同时，我国人均GDP从2000年的1644元增长到2006年的16084元，人们对居住环境也提出健康、舒适的高要求。

党的“十七大”强调必须把建设资源节约型、环境友好型社会放在工业化、现代化发展战略的突出位置，提出建设生态文明，基本形成节约能源资源和保护生态环境的产业结构、增长方式、消费模式的发展目标。2009年8月12日，温家宝在主持召开国务院常务会议研究部署应对气候变化有关工作时提出，大力发展绿色经济，紧密结合扩大内需促进经济增长的决策部署，培育以低碳排放为特征的新的经济增长点，加快建设以低碳排放为特征的工业、建筑、交通体系。发展绿色建筑，是建设领域贯彻“十七大”精神，统筹经济社会发展、人与自然和谐发展的重要举措；是转变城镇建设模式的重要途径；是当前扩内需、调结构、保增长、惠民生的重要手段。

什么样的建筑才是绿色建筑？现在有一些开发商在宣传时偷换“绿色建筑”的概念，使人们对“绿色建筑”的概念产生了误解：有人误以为小区草坪多、建筑屋顶上种植花草就是绿色建筑；也有人认为绿色建筑就是豪华建筑，等等。因此，很有必要研究如何确定一个建筑是否是绿色建筑，是否真的节约资源、舒适健康和环保，这需要一把标尺来衡量。

2006年6月，国家标准《绿色建筑评价标准》GB/T 50378—2006由住房和城乡建设部正式发布实施，该标准是在总结近年来我国绿色建筑方面的实践经验和研究成果的基础上，借鉴国际先进经验制定的第一部多目标、多层次的绿色建筑综合评价标准，并以此构建了符合我国国情的“绿色建筑评价标识”体系。该标准即是住房和城乡建设部用来衡量和评价中国绿色建筑的标尺。

1.1.2 绿色建筑评价标识工作的开展

为贯彻执行资源节约和环境保护的国家发展战略政策，引导绿色建筑健康发展，住房和城乡建设部于 2007 年 8 月出台了《绿色建筑评价标识管理办法（试行）》（建科［2007］206 号）（见附录 3）和《绿色建筑评价技术细则（试行）》（建科［2007］205 号）委托住房和城乡建设部科技发展促进中心负责绿色建筑评价标识的具体组织实施等日常管理工作。

为进一步加强和规范绿色建筑评价工作，引导绿色建筑健康发展，住房和城乡建设部科技发展促进中心于 2008 年 4 月成立了绿色建筑评价标识管理办公室（以下简称“绿标办”），具体负责绿色建筑评价标识的日常管理工作，受理三星级绿色建筑评价标识，指导一二星级绿色建筑评价标识活动。绿标办自成立后，于 2008 年 4 月～7 月组织了 2008 年度第一批绿色建筑设计评价标识项目申报、评审和公示，并于 2008 年 8 月 4 日召开了“绿色建筑评价标识”记者见面会（见图1-1），向首批获得绿色建筑设计评价标识的 6 个项目颁发了证书。通过总结第一次评价工作，绿标办修订了《绿色建筑评价标识实施细则》（见附录 5），制定了《绿色建筑评价标识使用规定（试行）》（见附录 5），并陆续组织编写了《绿色建筑评价技术细则补充说明（规划设计部分）》和《绿色建筑评价技术细则补充说明（运行使用部分）》等相关技术文件。2008 年 11 月，绿标办筹备组建了绿色建筑评价标识专家委员会（见图 1-2），发布了《绿色建筑评价标识专家委员会工作规程（试行）》（见附录 5）。专家委员会下设规划与建筑、结构、暖通、给水排水、建材、电气、建筑物理等七个专业组，旨在发挥多学科、多

图 1-1　绿色建筑评价标识记者见面会（2008 年 8 月 4 日）

图 1-2　绿色建筑评价标识专家委员会成立（2008 年 11 月 27 日）

专业的综合优势，为绿色建筑评价标识提供科学合理的技术咨询，研究我国评价标准体系框架，开发并完善评价标识配套技术体系，严格评价标识的评审工作，在建筑节能的基础上，带动和引导建筑节能发展。此外，绿标办建立了便于申报和信息交流的绿色建筑评价标识网站（www. cngb. org. cn），并通过举办国际绿色建筑大会绿色建筑评价与标识分论坛（见图 1-3）等方式，将绿色建筑评价标识活动在全国范围内进行了广泛宣传和推广。

图 1-3　国际绿色建筑大会绿色建筑评价与标识分论坛（2009 年 3 月 28 日）

截至 2009 年底，绿标办已先后评出“绿色建筑设计评价标识”项目 15 项，“绿色建筑评价标识”项目 2 项（见附录 1）。这些标识项目的建筑节能率、住区绿地率、可再生能源利用率、非传统水源利用率、可再循环建筑材料用量等绿色建筑评价指标，都完全达到了《绿色建筑评价标准》的相应要求。经统计，获得标识的项目总建筑面积达 172. 2 万 m^2，共开发利用地下空间 42. 6 万 m^2；住区平均绿地率达 37. 6%；建筑总节能量达 1. 5 亿 kWh，可节约标煤约 5. 1 万吨/年，减排 CO_2 约 13. 5 万吨/年；其中，5 个项目利用了太阳能提供生活热水，5 个项目采用了太阳能发电，7 个项目采用了新型热泵空调技术，经估算，利用可再生能源可替代标煤约 6. 4 千吨/年，减排 CO_2 约 1. 7 万吨/年；非传统水源平均利用率约 21. 7%，总利用量可达 45. 6 万吨/年；可再循环材料平均利用率约 12. 0%，总利用量可达 423. 8 万吨/年。这些项目①的平均增量成本约 279. 3 元/m^2（其中一星级约 96. 4 元/m^2，二星级约 276. 6 元/m^2，三星级约 478. 9 元/m^2）。

1. 1. 3　绿色建筑评价标识工作的推广

为大力推进一二星级绿色建筑评价标识工作，充分发挥和调动全国各地发展绿色建筑评价标识的积极性，鼓励绿色建筑在全国范围内快速健康发展，住房和城乡

---

①　参与统计的项目 11 个（3 个一星级，2 个二星级，6 个三星级），另外 5 个未落实数据的项目以及 1 个增量成本 1700 元/m^2 申报三星级但获得一星级标识的项目未参与统计。

建设部于2009年6月印发了《关于推进一二星级绿色建筑评价标识工作的通知》（建科［2009］109号），并制定了《一二星级绿色建筑评价标识管理办法（试行）》（见附录4），鼓励具备条件的省市住房和城乡建设主管部门经过住房和城乡建设部审批后，科学、公正、公开、公平地开展所辖地区一二星级绿色建筑评价标识工作。2009年6月24～25日，住房和城乡建设部建筑节能与科技司在北京召开了"绿色建筑评价标识推进会"（见图1-4），明确了加快发展绿色建筑的工作思路，提出了各地开展一二星级绿色建筑评价标识工作方案，对《一二星级绿色建筑评价标识管理办法（试行）》进行了详细解读，同时对地方绿色建筑评价标识管理和评价人员进行了培训，介绍了绿色建筑评价标识典型案例。截至2009年底，江苏省、浙江省、上海市、深圳市、广西壮族自治区、宁夏回族自治区、新疆维吾尔族自治区、大连市等相继获得住房和城乡建设部批复，开展所辖地区的一二星级绿色建筑评价标识工作。随着各省市逐步开展一二星级绿色建筑评价标识工作，地方绿色建筑评价标识机构网络将逐渐形成，这不仅将推动绿色建筑评价标识在我国的快速发展，而且能够有效地提高我国绿色建筑的整体发展水平。

图1-4　绿色建筑评价标识推进会（2009年6月24日）

1.1.4　绿色建筑评价技术的推广

随着绿色建筑评价标识工作的不断推进，在业内引起了强烈的反响：越来越多的人开始关注绿色建筑，越来越多的问题暴露出来，越来越多的评价技术需要研究解决。几乎每天都有建设管理部门、开发单位、建设单位、咨询机构等通过电话、邮件、访问等方式咨询绿色建筑评价技术，以期发展自身的绿色建筑技术和管理水平。为此，住房和城乡建设部科技发展促进中心于2009年10月发布了《关于开展一二星级绿色建筑评价标识培训考核工作的通知》（建科综［2009］31号）（见附录6），对培训考核对象、工作程序、培训方式、考核办法等内容做了详细规定，以此加强地方绿色建筑评价标识能力建设，确保标识项目质量。目前，培训考核工作在各省市陆续展开，本书作为此项工作的主要配套，主要用于支持全国各地进行绿色建筑评价工作的能力建设和指导绿色建筑技术的发展。

1.2 绿色建筑评价标识的特点

1.2.1 什么是绿色建筑评价标识

绿色建筑评价标识，是指依据《绿色建筑评价标准》和《绿色建筑评价技术细则（试行）》，按照《绿色建筑评价标识管理办法（试行）》，确认绿色建筑等级并进行信息性标识的一种评价活动。标识包括证书和标志（挂牌）两种。

“绿色建筑评价标识”体系主要用于评价住宅建筑和公共建筑。体系按不同工程进展阶段分为“绿色建筑设计评价标识”和“绿色建筑评价标识”。“绿色建筑设计评价标识”是对已完成施工设计图审查的住宅建筑和公共建筑进行的评价，“绿色建筑评价标识”则是对已竣工并投入使用1年以上的住宅建筑和公共建筑进行的评价。

“绿色建筑评价标识”体系分为六个评价指标体系：(1) 节地与室外环境；(2) 节能与能源利用；(3) 节水与水资源利用；(4) 节材与材料资源利用；(5) 室内环境质量；(6) 运营管理。每类指标包括控制项、一般项与优选项。其中，控制项为绿色建筑的必备项；一般项是指一些实现难度较大、指标要求较高的可选项；优选项是难度更大和要求更高的可选项。按满足一般项和优选项的程度，绿色建筑划分为三个等级：以住宅建筑为例，一般情况下，18项达标可获得一星级标识；27项达标可获得二星级标识；35项达标可获得三星级标识。

1.2.2 绿色建筑评价标识的依据

绿色建筑评价标识的依据分为管理文件和技术文件两类。图1-5为目前开展绿色建筑评价标识所依据的管理文件，左图为《绿色建筑评价标识管理办法（试

建设部文件

建科〔2007〕206号

关于印发《绿色建筑评价标识管理办法》（试行）的通知

各省、自治区建设厅，直辖市建委及有关部门，计划单列市建委（建设局），新疆生产建设兵团建设局：

为规范绿色建筑评价标识工作，引导绿色建筑健康发展，我部制定了《绿色建筑评价标识管理办法》（试行），现印发给你们，请遵照执行。

— 1 —

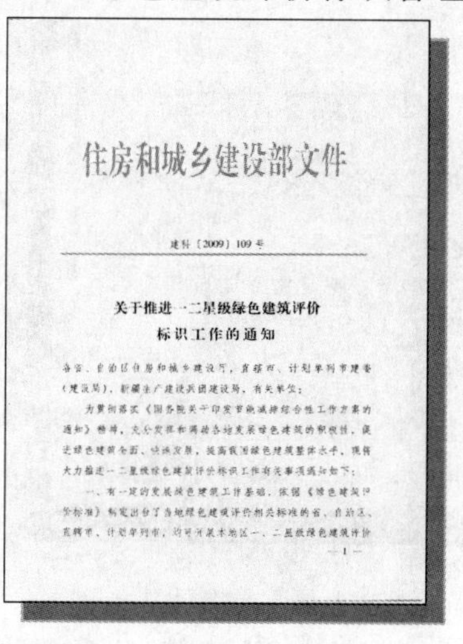

住房和城乡建设部文件

建科〔2009〕109号

关于推进一二星级绿色建筑评价标识工作的通知

各省、自治区住房和城乡建设厅，直辖市、计划单列市建委（建设局），新疆生产建设兵团建设局，有关单位：

为贯彻落实《国务院关于印发节能减排综合性工作方案的通知》精神，充分发挥和调动各地发展绿色建筑的积极性，促进绿色建筑全面、快速发展，提高我国绿色建筑整体水平，现将大力推进一二星级绿色建筑评价标识工作有关事项通知如下：

一、有一定的发展绿色建筑工作基础，依据《绿色建筑评价标准》制定出台了当地绿色建筑评价相关标准的省、自治区、直辖市、计划单列市，均可开展本地区一、二星级绿色建筑评价

— 1 —

图1-5 管理办法

行)》，右图为《推进一二星级绿色建筑评价标识工作》。图 1-6 为目前开展绿色建筑评价标识所依据的技术文件，从左至右依次为《绿色建筑评价标准》、《绿色建筑评价技术细则（试行)》、《绿色建筑评价技术细则补充说明（规划设计部分)》和《绿色建筑评价技术细则补充说明（运行使用部分)》。上述文件的具体内容可在绿色建筑评价标识网 www. cngb. org. cn 下载。

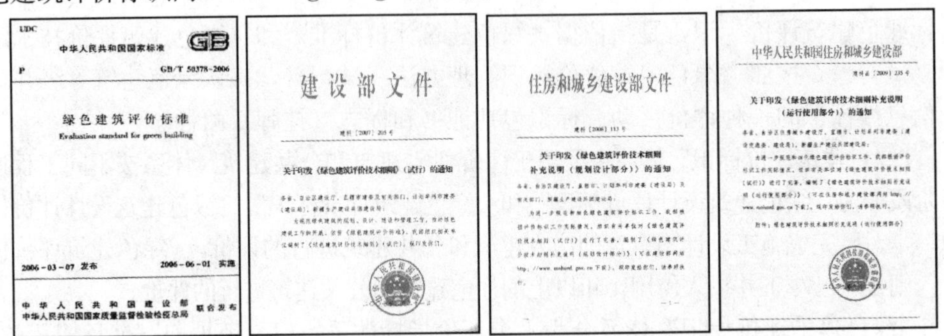
UDC
中华人民共和国国家标准 GB
P GB/T 50378-2006
绿色建筑评价标准
Evaluation standard for green building
2006-03-07 发布 2006-06-01 实施
中华人民共和国建设部
中华人民共和国国家质量监督检验检疫总局 联合发布

建设部文件
关于印发《绿色建筑评价技术细则》(试行)的通知

住房和城乡建设部文件
关于印发《绿色建筑评价技术细则补充说明（规划设计部分)》的通知

中华人民共和国住房和城乡建设部
关于印发《绿色建筑评价技术细则补充说明（运行使用部分)》的通知

图 1-6　绿色建筑评价标准、技术细则及其补充说明

1.2.3　绿色建筑评价标识证书和标志

根据住房和城乡建设部科技发展促进中心出台的《绿色建筑评价标识使用规定（试行)》第二条，绿色建筑评价标识分为“绿色建筑评价标识”和“绿色建筑设计评价标识”。其中“绿色建筑评价标识”包括证书（见图 1-7）和标志（挂牌）（见

三星级绿色建筑设计标识证书

绿色建筑标识
GREEN BUILDING LABEL
三星级绿色建筑标识证书
CERTIFICATE OF GREEN BUILDING LABEL
建筑名称：上海市建筑科学研究院绿色建筑工程研究中心办公楼
建筑面积：0.27万m²
完成单位：上海市建筑科学研究院（集团）有限公司
有效期限：2009年10月15日-2012年10月15日

图 1-7　证书样式

注：左：绿色建筑设计评价标识证书，右：绿色建筑评价标识证书。

图 1-8)，而“绿色建筑设计评价标识”则仅有证书。绿色建筑评价标识的标志和证书由住房和城乡建设部监制，并规定统一的格式和内容。绿色建筑设计评价标识的有效期限为一年，绿色建筑评价标识的有效期限为三年。

图 1-8　绿色建筑评价标识标志（挂牌）样式

为了让公众更多地了解绿色建筑的内涵，绿色建筑评价标识证书上除了标出建筑名称、建筑面积和完成单位等基本信息外，还将几项具有代表性的评价指标列在其中，如建筑节能率、可再生能源利用率、非传统水源利用率、住区绿地率、可再循环建筑材料用量比、室内空气污染物浓度等。对于规划设计阶段而言，绿色建筑设计评价标识证书上标出的是建筑的设计指标值；而对于运行使用阶段，绿色建筑评价标识证书上同时标出了设计指标值和实测指标值。图 1-9 为证书公示内容的局部放大图。

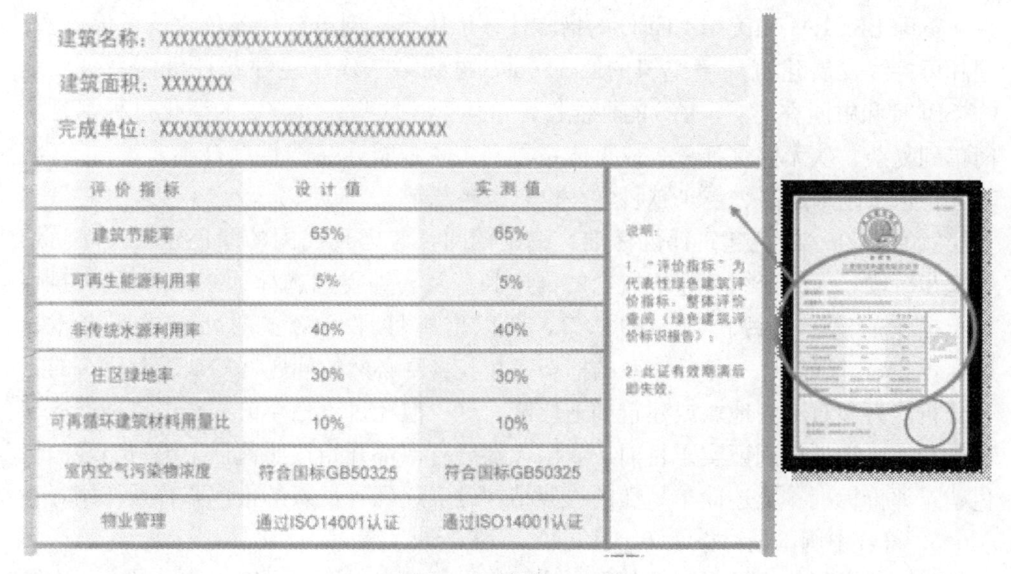

建筑名称：XXXXXXXXXXXXXXXXXXXXXXXXXXXXX

建筑面积：XXXXXXX

完成单位：XXXXXXXXXXXXXXXXXXXXXXXXXXXXX

评价指标	设计值	实测值
建筑节能率	65%	65%
可再生能源利用率	5%	5%
非传统水源利用率	40%	40%
住区绿地率	30%	30%
可再循环建筑材料用量比	10%	10%
室内空气污染物浓度	符合国标GB50325	符合国标GB50325
物业管理	通过ISO14001认证	通过ISO14001认证

说明：

1．“评价指标”为代表性绿色建筑评价指标，整体评价查阅《绿色建筑评价标识报告》；

2．此证有效期满后即失效。

图 1-9　证书公示内容

1.2.4 我国绿色建筑评价标识体系的特点

众所周知，国外的绿色建筑发展早于我国，其评价工作也先于我国。我国绿色建筑评价标识制度的起步较晚，但正是“他山之石可以攻玉”，一方面有机会充分借鉴国外绿色建筑评价体系架构和评价模式的先进经验，另一方面结合我国国情，分析与其他国家在经济发展水平、地理位置和人均资源等方面的差异。和国外绿色建筑评价标识体系相比，我国的“绿色建筑评价标识”体系有以下几个特点：

1. 政府组织和社会自愿参与

不同国家绿色建筑的评价者并不一样，美国 LEED 是由非盈利组织美国绿色建筑协会 USGBC 开展的咨询和评价行为，属于社会自发的评价标识活动；日本 CASBEE 是由日本国土交通省组织开展、分地区强制执行的评价标识活动。我国的“绿色建筑评价标识”，一方面是由住房和城乡建设部及其地方建设主管部门开展评价，即政府组织行为；另一方面是社会自愿参与的、非强制性的评价标识行为。

坚持“节约资源和保护环境”的国家技术经济政策使得我国政府对发展以“四节二环保”为基础的绿色建筑极为重视，这就促成了“由政府组织开展”的良好局面。但同时由于我国绿色建筑起步较晚，技术和政策基础尚不完善，强制执行绿色建筑评价标识还不成熟，因此希望国内建筑市场中意识靠前、实力较强的建筑工程项目自愿参与评价和标识。

2. 框架结构简单易懂

目前全球采用的绿色建筑评价体系框架可分为三代：从第一代绿色建筑评价体系：英国 BREEM 和美国 LEED 的措施性评价体系，到第二代绿色建筑评价体系：国际可持续发展建筑环境组织的 GBTool，再到第三代绿色建筑评价体系：日本 CASBEE 和中国香港 CEPAS 的性能性评价体系。这些评价方法的演化过程都是从简单到复杂、从无权重到一级权重体系再到多重权重，从线性综合到非线性综合。其评价水平越来越高、越来越科学，也越来越复杂。

2006 年在《绿色建筑评价标准》编制期间，考虑到我国的绿色建筑发展尚处于起步阶段，为便于绿色建筑概念的推广和普及，编委们选择了结构简单、清晰，便于操作的第一代评价体系的框架，即以措施性评价为主的列表式评价体系 (Checklist)。尽管这一评价体系的框架存在其自身必然的问题，如缺乏对建筑的综合分析能力和对不同地域或建筑的适应能力等，但经过近三年的实践，该标准的准确性和适时性已得到证实。目前，我国大部分省市都开始按照此框架编写当地的绿色建筑评价标准。上述简单易懂的框架结构确实起到了良好的推广和普及作用。

3. 符合中国国情

各国建设行业的情况相差甚大，中国建设领域有以下两个特点：一是由于中国建筑量大，为保证其建设质量，中国建设行业在各个建设环节的监管制度严于他国，并非设计主体和建设主体所在行业自身认可就行，而是基于我国行政管理制度而设立第三方机构进行监管，以确保监督管理的有效性，例如，由专门的审图机关进行施工图审查、专门的监理机构进行竣工验收等；二是建设行业的国家标准或行业标准是结合中国实际建设水平和相关技术应用水平而制定的，这样既保证了标准的可实施性，又可以在此基础上结合国情制定切实可行的指标，例如，由于我国建筑能耗远低于发达国家能耗水平（见图 1-10），同时我国建设行业强调贯彻建筑节能的发展战略政策，因此，我国的绿色建筑评价标识中将满足我国建筑节能相关标准的节能项作为了评价建筑的重点。

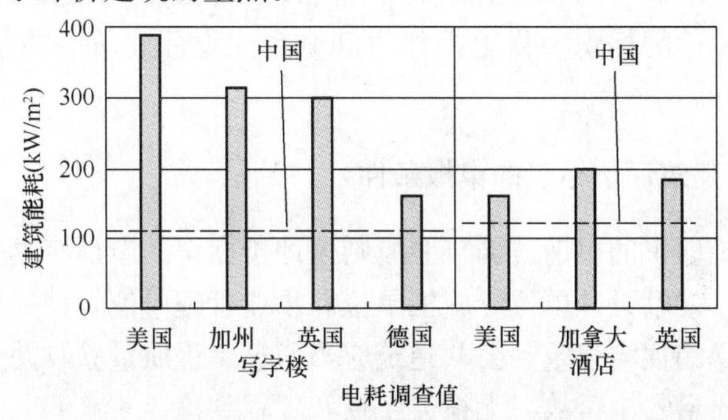

图 1-10　中国与发达国家商用建筑能耗比较（数据来自清华大学测试报告）

2008 年开始实施的“绿色建筑评价标识”正是按照我国的建设行情、监管制度以及相关标准而实施的，并逐步完善相关管理制度和技术体系。因此，具有节能优先、各项技术要求因地制宜、严格执行我国强制性标准和节能政策的特点。

1.3　绿色建筑评价标识的管理与实施

1.3.1　绿色建筑评价标识的管理

按照《绿色建筑评价标识管理办法（试行）》和《一二星级绿色建筑评价标识管理办法（试行）》的规定，住房和城乡建设部负责指导全国绿色建筑评价标识工作和组织三星级绿色建筑评价标识的评审，研究制定管理制度，监制和统一规定标识证书、标志的格式、内容，统一管理各星级的标志和证书，指导和监督各地开展一星级和二星级绿色建筑评价标识工作，对地方一二星级绿色建筑评价标识项目进行备案并统一编号。

住房和城乡建设部委托住房和城乡建设部科技发展促进中心负责绿色建筑评价标识的具体组织实施，承担全国绿色建筑评价标识的日常管理和三星级绿色建筑评价标识的评审组织工作，并组织开展地方相关管理和评审人员的培训考核工作。

具备一定发展绿色建筑工作基础的省、自治区、直辖市、计划单列市住房和城乡建设主管部门，依据《绿色建筑评价标准》制定出台了当地绿色建筑评价相关标准，并根据《一二星级绿色建筑评价标识管理办法（试行）》确定了绿色建筑评价标识的日常管理机构、技术依托单位，组建了评价专家委员会，可向住房和城乡建设部提出申请，待获得批复后，即可开展所辖地区的一二星级绿色建筑评价标识工作。经同意开展绿色建筑评价标识工作的地区，在住房和城乡建设部的指导下，按照《绿色建筑评价标识管理办法（试行）》结合当地情况制定实施细则，组织和指导绿色建筑评价标识管理机构、技术依托单位和专家委员会开展标识评价工作，负责对本地区绿色建筑评价标识工作进行监督管理，对通过审定标识的项目进行检查，并将评审公示后的标识项目上报住房和城乡建设部建筑节能与科技司备案并编号。

1.3.2 绿色建筑评价标识的申报条件

绿色建筑评价标识的申请遵循自愿原则，评价标识的申请应由业主单位、房地产开发单位提出，鼓励设计单位、施工单位和物业管理单位等相关单位共同参与申请。申请评价标识的住宅建筑和公共建筑应当通过工程质量验收并投入使用一年以上，未发生重大质量安全事故，无拖欠工资和工程款。

此外，申请单位应当提供真实、完整的申报材料，填写评价标识申报书，提供工程立项批件、申报单位的资质证书，工程用材料、产品、设备的合格证书、检测报告等材料，以及必需的规划、设计、施工、验收和运营管理资料。

1.3.3 绿色建筑评价标识的申报流程

开展绿色建筑评价标识工作应按照规定的程序，科学、公正、公开、公平地进行。根据《绿色建筑评价标识管理办法（试行）》和《一二星级绿色建筑评价标识管理办法（试行）》的规定，不同阶段、不同星级的绿色建筑评价标识申报流程主要包括以下五个环节：

（1）申报单位提交申报材料；

（2）绿色建筑评价标识管理机构开展形式审查；

（3）专业评价和专家评审（有些管理机构尚未开展专业评价）；

（4）公示通过评审的项目；

（5）通过评审的项目由住房和城乡建设部统一编号并进行公告，绿色建筑评价标识管理机构按照编号和统一规定的内容、格式，制作、颁发证书和标志。

目前以住房和城乡建设部科技发展促进中心开展的绿色建筑评价标识程序最为成熟，本书通过在住房和城乡建设部科技发展促进中心绿色建筑评价标识管理办公室申报标识为例，详细介绍具体流程。申报单位通过在绿色建筑评价标识网

（www.cngb.org.cn）上点击进入“绿色建筑评价标识申报系统”（见图 1-11）填写申报材料、专业评价、专家评审、结果查询等，其具体申报流程见附录 2。

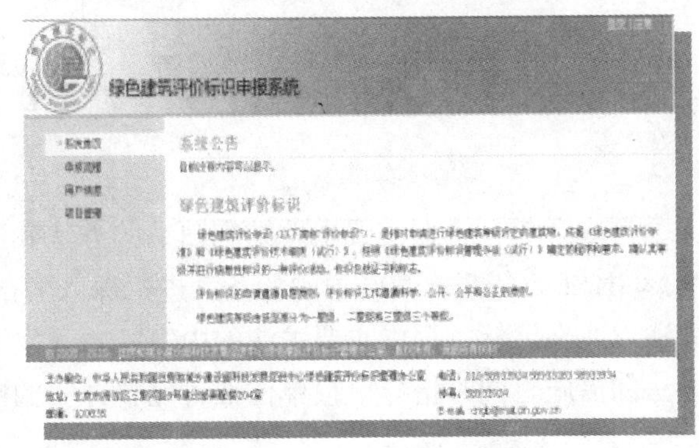

图 1-11　绿色建筑评价标识网主页（左）和绿色建筑评价标识申报系统界面（右）

第2章 评 价 要 求

自本章起，将在实践中总结和归纳的方法和经验基础上，对《绿色建筑评价标准》GB/T 50378－2006 中的各条款进行深入的剖析和解读，向评价人员阐述评价方法以及在评标过程中主要关注的内容，向开发商和设计人员提供能够达到要求的方法和措施，同时指导申报单位准备完整详实的申报材料。

第 1.0.1 条 为贯彻执行节约资源和保护环境的国家技术经济政策，推进可持续发展，规范绿色建筑的评价，制定本标准。

建筑活动是人类对自然资源、环境影响最大的活动之一。我国正处于经济快速发展阶段，年建筑量世界排名第一，资源消耗总量逐年迅速增长。因此，必须牢固树立和认真落实科学发展观，坚持可持续发展理念，大力发展绿色建筑，但在发展过程中应贯彻执行节约资源和保护环境的国家技术、经济政策。

《绿色建筑评价标准》是为贯彻落实完善资源节约标准的要求，总结近年来我国绿色建筑方面的实践经验和研究成果，借鉴国际先进经验制定的第一部多目标、多层次的绿色建筑综合评价标准。其指导思想是科学发展观；核心是以人为本，树立全面、协调、可持续的发展观，促进经济社会和人的全面发展；方法是统筹兼顾；目标是创建资源节约型、环境友好型社会，积极推进建设事业的可持续发展；目的是规范绿色建筑的评价，推动绿色建筑的发展。

该标准的编制原则和指导思想是：

1. 借鉴国际先进经验，结合我国国情。综合分析以英国 BREEAM、美国 LEED、GBTOOL 等为代表的绿色建筑评价体系，借鉴国际先进经验。充分考虑我国各地区在气候、地理位置、自然资源、经济社会发展水平等方面的差异。

2. 重点突出“四节一环保”要求。以节能、节地、节水、节材与环境保护为主要目标，贯彻执行国家技术经济政策，反映建筑领域可持续发展理念。围绕上述目标，提出多层次、多方面的具体要求。

3. 体现过程控制。绿色建筑的实施贯穿于建筑的全寿命周期，是一项包括材料生产、规划、设计、施工、运营及拆除等的系统工程。评价不仅依据最终结果，还对规划、设计及施工等阶段提出控制要求。

4. 定量和定性相结合。对较为成熟的评价指标，列出具体数值。对经综合分析认为或预期可达到的评价指标，提出具体数值。对缺乏相关基础数据（如生产建材的能源消耗、CO_2 排放量、植物 CO_2 固定量等）的评价指标，提出定性要求。

5. 系统性与灵活性相结合。保持评价主体框架稳定，可根据不同区域、不同条件灵活调整，为标准修订提供方便，为制定地方实施细则创造条件。

第 1.0.2 条　本标准用于评价住宅建筑和公共建筑中的办公建筑、商场建筑和旅馆建筑。

不同功能的建筑，在建造和运营过程中的能源资源消耗和对环境的影响存在较大差异。近年来，我国城市房屋建筑中，居住建筑约占 2/3，公共建筑约占 1/4，工业建筑约占 1/10，居住建筑量大面广。而公共建筑类别多，能耗差异大，其中尤以办公建筑、大中型商场以及高档旅馆饭店等几类建筑，在建筑的标准、功能及设置全年空调采暖系统等方面有许多共性，而且其采暖空调能耗特别高，采暖空调节能潜力也最大。

该标准系首次编制，限于现有条件，着重于评价总量大的住宅建筑和公共建筑中消耗能源资源比较多的办公建筑、商场建筑、旅馆建筑，提出的评价指标体系也可供评价其他建筑时参考，但应根据建筑功能，对建造和运营的实际情况进行调整。

第 1.0.3 条　评价绿色建筑时，应统筹考虑建筑全寿命周期内，节能、节地、节水、节材、保护环境、满足建筑功能之间的辩证关系。

建筑从最初的规划设计到随后的施工、运营管理及最终的拆除，形成了一个全寿命周期。绿色建筑的评价应关注建筑的全寿命周期，这意味着不仅在规划设计阶段充分考虑并有效结合建筑所在地域的气候、资源、自然环境、经济、文化等条件，而且在施工过程中减少污染，降低对环境的影响；在运营阶段应能为人们提供健康、舒适、低耗、无害的使用空间，与自然和谐共处；拆除时保护环境，并提高材料资源的再利用。

绿色建筑要求在建筑全寿命周期内，最大限度地节能、节地、节水、节材与保护环境，同时满足建筑功能的要求。这几者有时是彼此矛盾的，如为片面追求小区景观而过多地用水，为达到节能单项指标而过多地消耗材料，这些都是不符合绿色建筑要求的。而降低建筑的功能要求，降低适用性，虽然消耗资源少，也不是绿色建筑所提倡的。

发展绿色建筑时，应重申并贯彻“适用、经济、在可能条件下注意美观”的建筑方针。节能、节地、节水、节材、保护环境与建筑功能之间的关系必须放在建筑全寿命周期内统筹考虑并正确处理。同时还应重视信息技术、智能技术以及绿色建筑的新技术、新产品、新材料与新工艺的应用。

第 1.0.4 条　评价绿色建筑时，应依据因地制宜的原则，结合建筑所在地域的气候、资源、自然环境、经济、文化等特点进行评价。

我国不同地区的气候、地理环境、自然资源、经济发展与社会习俗等都有着很大的差异。发展绿色建筑的基本原则是因地制宜。建筑所在地域的气候、资源、自然环境、经济、文化等特点是评价绿色建筑的重要依据。

在气候方面，应考虑地理位置、建筑气候类别、温度、湿度、降雨量的时空分布、蒸发量、主导风向等因素。

在资源方面，应考虑当地能源结构、地方资源、水资源、土地资源、建材生产、既有建筑状况等因素。

在自然环境方面，应考虑地形、地貌、自然灾害、地质环境、水环境、生态环境、大气环境、交通环境等因素。

在经济方面，应考虑人均 GDP、水价、电价、气价、房价、土地成本价、装修成本价、精装修的认知度、建筑节能的认知度、可再生能源利用的认知度等因素。

在文化方面，应考虑城市性质、建筑特色、文脉、古迹等因素。

评价时，应针对不同项目中各方面具体情况作具体的整体分析。

第 1.0.5 条　绿色建筑的评价除应符合本标准外，尚应符合国家的法律法规和相关的标准，体现经济效益、社会效益和环境效益的统一。

绿色建筑的建造、运营和拆除等应遵循国家的法律法规和相关标准的规定。这是参与绿色建筑评价的前提条件。该标准未全面涵盖通常建筑物的基本功能和性能要求，而是着重评价与绿色建筑功能和性能相关的内容，主要包括节能、节地、节水、节材、保护环境、适用性等方面。因此，对建筑的其他基本要求，如结构安全、防火安全、使用安全等要求不列入该标准，而是由相关法律法规和标准作规定。

发展绿色建筑，建设资源节约型、环境友好型社会，必须提倡城乡统筹、循环经济的理念，顺应市场发展需求，辩证地处理适用、经济、美观的关系，提倡朴素简约，反对浮华铺张，实现经济效益、社会效益和环境效益的统一。

第 3.1.1 条　绿色建筑的评价以建筑群或建筑单体为对象。评价单栋建筑时，凡涉及室外环境的指标，以该栋建筑所处环境的评价结果为准。

绿色建筑的评价对象不仅限于建筑单体，也包括居住区等建筑群体。但是，参评项目的情况往往比较复杂，比如，参评的建筑群内既有住宅建筑又有公共建筑；又如，参评的单体建筑或建筑群只是某个建筑群中的一部分。这需要在评价中合理确定其所处室外环境的范围。

对于经常出现的三种情况，其评价原则为：

1. 如参评区域内主要为住宅建筑，且底部设置少量商业服务用房或公共建筑为住区配套公共建筑，则评估主体为住宅建筑。涉及到节地与室外环境的条文时，按照住区进行整体评价。

2. 如参评区域内住宅建筑和公共建筑的规模都较大，应将住宅建筑和公共建筑分别进行申报和评价。参评单位需明确住宅部分和公建部分的不同用地范围，涉及到节地与室外环境方面的条文，按照各用地范围进行评价。如住宅建筑和公共建筑的用地较难区分，则主要依据参评区域的用地性质明确评估主体是住宅部分还是公共建筑部分，涉及到节地与室外环境方面的条文时，按照区域进行整体评价。

3. 如参评建筑为建筑群内的一栋或几栋建筑，申报单位需明确参评建筑所属的用地范围，涉及到节地与室外环境方面的条文，一般按照用地范围进行评价，但个别指标，如人均居住用地指标和绿地率等，应在相对完整的较大范围内进行评价。

第 3.1.2 条　对新建、扩建与改建的住宅建筑或公共建筑的评价，应在其投入使用一年后进行。

《绿色建筑评价标准》中规定其适用于对新建、扩建与改建的住宅建筑和公共建筑中的办公建筑、商场建筑和旅馆建筑进行评价，评价应在竣工后交付业主使用、且投入使用一年后进行。

在住房和城乡建设部于发布的《绿色建筑评价标识实施细则》（见附录 5）和《一二星级绿色建筑评价标识管理办法（试行）》（见附录 4）中，明确了绿色建筑评价标识分为“绿色建筑设计评价标识”和“绿色建筑评价标识”。

“绿色建筑设计评价标识”是依据《绿色建筑评价标准》、《绿色建筑评价技术细则》和《绿色建筑评价技术细则补充说明（规划设计部分）》，对处于规划设计阶段和施工阶段的住宅建筑和公共建筑，按照《绿色建筑评价标识管理办法（试行）》对其进行标识评价，标识有效期为 1 年。

“绿色建筑评价标识”是依据《绿色建筑评价标准》、《绿色建筑评价技术细则》和《绿色建筑评价技术细则补充说明（运行使用部分）》，对已竣工并投入使用的住宅建筑和公共建筑，按照《绿色建筑评价标识管理办法（试行）》对其进行标识评价，标识有效期为 3 年。

第 3.1.3 条　申请评价方应进行建筑全寿命周期技术和经济分析，合理确定建筑规模、选用适当的建筑技术、设备和材料，并提交相应分析报告。

绿色建筑在全寿命周期内，均应以资源节约与环境保护为目标。申请评价方应进行建筑全寿命周期内技术和经济的综合分析，并提交相应分析报告，作为评价的基本依据。

合理的建筑规模与适当的建筑技术、设备和材料，是建筑技术和经济综合分析的重要内容。技术、材料和设备的过度使用在某一阶段可能节约资源，但也可能造成其他阶段的更大浪费。为此，需在建筑全寿命周期的各个阶段综合评估建筑规模、建筑技术与投资，以节约资源和保护环境为主要目标，考虑安全、耐久、适用、经济、美观等因素，比较、确定最优的技术、设备和材料。

例如，在评价第 4.4.10 条“采用资源消耗少、环境影响小的建筑结构体系”时，当建筑采用了钢结构、砌体结构、木结构、预制混凝土结构以外的其他类型结构体系时，申报评价方需提供结构体系优化论证报告，且在报告中从建筑全寿命周期角度对该类结构体系进行技术和经济分析，证明其属于资源消耗少、环境影响小的建筑结构体系。

第 3.1.4 条　申请评价方应按本标准的有关要求，对规划、设计与施工阶段进行过程控制，并提交相关文档。

体现过程控制是该标准的重要编制原则。绿色建筑建造时，应对规划、设计、施工与验收阶段进行过程控制。建成的建筑实体及其周边环境不能全面反映规划、设计、施工、验收等过程的控制情况，因此，评价时，对规划、设计及施工等阶段提出控制要求。

申请评价方应按绿色建筑评价标识的评价证明材料要求及清单（见附录 7），在建设过程中制定目标，明确责任，进行过程控制，并最终形成规划、设计、施工与验收阶段的过程控制报告。

第 3.2.1 条　绿色建筑评价指标体系由节地与室外环境、节能与能源利用、节水与水资源利用、节材与材料资源利用、室内环境质量和运营管理六类指标组成。每类指标包括控制项、一般项与优选项。

绿色建筑评价指标体系是基于绿色建筑的定义确定的，完整地表述了对绿色建筑性能的要求。在标准的编制过程中，借鉴了国外绿色建筑评价指标体系，充分考虑了我国各地区在气候、地理环境、自然资源、经济社会发展水平等方面的差异，坚持以节能、节地、节水、节材与环境保护为主要目标，提出了多层次、多方面的具体要求。

绿色建筑评价指标体系的每一类指标均包括控制项、一般项与优选项。控制项为绿色建筑的必备条件，涉及相关标准中的强制性条文规定，如不满足，将一票否决；一般项和优选项为划分绿色建筑等级的可选条件，其中优选项是实现难度较大、综合性强、绿色度较高的可选项。

绿色建筑评价时，按照绿色建筑评价指标体系对建筑物的性能指标逐项评价，并按建筑物的性能指标与标准规定的符合程度确定是否为绿色建筑或绿色建筑等级。

第3.2.2条　绿色建筑应满足本标准第4章住宅建筑或第5章公共建筑中所有控制项的要求，并按满足一般项数和优选项数的程度，划分为三个等级，等级划分按表3.2.2-1，表3.2.2-2确定。

当标准中某条文不适应建筑所在地区、气候与建筑类型等条件时，该条文可不参与评价，参评的总项数相应减少，等级划分时对项数的要求按原比例调整确定。

划分绿色建筑等级的项数要求（住宅建筑）　表3.2.2-1

等　级	一般项数（共40项）						优选项数（共9项）
	节地与室外环境（共8项）	节能与能源利用（共6项）	节水与水资源利用（共6项）	节材与材料资源利用（共7项）	室内环境质量（共6项）	运营管理（共7项）	
★	4	2	3	3	2	4	—
★★	5	3	4	4	3	5	3
★★★	6	4	5	5	4	6	5

划分绿色建筑等级的项数要求（公共建筑）　表3.2.2-2

等　级	一般项数（共43项）						优选项数（共14项）
	节地与室外环境（共6项）	节能与能源利用（共10项）	节水与水资源利用（共6项）	节材与材料资源利用（共8项）	室内环境质量（共6项）	运营管理（共7项）	
★	3	4	3	5	3	4	—
★★	4	6	4	6	4	5	6
★★★	5	8	5	7	5	6	10

该标准中，住宅建筑控制项、一般项和优选项共76项，其中控制项27项，一般项40项，优选项9项。公共建筑控制项、一般项和优选项共83项，其中控制项26项、一般项43项、优选项14项。

除控制项应全部满足外，一星级、二星级、三星级绿色建筑还应满足表3.2.2-1或表3.2.2-2对一般项和优选项数目的要求。

当标准中某条文不适应建筑所在地区、气候与建筑类型等条件时，该条文可不参与评价。这时参评条文的总项数会相应减少，表中对项数的要求可按原比例调整，调整方法如下：

设六类指标中某类指标的一般项数共计为 a，某星级要求的一般项数为 b，则比例为 $p=b/a$。当标准中某个或某些一般项要求不适应建筑所在地区气候或建筑类型等条件而不参与评价时，参评的一般项数相应减少；这种情况下，可按原比例 p 将一般项数的要求调整为：参评的一般项数 $\times p$，并对所得结果进行舍尾取整。例如，住宅建筑在节能与能源利用指标中一般项共 6 项，一星级要求的一般项数为 2 项，则比例 $p=1/3$。

例如，某项目由于没有采用集中采暖和集中空调系统，导致参评的一般项数减少至 4 项，在这种情况下对一星级绿色建筑所要求的一般项数减少至 $4\times1/3=1.33$ 项，将计算结果舍尾取整为 1 项。

第 3.2.3 条　本标准中定性条款的评价结论为通过或不通过；对有多项要求的条款，各项要求均满足时方能评为通过。

对于定量的条款，可通过比较，直接确定是否满足。对于定性的条款，需要根据实际情况综合分析后，确定是否满足。对定性条款的评价结论只有“通过”和“不通过”两种，不存在处于二者之间的中间状态。当某一条中包括多个要求时，各项要求均满足时才能评为通过。这意味着，即使该条多项要求仅有一项要求不满足，该条的评价结论也是“不通过”。

例如，标准第 4.2.3 条规定：采用集中采暖或集中空调系统的住宅，设置室温调节和热计量设施。“室温调节”和“热计量设施”必须都满足，方可判定为通过。因为，作为收费服务项目，用户必须能够自主调节室温，而作为收费依据，计量用户用热（冷）量的相关装置也是必须的。

第3章　节地与室外环境

3.1　概　　述

3.1.1　节地与室外环境评价介绍

绿色建筑不仅要考虑建筑本身或内部，还要考虑到建筑与城市可持续发展的关系以及建筑的外部环境，使绿色建筑的评价更加完整。

节地与节水、节能和节材一样，都是我国“四节一环保”方针政策的重要内容，是根据我国人多地少的国情制定的，有别于其他国家的绿色建筑评价标准，是我国绿色建筑评价标准的主要特色之一。在节地的前提下，绿色建筑还要为人们创造高质量的室外环境，与室内环境质量一起共同构成良好的人居环境。为了同时实现这两个目标，本章对绿色建筑提出了较高的设计要求，从规划设计阶段开始，就需要协调处理好节地与室外环境的关系。

本章条文中住宅建筑部分的控制项主要包括建设对自然环境的影响、选址条件、用地指标、住宅日照、绿化指标与植物种类、污染源和施工过程等内容；一般项包括了公共服务设施、旧建筑利用、物理环境（声、热、风）、绿化配置、交通、地面透水能力等内容；优选项则包括了地下空间和废弃场地的利用。公共建筑部分没有日照、公共服务设施等内容，增加了光污染、立体绿化等内容。

《绿色建筑评价标准》中住宅建筑的节地与室外环境指标共有18项，其中控制项8项（第4.1.1～4.1.8条），一般项8项（第4.1.9～4.1.16条），优选项2项（第4.1.17、4.1.18条）。公共建筑的节地与室外环境指标共有14项，其中控制项5项（第5.1.1～5.1.5条），一般项6项（第5.1.6～5.1.11条），优选项3项（第5.1.12～5.1.14条）。

一般而言，住宅建筑和公共建筑中节地与室外环境部分的所有条目在运行阶段均需参评。在设计阶段，对于住宅建筑，第4.1.8条和第4.1.17条不参评；对于公共建筑，第5.1.5条不参评。此外，当某些条文不适应建筑所在地区、气候与建筑类型等条件时，该条文可作为不参评项。

3.1.2　评星原则

根据节约土地的原则，在住宅建筑的规划设计中，应注意对人均居住用地指标的控制。另一方面，在合理利用土地资源的同时，还要注意满足住宅的日照间距、绿地率等指标，保障室外环境质量的基本舒适。这三个控制项是申报绿色建筑评价标识的前提。

从目前已获得绿色建筑评价标识的项目看，尽管一般项和优选项的达标难度有所不同，但住宅建筑与公共建筑的情况存在相似处的同时，也有细微不同。

总体来说，无论住宅建筑还是公共建筑，在旧建筑利用、废弃场地使用方面普遍存在不足，这与建筑选址及现状条件有一定关系，尤其在我国当前的城市化进程中，城市仍然以扩张式增长为主，旧建筑利用和废弃场地的使用并不常见。此外，住宅建筑对降低热岛强度的设计重视不够，一方面在地面铺装、遮荫、风环境设计中考虑得较少，另一方面则缺乏热岛模拟技术的应用。

因此，若想在节地与室外环境部分获得较高星级，仍需要付出努力，尤其是优选项的获得，必须在项目的选址阶段就对旧建筑利用和废弃场地使用做出充分考虑。

与设计阶段评价相比，运行阶段评价时，其出现的问题大体相同，只是在评价中增加了有关施工的条款，但对评星难度没有太大影响。

3.1.3 注意事项

评价人员在进行本章的评价时，应当注意以下几个问题：

1. 建筑设计是可以改变外部环境的。不是满足了规划设计条件，就能符合绿色建筑标准。不能把符合城市规划设计条件等同于符合绿色建筑标准。

2. 适当扩大评价范围，如果仅仅在参评项目用地范围内考虑问题，一些外部的有利因素（如可以共享的公共服务设施）或不利因素（如非紧邻的噪声源）都将被忽略。因此，应注意在一个合理的外部环境内（例如，整体小区用地）进行评价，并以其所处环境的评价结果为准。

3. 指标的计算方法不够规范会导致规划指标中存在错误数据或各类指标在统计口径上不一致。因此，在评价中不能仅仅检查指标数据本身，还应核对指标与图纸的一致性，对各类指标的关联是否正确进行判断。

申报单位在准备本章的申报材料时，应注意为避免由于绿色建筑规划知识理解不到位造成的错误评价，应加强规划、景观等专业人员的参与度，提高申报材料的技术深度以及各类专业检测报告的完备程度。

3.2 住宅建筑评价

第 4.1.1 条　场地建设不破坏当地文物、自然水系、湿地、基本农田、森林和其他保护区。(控制项)

评价要点

本条要求在场地选址及建设的过程中不占用自然水系、湿地、基本农田、森林等保护区用地，不破坏当地文物、古树名木等需要保护的资源。因此，在评价时主要通过查看原始地形图、规划文件图纸等相关内容做出判断，重点查看以下内容：

1. 查看规划文件，了解项目是否具有合法的规划，以及是否符合上层规划对场地的要求。

2. 规划中如果没有相关自然水系、湿地的保护措施，应查看场地原始地形图和设计方案，对比设计方案与原始地形的差异，并了解该项目是否采取了合理的方式避免破坏。

实施途径

通常情况下，城市规划会提出对基本农田、森林以及其他保护区的保护要求、保护措施等。因此，本条的实施途径主要关注以下内容：

1. 执行上层规划对场地的要求。在设计中尽可能维持原有场地的地形地貌，减少对原有场地环境的改变，避免对原有生态环境的破坏。

2. 如果对自然水系进行了改造，要对改造的必要性、措施与结果进行评估，在工程结束后进行生态复原。

建议提交材料

建议提交相关管理部门提供的项目审批文件，以及由设计单位提供的场地原始地形图、小区规划设计图纸。同时提交较为详细的环境影响评估报告，应包含场地建设是否破坏当地文物、自然水系、湿地、基本农田、森林和其他保护区等相关信息点。

关注点

1. 严格执行上层规划

如果具有合法的规划并且严格执行，就不会对文物、基本农田、森林和其他保护区造成破坏。

2. 对比原始地形图与方案设计

由于规划中较少对自然水系和湿地保持提出要求，因此要查看地形图并与设计方案进行对比。湿地是指天然或人工、长久或暂时性的沼泽地、泥炭地或水域地带、静止或流动、淡火、半咸水、咸水体，包括珊瑚礁、滩涂、红树林、湖泊、河流、河口、沼泽、水库、池塘等多种类型。

评价案例

【例】 某项目的原始场地内有自然台地、浅沟（见图 3-1），规划时利用浅沟作水系，依据地形布局建筑（见图 3-2），故判定本条达标。

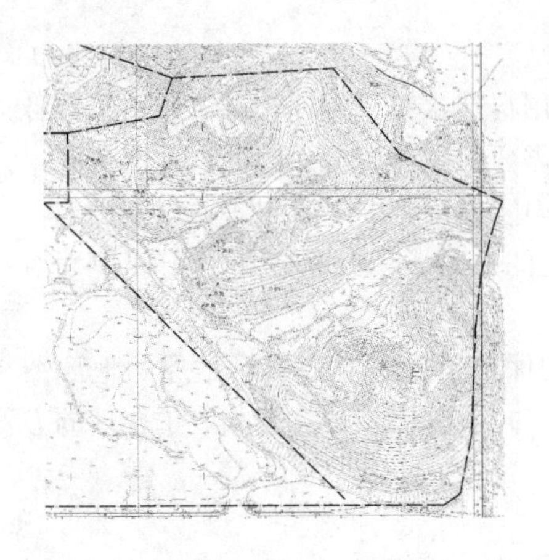

图 3-1　原始场地内有自然台地、浅沟

图 3-2　规划时依据地形布局建筑

第 4.1.2 条　建筑场地选址无洪涝灾害、泥石流及含氡土壤的威胁。建筑场地安全范围内无电磁辐射危害和火、爆、有毒物质等危险源。(控制项)

评价要点

场地选址与城市规划、环境评估有着密切的关系。因此，评价时应查看规划文件及环境影响评估报告，具体内容有：

1. 查看规划文件，了解项目是否具有合法的规划，场址选择与工程措施是否符合上层规划的要求。

2. 查看环境影响评估报告中对场地自然环境状况的描述与评价，确定场地安全范围内无洪涝灾害、泥石流的威胁。

3. 查看环境评估报告中相关建设项目所在区域的环境质量现状，确认场地远离广播发射塔、雷达站、通信发射台、变电站、高压电线等可能存在电磁辐射危害的危险源，场地磁场本底水平应符合《电磁辐射防护规定》的要求；确认场地远离油库、有毒物质车间等可能发生火灾、爆炸和有毒物质泄露等危险源。

4. 查看土壤氡浓度检测报告，确认场地内无含氡土壤的威胁，选址周围土壤氡浓度应符合《民用建筑工程室内环境污染控制规范》GB 50325 的规定。

5. 若原场地为工业用地等存在潜在污染源的用地，应查看环境评估报告中涉及原有污染情况和主要环境问题的相关内容，重点查看场地土壤污染物检测报告。

6. 如果场地选址内确实存在不安全因素，并采取了措施避让，应查看采取措施后的检测报告。

实施途径

本条的实施途径主要是执行规划对场地的要求，并对潜在的危险采取避让措施，具体途径如下：

1. 执行上层规划对场地的要求，如果存在洪涝灾害或泥石流的威胁，应当采取合理的工程措施。

2. 对项目周边的危险源应进行环境评估，必要时应进行专门的检测，并根据检测结果采取相应的措施。

3. 进行土壤含氡量检测，如有需要应采取相应的措施。

4. 如果场地选址内确实存在不安全因素，并采取了措施避让，应再次检测。

建议提交材料

建议提交相关管理部门提供的项目审批文件，以及由设计单位提供的场地原始地形图、小区规划设计图纸。同时提交较为详细的环评报告或专项检测报告，应包含建筑场地选址无洪灾、泥石流及含氡土壤的威胁，建筑场地安全范围内无电磁辐射危害和火、爆、有毒物质等危险源方面的信息点。

关注点

1. 严格执行上层规划

如果具有合法的规划并且严格执行，一般可以避免受到洪涝灾害、泥石流的威胁。

2 完整的环境影响评估报告

环境影响评估报告中应明确建筑场地安全范围内没有电磁辐射和火、爆、有毒物质等危险源，避免缺漏内容。有些环境评价报告主要侧重在项目对周边环境的影响，容易忽视周边潜在危险源对项目本身的威胁，这一点要尤其注意。

3. 专项检测报告

对各项潜在污染源进行专项检测。如对原有工业用地、垃圾场等有可能存在污染的场地土壤进行检测报告，并提出改良措施；由于氡是主要存在于岩石和土壤中的天然放射性物质，因此特别要对场地的氡进行专项检测，并根据检测结果采取相应的措施。

第 4.1.3 条　人均居住用地指标：低层不高于 43m^2、多层不高于 28m^2、中高层不高于 24m^2、高层不高于 15m^2。(控制项)

评价要点

本条主要与项目的用地情况有关。因此，应重点查看项目的总平面图，确认并核算各项用地指标，重点查看以下内容：

1. 查看建筑总平面图中综合技术经济指标表，确认申报绿色建筑评价标识的用地范围及面积、住宅类型（低层、多层、中高层、高层）以及居住户数。

2. 核算人均居住用地指标是否符合条文要求。

实施途径

人均居住用地指标主要与用地范围、户型比例、容积率等因素相关，应查看以下内容：

1. 建筑用地必须获得地方规划部门的批准。

2. 对建筑规划及建筑方案的合理性进行审查。

3. 根据建筑单体所在项目的整体规划指标，说明其在整个项目内规划用地方面的合理性；或提供建筑所在更大区域的规划指标，说明在该区域内规划用地方面的合理性。

建议提交材料

建议提交由设计单位提供的小区规划设计图、建筑总平面图等图纸。建筑总平面图中应包含综合技术经济指标表，以及申报绿色建筑评价标识的用地范围、住宅类型以及居住户数等信息点。

关注点

1. 明确相关概念

居住用地的面积包括住宅用地、公建用地、道路用地和公共绿地四项用地面积，应选择相对完整的一个区域在该范围内计算各项综合技术经济指标，不能仅计算其中的住宅用地。当申报建筑为单体时，也应在整个项目的范围甚至是更大的规划区域范围内考核人均居住用地等指标的合理性。

根据相关规范规定，中高层住宅为7～9层的住宅，高层住宅为大于或等于10层的住宅。

2. 合理估算居住人口

根据《城市居住区规划设计规范》GB 50180的规定，居住区人口按每户3.2人计算。当不同层数的住宅混合建设时，可以根据各层数类型建筑面积的比例，确定居住人口的分布及对应的用地指标。

3. 执行相关政策，合理进行判断

由于不同历史时期人均用地指标的控制政策有所差异，对于在国务院九部委2006年颁布实施《关于调整住房供应结构稳定住房价格的意见》（国办发［2006］37号）六条政策（以下简称“国六条”）以前通过审批的项目，应参照本条文执行；但对于“国六条”颁布实施以后通过审批的项目，必须严格按照本条文执行。此外，单位住宅建筑的户型比例在较大区域内进行平衡的，在提供了相应证明材料后是允许的。

4. 对规划和建筑设计的合理性进行审查

由于决定人均用地指标的因素较多，在审查中应当注意规划和建筑设计的合理性，避免过低的建筑密度或容积率，避免过大的户型面积，避免为了提高容积率而加大进深等不利于建筑功能布局、室内环境质量的方案。

5. 计算数据的口径应统一

在计算人均用地指标和人均绿地指标时，应采用相同的人口数。当不同层数类型的住宅混合建设时，可以根据各层数类型建筑面积的比例，确定居住人口的分布及对应的用地指标。

评价案例

【例】 某项目在申报书上填写的申报占地面积为16.82万m^2（在总平面图技术经济指标表中实际为项目二期总用地面积），但实际参评建筑仅为其中的单身公寓（见图3-3和图3-6），两者面积差异明显。因此，在评价过程中应认真核准申报用地范围与参评范围是否一致。

图3-3　参评部分效果图

此外，该项目在自评报告中计算人均用地时，混淆住宅用地面积与建筑占地面积的概念，将建筑基底的占地面积作为住宅用地面积，并按每户3.2人计算人均居住用地面积，由此得到的人均居住面积仅为8.4m^2，计算过程存在明显错误。因此，评价过程中应注意此类数据是否准确。

第4.1.4条　住区建筑布局保证室内外的日照环境、采光和通风的要求，满足现行国家标准《城市居住区规划设计规范》GB 50180中有关住宅建筑日照标准的要求。(控制项)

评价要点

居住区日照环境的要求主要查看日照模拟分析报告，住宅建筑日照标准应满足《城市居住区规划设计规范》GB 50180中的要求（见表3-1）。

住宅建筑日照标准（摘自《城市居住区规划设计规范》GB 50180）　表3-1

<table>
<tr><td rowspan="2">建筑气候区划</td><td colspan="2">Ⅰ、Ⅱ、Ⅲ、Ⅶ气候区</td><td colspan="2">Ⅳ气候区</td><td rowspan="2">Ⅴ、Ⅵ气候区</td></tr>
<tr><td>大城市</td><td>中小城市</td><td>大城市</td><td>中小城市</td></tr>
<tr><td>日照标准日</td><td colspan="3">大寒日</td><td colspan="2">冬至日</td></tr>
<tr><td>日照时数（h）</td><td>≥2</td><td></td><td>≥3</td><td colspan="2">≥1</td></tr>
</table>

续表

建筑气候区划	Ⅰ、Ⅱ、Ⅲ、Ⅶ气候区		Ⅳ气候区		Ⅴ、Ⅵ气候区
	大城市	中小城市	大城市	中小城市	
有效日照时间（h）	8～16			9～15	
日照时间计算点	底层窗台面				

注：1. 建筑气候区划应符合《城市居住区规划设计规范》附录A第A.0.1条的规定。

2. 底层窗台面是指距室内地坪0.9m高的外墙位置。

实施途径

居住区在规划设计中应合理确定住宅建筑布局与间距，并进行日照模拟分析。此外，要注意与周边建筑的相邻关系，避免住宅建筑被遮挡后不满足标准。

建议提交材料

建议提交由设计单位提供的小区日照分析报告，其基本内容至少应包括计算范围、主要计算参数、等时线图或窗户日照时间表以及明确的结论。

关注点

1. 同时满足地方标准和国家标准的要求

由于日照间距问题较为复杂，很多城市都制定了当地的技术标准。当地方标准与国家标准存在不一致的情况时，申报项目应同时满足地方标准与国家标准的要求。

2. 合理确定日照模拟计算的范围

日照模拟计算范围不应仅限于申报项目内的住宅建筑，还应注意到与周边建筑的关系，不仅申报项目内部有日照要求的建筑应满足标准要求，同时申报项目的新建建筑也不能影响周围有日照要求建筑的日照。

3. 日照分析报告应有明确的结论

日照分析报告目前没有统一的格式与要求，其基本内容至少应包括计算范围、主要计算参数、等时线图或窗户日照时间表以及明确的结论。

4. 注意与第4.5.1条的相互补充关系

评价案例

【例】 某项目提供了日照分析报告，其内容仅为参评范围内建筑的日照模拟分析（见图3-4），但由该项目的平面图（见图3-5）可知，其南侧的高层建筑对参评范围内建筑的影响并没有在模拟报告中显示，因此判定本条不达标。

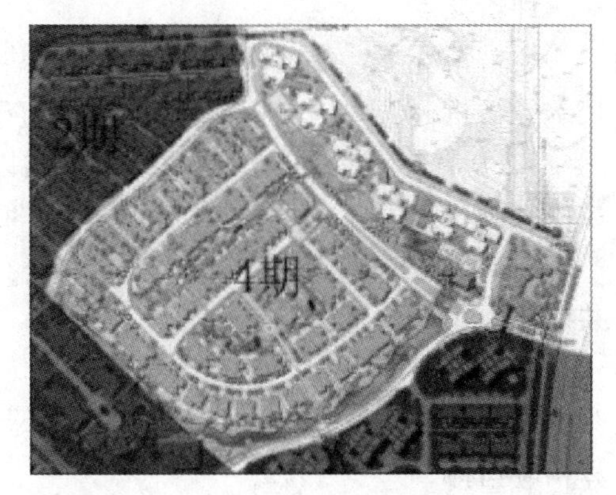

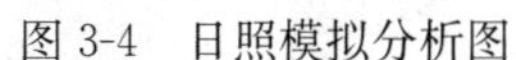

图 3-4　日照模拟分析图

图 3-5　平面图

第 4.1.5 条　种植适应当地气候和土壤条件的乡土植物，选用少维护、耐候性强、病虫害少、对人体无害的植物。(控制项)

评价要点

本条的评价内容主要涉及园林绿化的相关图纸，着重查看和确认以下内容：

1. 查看种植图及植物配置苗木表，确认种植图应与苗木表相互统一。

2. 确认选择了乡土植物，且选择的植物少维护、耐候性强、病虫害少且对人体无害。

3. 对于已经实施的项目，可现场核实植物种植情况。

实施途径

本条内容主要通过园林种植设计实现，因此要求园林设计人员在设计时关注相关植物的选择要点，评价时核实设计要点：

1. 种植设计前，应调查了解当地气候、土壤条件，熟悉当地乡土植物种类。

2. 种植设计时，应选择少维护、耐候性强、病虫害少且对人体无害的植物。

建议提交材料

建议提交由设计单位提供的住区园林种植施工图及苗木表，图中应标明具体的植物名称及数量，苗木表应与种植图对应，并统计各种植物的数量。

> 关注点
>
> 乡土植物的种类可从当地植物名录中查阅。

第 4.1.6 条　住区的绿地率不低于 30%，人均公共绿地面积不低于 $1m^2$。(控制项)

评价要点

通常情况下，住区绿地率、人均公共绿地等指标在居住区规划总平面图及综合技术经济指标表中体现，评价时应重点查看以下内容：

1. 查看建筑总平面图中的绿地范围以及综合技术经济指标表中住区绿地率的数值，确认图表统一，且绿地率不低于30%。

2. 查看公共绿地的范围以及人均公共绿地的数值，确认图表统一，且人均公共绿地面积不低于$1m^2$。

实施途径

结合日照模拟报告，在设计中明确绿地和符合日照要求的公共绿地范围，并计算相应指标。

建议提交材料

建议提交由设计单位提供的小区规划设计图、建筑总平面图等图纸。建筑总平面图中应包含综合技术经济指标表，图中应包含绿地范围及面积，标明公共绿地范围及面积。

关注点

1. 明确概念，正确计算绿地率、公共绿地面积

在计算绿地率时，各类绿地面积包括：公共绿地、宅旁绿地、公共服务设施附属绿地和道路绿地（道路红线内的绿地），其中包括满足当地植树绿化覆土要求、方便居民出入的地下或半地下建筑的屋顶绿化，但不包括其他屋顶、晒台的人工绿地。

当地如无植树绿化覆土要求，可结合第4.1.14条中关于种植乔木的规定，证明覆土部分的屋顶绿化可以植树。

在计算公共绿地面积时，不能将居住区内所有绿地面积等同于公共绿地面积。公共绿地应满足以下要求：宽度不小于8m，面积不小于$400m^2$。此外，应有不少于1/3的绿地在标准的建筑日照阴影线范围之外。

2. 计算数据及图表应统一

在计算人均用地指标和人均绿地指标时，应采用相同的人口数。此外，还应注意在图纸中标明各绿地的范围与面积，核实其是否与经济技术指标中的数值一致。

3. 公共绿地的计算范围不局限于申报项目，可在一个相对完整的区域内进行

评价案例

【例】 某项目的参评范围仅为总图中的一部分（见图3-3和图3-6），但作为一个整体的住区内有绿地及公共绿地，故判定本条达标。

图 3-6 区域内有集中绿地

第 4.1.7 条 住区内部无排放超标的污染源。(控制项)

评价要点

有关环境污染的情况，通常会在环境影响评估报告中有所描述。因此，对于申报设计标识的项目，应重点查看环境影响评估报告；而对于申报运行标识的项目，应对现场情况进行核实，其具体内容包括：

1. 查看环境影响评估报告中的相关内容，确定场地范围内存在的污染源。此处所提的污染源主要指：易产生噪声的学校和运动场地，易产生烟、气、尘、声的饮食店、修理铺、锅炉房和垃圾转运站等。

2. 查看环境评估报告中推荐的隔离污染源的方法，查看设计文件中是否采用合理的隔离方法和措施。

3. 查看申报项目在设计过程中是否出现了新的污染源，并且查看相应的隔离方法和措施。

4. 对于已经建成项目，可检测建成投入使用后的噪声、空气质量、水质、光污染等各项环境指标。

实施途径

根据环境评估影响报告中的建议，对场地内部排放的污染源采取隔离措施。

建议提交材料

设计阶段评价时，建议提交环境影响评估报告，其中应包含场地内部潜在污染源情况以及隔离污染源的方法；提交落实措施的相关文件。

运行阶段评价时，建议提交建成后各项污染的检测报告。

> 关注点
>
> 对住区内部排放的污染源采取隔离措施，使其不超过排放标准。

第 4.1.8 条　施工过程中制定并实施保护环境的具体措施，控制由于施工引起的大气污染、土壤污染、噪声影响、水污染、光污染以及对场地周边区域的影响。（控制项）

评价要点

由于本条的评价重点为建筑施工对环境的影响，因此对于申报设计标识的项目，此条不参评。

对于申报运行标识的项目，评价时重点审核有关施工过程控制的文档，其中包括所提交的项目组编写的环境保护计划书、实施记录文件（包括照片、录像等）、环境保护结果自评报告以及当地环保局或建委等有关职能部门对环境影响因子（如扬尘、噪声、污水排放）评价的达标证明。

实施途径

在施工过程中采取相应措施，编写环境保护计划书，并注意做好实施记录，保留相关文档。

建议提交材料

建议提交有关施工过程控制的文档，其中包括所提交的项目组编写的环境保护计划书、实施记录文件（包括照片、录像等）、环境保护结果自评报告以及当地环保局或建委等有关职能部门对环境影响因子（如扬尘、噪声、污水排放）评价的达标证明。

> 关注点
>
> 1. 减少施工过程中对土壤环境的破坏，提出避免、消除、减轻土壤侵蚀和污染的对策与措施。
>
> 2. 施工现场应制定降噪措施。
>
> 3. 施工工地污水排放应符合国家标准《污水综合排放标准》GB 12523 的规定。
>
> 4. 施工单位应减少夜间对非照明区、周边区域环境的光污染。
>
> 5. 施工现场应采取措施保障施工场地周边人群、设施的安全。

第 4.1.9 条　住区公共服务设施按规划配建，合理采用综合建筑并与周边地区共享。（一般项）

评价要点

本条重点评价公共服务设施的配建及共享情况，需重点查看以下内容：

1. 根据《城市居住区规划设计规范》GB 50180 的相关规定，居住区配套公共服务设施（也称配套公建）应包括：教育、医疗卫生、文化体育、商业服务、金融、邮电、社区服务、市政公用和行政管理及其他八类设施。

2. 查看建筑总平面图及相关规划文件，确认居住区内配套设施满足规范要求，并且与周边相关城市设施协调互补，相关项目合理集中设置。

实施途径

公共设施共享所涉及的地域范围一般较大，了解周边现有设施的配套情况以及按规划要求设置等情况尤为重要，评价时应确认以下内容：

1. 按照规划文件中的要求建设配套设施。

2. 在较大范围内分析住区周边公共设施的种类、规模和服务距离，并在项目内补充和完善其他必要设施，使其满足规范的要求。

3. 在住区内建立会所及幼儿园，调查并明确住区及周边服务半径内可共享的设施类型和数量，提供相应的说明。

建议提交材料

建议提交建筑总平面图及相关上层规划文件，标明场地内及周边公共服务设施分布情况。

> 关注点
>
> 充分分析项目所处的区域位置，不局限于规划文件中所要求的申报项目内配套设施，应与周边地区已有的公共设施协调互补。

第 4.1.10 条　充分利用尚可使用的旧建筑。(一般项)

评价要点

本条重点关注旧建筑的利用，评价的内容及步骤如下：

1. 查看原始地形图，核实旧建筑面积。对于原场地内存在建筑面积在 $200m^2$ 以上的旧建筑时，需提供详细说明旧建筑是否可以使用的相关材料。

2. 查看原始地形图，当建筑场地选址在荒地、废地等无旧建筑的空地上，或旧建筑面积在 $200m^2$ 以下，或旧建筑的使用年限已过时，本条不参评。

3. 对于原场地有“尚可使用的旧建筑”，但没有利用的，本条不达标。

实施途径

评价时首先应核实原有场地内的建筑状况，明确是否存在尚可利用的旧建筑。如果存在可使用的旧建筑，则应核实对旧建筑的利用情况，并查看相应图纸。

建议提交材料

建议提交原始地形图，以及相关旧建筑情况说明文件。

> 关注点
>
> “尚可使用的旧建筑”系指建筑质量能保证使用安全的旧建筑，或通过少量改造加固后能保证使用安全的旧（既有）建筑。

第 4.1.11 条　住区环境噪声符合现行国家标准的规定。（一般项）

评价要点

住区环境噪声情况主要通过审核环境影响评估报告及建成后的现场测试报告。评价时需重点查看以下内容：

1. 查看环境评估报告中对场地周边噪声情况描述的相关内容，判断环境噪声是否符合《城市区域环境噪声标准》的规定，如不符合，则查看是否采取了降噪措施。

2. 对于已建成的申报项目，可通过现场测试。

实施途径

核实环境影响评估报告中对场地周边噪声现状进行的检测，并对规划实施后环境噪声进行预测，必要时采取降噪措施，使之符合或低于《声环境质量标准》GB 3096—2008 中对于不同类别住宅所在区域环境噪声标准的规定（原《城市区域环境噪声标准》于 2008 年修订并更名为《声环境质量标准》）。

建议提交材料

设计阶段评价时，建议提交环境评估报告，报告中应包含对场地周边噪声情况描述的相关内容。

运行阶段评价时，建议提交检测报告。

> 关注点
>
> 1. 应考虑项目周边较大范围内的环境噪声情况，而不仅仅是项目相邻的噪声源。
>
> 2. 对于临近交通干线两侧的住宅建筑，需要采取有效的降噪措施，使之符合《声环境质量标准》GB 3096—2008 中规定的 2 类标准。

第 4.1.12 条　住区室外日平均热岛强度不高于 1.5℃。（一般项）

评价要点

影响室外热岛强度的因素较多，在评价时应重点查看以下内容：

1. 查看室外热岛强度模拟报告，将采用夏季典型日的室外热岛强度（居住区室外气温与郊区气温的差值）作为评价指标，应用计算机模拟手段优化室外设计，同时采取相应措施改善室外热环境。

2. 在规划设计阶段，以夏季典型时刻的郊区气候条件（风向、风速、气温、湿度等）为例，模拟住区室外1.5m高度处典型时刻的温度分布状况，日平均热岛强度不高于1.5℃。

3. 对于已建成项目，应现场核对设计阶段所采取的改善室外热环境措施是否得到落实。

实施途径

在规划设计阶段，应用计算机模拟手段优化室外设计，采取相应措施改善室外热环境。

对于住区而言，影响热导现象的因素较多，如建筑密度、建筑材料、建筑布局、绿地率和水景设施、空调排热、交通排热及炊事排热等，评价时应查看是否采取以下优化住区热环境的措施：

1. 通过合理的建筑设计和布局，有效利用自然通风来降低室外场地温度。

2. 采用遮阳措施或高反射率的浅色涂料可有效降低屋面、地面和外墙表面的温度，进而减少热岛效应，提高顶层住户和室外场地的热舒适度。

3. 利用植被以及景观水体的冷却效应。植被绿化可为场地上的非园林区域提供遮阳，非园林区域主要包括人行道、车道、停车场、操场和活动广场，这些区域往往由硬质地面材料铺设，长时间暴露于阳光下会吸收大量的太阳辐射热，既加重城市热岛效应，同时也会影响居民活动场所的热舒适性。此外，尽量布置水池、喷泉、人工瀑布等水体景观，选择高效美观的绿化形式，利用景观特征遮挡建筑表面，既可降温，又美化了环境。

4. 采用透水地面替代硬表面（屋面、道路、人行道等），屋面可设计成种植屋面，改善住区气温逐渐升高和气候干燥的状况，降低热岛效应，调节微气候。

建议提交材料

设计阶段评价时，建议提交由第三方提供的热岛模拟分析报告等。

运行阶段评价时，建议提交由第三方提供的热岛模拟分析报告及措施，或夏季典型日热岛强度测试报告。

第4.1.13条　住区风环境有利于冬季室外行走舒适及过渡季、夏季的自然通风。(一般项)

评价要点

本条主要通过查看风环境模拟报告进行评价，具体内容如下：

1. 查看居住区风环境模拟预测分析报告，建筑周围人行区距地面1.5m高度处的风速小于5m/s，风速放大系数小于2，严寒、寒冷地区冬季保证除迎风面之外的建筑物前后压差不大于5Pa。

2. 有利于夏季、过渡季自然通风，住区不出现漩涡和死角。

实施途径

主要查看风环境模拟预测报告及优化方案，查看在模拟分析的基础上是否采取了相应措施以改善室外风环境：

1. 建筑规划时应注意避开冬季不利风向，并通过设置防风墙、板、防风带（如植物）等挡风措施来阻隔冬季冷风，降低多数条件下小区内行人高度风速，避免放大系数过大，减小建筑物前后压差。

2. 为提高夏季和过渡季自然通风，建筑群布局应尽量采取行列式和自由式，并保持适当的建筑间距。当建筑呈一字平直排开且体形较长时（超过30m），应在适当位置设置过街楼以加强夏季或过渡季的自然通风。

建议提交材料

建议提交室外风环境模拟报告。

> 关注点
>
> 北方地区的住宅建筑应以冬季作为主要评价季节，南方地区的住宅建筑则应以夏季作为主要评价季节，相符则判定该项达标。同时，风环境应有利于过渡季、夏季自然通风，且住区不出现漩涡和死角。

第4.1.14条　根据当地的气候条件和植物自然分布特点，栽植多种类型植物，乔、灌、草结合构成多层次的植物群落，每100m^{2}绿地上不少于3株乔木。(一般项)

评价要点

本条评价内容主要涉及园林绿化的相关图纸，应重点查看园林种植图纸和苗木配置表，确认是否采用乔、灌、草结合构成多层次的复层绿化，且每100m^{2}绿地上不少于3株乔木。

实施途径

结合当地的气候条件和植物自然分布特点，查看场地是否栽植多种类型的植物，乔、灌、草结合构成多层次的植物群落，不应出现大面积的纯草坪。

此外，在形成多层次植物群落的同时，鼓励增加木本植物的种类：对于华北、东北、西北地区不少于25～32种；对于华中、华东地区不少于45～48种；对于华南、西南地区不少于50～54种。

建议提交材料

建议提交由设计单位提供的住区园林种植施工图及苗木表，图中应标明具体的植物名称及数量，苗木表应与种植图对应，并统计各种植物的数量。

关注点

1. 植物的选择应体现地带性植被的特点，选择适合当地条件和小气候特点的植物，同时栽植在自然土壤中乔灌草的复层绿化，应满足表3-2对各种植物类型最小栽植土厚度的要求。

各类植物栽植土层厚度要求　　表3-2

植物类型	栽植土层厚度（cm）
草坪植物	＞30
小灌木	＞45
大灌木	＞60
浅根乔木	＞90
深根乔木	＞150

2. 绿地植物的配置根据生态和景观的需要，选用乔灌草的复层绿化或单层绿化，形成满足功能要求的绿化体系。

第4.1.15条　选址和住区出入口的设置方便居民充分利用公共交通网络。住区出入口到达公共交通站点的步行距离不超过500m。（一般项）

评价要点

本条重点查看总平面图和项目周边的交通图，查看的具体内容如下：

1. 查看项目及其周边的交通地图，确认住区主要出入口距公共交通站点的步行距离应不超过500m。

2. 查看总平面图中主要出入口的位置和数量。

实施途径

对住区周边交通条件进行分析，明确住区周边公交站点位置及公交线路数量，确认居住区主要出入口应靠近公共交通站点，并增加相应的步行出入口。

建议提交材料

建议提交交通地图或场地周边交通站点分析图，标出项目所在地、项目主要出入口和公共交通线路站点，并明确有几条公交线路。

关注点

1. 住区规划时应合理设置出入口位置和数量。

2. 依据有效证明，明确住区周边公共交通站点的位置。

第 4.1.16 条　住区非机动车道路、地面停车场和其他硬质铺地采用透水地面，并利用园林绿化提供遮阳。室外透水地面面积比不小于 45%。(一般项)

评价要点

对于申报设计标识的项目，重点查看场地铺装设计图纸；对于申报运行标识的项目，还应现场核实图纸内容。具体评价内容为：查看室外景观铺装图纸，明确室外透水地面范围、铺地材料的镂空率、基层做法，以及透水地面是否位于地下室顶板上方，校核透水地面面积比。

实施途径

1. 非机动车道路、地面停车场和其他硬质铺地采用透水地面，并利用园林绿化提供遮阳。

2. 透水植草砖的镂空率大于或等于 40%，并设透水垫层，如无砂混凝土、砾石、砂、砂砾料或其组合。

3. 地下室顶板上的绿化应采用工程措施，有效地将雨水引到实土绿地入渗，如采用渗透管、渗透管渠、渗井等；同时应注意采取入渗措施时避免地面沉降。

建议提交材料

建议提交场地铺装图，图中应包含的信息点：透水地面位置、面积、铺装材料。

> 关注点
>
> 1. 明确透水地面的概念
>
> 透水地面包括自然裸露地面、公共绿地、绿化地面和镂空面积大于或等于40%的镂空铺地（如植草砖）。尤其要注意的是，透水地面不包括透水砖等铺装方式。
>
> 2. 合理计算
>
> 透水地面面积比=透水地面面积/室外地面总面积×100%。
>
> 3. 当地面采用植草砖作为透水地面时，其镂空面积比应大于或等于40%。
>
> 4. 评价透水地面及相关工程措施是否满足以下三个功能：
>
> (1) 降低热岛效应，调节微气候。
>
> (2) 增加地下水涵养，改善生态环境。
>
> (3) 减少地表径流，减轻排水系统负荷，改善排水状况。

第 4.1.17 条　合理开发利用地下空间。(优选项)

评价要点

对于申报设计标识的项目，重点查看地下室平面图；对于申报运行标识的项目，还应现场核实地下空间的利用情况。评价要点如下：

1. 查看建筑地下室平面图，明确地下室面积及功能。

2. 由专家根据建筑区位、场地条件、建筑结构类型、建筑功能四项因素，对地下空间利用的合理性进行判断。

实施途径

1. 查看建筑地下室平面图，提高地下空间建筑面积与地面建筑面积之比。

2. 利用地下空间应结合当地实际情况（如地下水位的高低等），处理好地下室入口与地面的有机联系，以及通风、防火及防渗漏等问题。

建议提交材料

建议提交建筑地下室各层平面图，需标明地下室面积及空间使用功能。

关注点

由专家根据建筑区位、场地条件、建筑结构类型、建筑功能四项因素，对地下空间利用的合理性进行判断时，应考虑以下因素：

1. 开发地下空间的必要性因不同城市、不同区位的土地价值不同而有所差异。

2. 有些地区的地质条件不利，地下空间开发会增加很多投资且带来安全隐患。

3. 高层建筑一般具备利用地下空间的条件，而多层和低层建筑利用地下空间的经济成本较高。

4. 不同使用功能的建筑，其地下空间的功能通常有所不同。

第 4.1.18 条　合理选用废弃场地进行建设。对已被污染的废弃地，进行处理并达到有关标准。(优选项)

评价要点

查看申报项目是否选用了废弃场地，并查看场址检测报告、被污染废弃地的改造措施以及改造后的检测报告。

实施途径

优先利用废弃场地，对原有场地进行检测，对已被污染的废弃场地进行改造，使其达到标准要求后再加以利用。

建议提交材料

建议提交废弃场地利用的相关文件，应包含场地检测评估报告、处理方案等。

关注点

1. 明确废弃地概念

城市的废弃地包括不可建设用地（由于各种原因未能使用或尚不能使用的土地，如裸岩、石砾地、陡坡地、塌陷地、盐碱地、沙荒地、沼泽地、废窑坑等）、仓库和工厂弃置地等。

2. 查看检测报告

对于被污染的废弃场地，应查看改造后的检测报告。

3.3 公共建筑评价

第 5.1.1 条　场地建设不破坏当地文物、自然水系、湿地、基本农田、森林和其他保护区。(控制项)

评价要点、实施途径、建议提交材料及关注点参见第 4.1.1 条。

第 5.1.2 条　建筑场地选址无洪灾、泥石流及含氡土壤的威胁，建筑场地安全范围内无电磁辐射危害和火、爆、有毒物质等危险源。(控制项)

评价要点、实施途径、建议提交材料及关注点参见第 4.1.2 条。

第 5.1.3 条　不对周边建筑物带来光污染，不影响周围居住建筑的日照要求。(控制项)

评价要点

重点关注场地内建筑对周边建筑的影响，评价内容不仅限于申报项目内的建筑，应查看以下内容：

1. 查看建筑总平面图中申报项目内的建筑与周边建筑的关系，同时查看日照分析文件，证明其建筑布局或体形对周围环境没有产生不利影响，且没有对周围环境带来光污染或对周围居住建筑的日照造成遮挡。

2. 若建筑立面采用玻璃幕墙，需查看幕墙建筑的设计与选材是否符合现行国家标准《玻璃幕墙光学性能》GB 18091 的相关要求。

3. 查看室外景观照明图纸，应不存在光污染。

实施途径

1. 规划设计时注意与周边建筑的关系，并进行日照分析。

2. 外立面的选材应减少对周围环境的影响，避免光污染，如使用玻璃幕墙，则应符合现行国家标准《玻璃幕墙光学性能》GB 18091 的相关要求。

3. 设计室外景观照明时，应减少对周围环境的影响，且避免光污染。

建议提交材料

建议设计单位提供建筑总平面图、效果图、设计说明、立面设计图、玻璃幕墙或镜面式铝合金装饰外墙设计文件、室外景观照明图及设计说明、玻璃幕墙相关专项报告，设计单位或第三方提供的日照分析报告等。

> 关注点
>
> 1. 对周围建筑日照的影响
>
> 日照遮挡不能只考虑相邻建筑，而应根据日影长度考虑较大的影响范围，尤其要注意高层建筑的影响。
>
> 2. 外立面材料
>
> 外立面应尽量避免使用玻璃幕墙，大面积的玻璃幕墙不仅容易产生光污染，也不利于节能，即使选用了反射比较低的材料，也应慎重对待。
>
> 3. 玻璃幕墙的性能
>
> 对于采用玻璃幕墙的建筑，不仅要检查玻璃幕墙材料的反射比，而且要检查其设计是否符合现行国家标准《玻璃幕墙光学性能》GB 18091 的要求。

第 5.1.4 条　场地内无排放超标的污染源。(控制项)

评价要点、实施途径及关注点参见第 4.1.7 条。

第 5.1.5 条　施工过程中制定并实施保护环境的具体措施，控制由于施工引起的各种污染以及对场地周边区域的影响。(控制项)

评价要点、实施途径及关注点参见第 4.1.8 条。

第 5.1.6 条　场地环境噪声符合现行国家标准《城市区域环境噪声标准》GB 3096 的规定。(一般项)

评价要点

参见第 4.1.11 条。

实施途径

根据不同类型的公共建筑，要求对场地周边的噪声现状进行检测，并对规划实施后的环境噪声进行预测，必要时则需采取降噪措施，使之符合国家标准《声环境质量标准》GB 3096—2008 的规定。当拟建噪声敏感建筑不能避免临近交通干线，或不能远离固定的设备噪声源时，需采取相应措施以降低噪声干扰。

> 关注点
>
> 应考虑申报项目周边较大范围内的环境噪声情况，而不仅仅是与项目相邻的噪声源。

第5.1.7条　建筑物周围人行区风速低于5m/s，不影响室外活动的舒适性和建筑通风。（一般项）

评价要点

主要查看风环境模拟报告，具体内容如下：

1. 查看场地风环境模拟预测分析报告，建筑周围人行区距地面1.5m高度处的风速低于5m/s。

2. 有利于夏季、过渡季自然通风。

实施途径

主要查看风环境模拟预测报告及优化方案，查看在模拟分析的基础上是否采取了相应措施以改善室外风环境。

> 关注点
>
> 1. 建筑周围风环境应有利于行人活动。
> 2. 过渡季、夏季自然通风，场地内不出现漩涡和死角。

第5.1.8条　合理采用屋顶绿化、垂直绿化等方式。（一般项）

评价要点

评价内容主要涉及建筑立面、建筑屋顶、园林绿化的相关图纸，应重点查看建筑屋顶平面图及景观图纸，确认是否合理采用了屋顶绿化、垂直绿化等立体绿化方式。

实施途径

在屋顶绿化设计时，应特别注意校核建筑屋顶荷载是否满足安全要求，注意做好防水、阻根、排水、过滤等构造层，保证屋顶绿化的安全性和实用性，改善屋顶的保温隔热效果。

此外，利用植物对建筑墙体进行绿化，可采用地栽攀援植物的方式，也可采用模块化绿化墙体进行墙面立体绿化。

> 关注点
>
> 要注意屋顶绿化设计的工程可行性，运行阶段的评价应重点核实其实际的种植效果。

第5.1.9条　绿化物种选择适宜当地气候和土壤条件的乡土植物，且采用包含乔、灌木的复层绿化。（一般项）

评价要点

对于申报设计标识的项目，应查看景观植物种植图纸和苗木配置表，确认绿地内栽植多种类型的植物及乡土植物，并且采用乔、灌木的复层绿化，以及选择适宜当地气候和土壤条件的物种。对于申报运行标识的项目，则应现场核实种植图纸及苗木配置情况。

实施途径

1. 根据当地的气候条件和植物自然分布特点，栽植多种类型的植物，乔、灌、草结合构成多层次的植物群落景观。

2. 对绿地系统进行植被配置时应遵循因地制宜的原则，分析不同区域位置的绿地生态功能特性，并对植被配置做出合理的生态考量，以提高绿化系统的各种生态功能效率。

3. 种植设计时应选用绿量大、少维护、耐候性强、病虫害少、且对人体无害的植物，同时合理配置乔木、灌木、地被，构成复层结构的植物群落，避免单一及大面积草坪的应用。

第 5.1.10 条　场地交通组织合理，到达公共交通站点的步行距离不超过 500m。(一般项)

评价要点

重点查看场地总平面图及场地周边的交通图，具体内容如下：

1. 查看总平面图或场地交通组织图，确认场地主要出入口位置及场地内部的交通组织是否合理，避免人行路与车行交通互相干扰。

2. 查看场地周边交通地图，确认场地主要出入口到达公共交通站点的距离，以及公共交通线路数量。

实施途径

1. 场地内交通应依据人车分行的原则进行合理组织，形成便利的人车交通系统。

2. 规划设计时对周边交通条件进行分析，明确周边公交站点位置及公交线路数量，使主要出入口靠近公共交通站点，保证其距离不超过 500m。

> 关注点
>
> 1. 场地出入口的设计有利于步行、公交出行等绿色出行模式。
> 2. 场地内部组织好人流与车流，以及不同功能的流线。
> 3. 依据有效证明，明确住区周边公共交通站点位置。

第 5.1.11 条　合理开发利用地下空间。(一般项)

评价要点

对于申报设计标识的项目，重点查看地下室平面图；对于申报运行标识的项目，还应现场核实地下空间的利用情况。评价要点如下：

1. 查看建筑地下室平面图，明确地下室面积及功能，计算地下空间建筑面积与建筑占地面积之比。

2. 由专家根据建筑区位、场地条件、建筑结构类型、建筑功能四项因素，对地下空间利用的合理性进行判断。

实施途径

1. 在条件允许的情况下，结合实际情况设计并修建各种地下设施和多功能地下综合体（如停车、步行通道、商业、设备用房等），充分考虑地下空间多功能利用的可能性，设置便利的交通体系。同时在建筑荷载、空间高度、水、电、空调通风等配套上予以适当预留考虑。

2. 地下空间应有效利用自然采光和自然通风，消除封闭感和压抑感，增强地下、半地下空间的功能适应性，拓展可能的利用功能，并降低运行维护费用。

3. 提供建筑地下室平面图以及地下空间建筑面积与建筑占地面积之比。利用地下空间应结合实际情况（如地下水位的高低等），同时处理好地下室入口与地面的有机联系，以及通风、防火及防渗漏等问题。

> 关注点
>
> 参见第 4.1.17 条。

第 5.1.12 条　合理选用废弃场地进行建设。对已被污染的废弃地，进行处理并达到有关标准。(优选项)

评价要点、实施途径、建议提交材料及关注点参见第 4.1.18 条。

第 5.1.13 条　充分利用尚可使用的旧建筑，并纳入规划项目。(优选项)

评价要点

审核场地内原有旧建筑的评价分析报告，判断旧建筑是否可以利用。

实施途径

对旧建筑结构的安全性、可靠性进行检测和评估，并根据规划要求保留或更新利用。对尚可继续使用的建筑立面、环境、主体结构和室内空间加以保留和利用。

建议提交材料

建议提交场地地形图、旧建筑相关图纸或照片，总平面设计图（标出旧建筑位置）、旧建筑改造方案（图纸和说明），由具有资质的第三方提供的旧建筑检测报告等（说明原有旧建筑的功能、面积等基本情况以及结构检测结果）。

第 5.1.14 条　室外透水地面面积比大于等于 40%。(优选项)

评价要点

对于申报设计标识的项目，重点查看场地铺装设计图纸；对于申报运行标识的项目，还应现场核实图纸内容，查看室外景观铺装图纸，明确室外透水地面范围、铺地材料的镂空率、基层做法以及透水地面是否位于地下室顶板上方，校核透水地面面积比。

实施途径

参见第 4.1.16 条。

第4章 节能与能源利用

4.1 概 述

4.1.1 节能与能源利用评价介绍

节约能源是建设资源节约型社会的重要组成部分，建筑的运行能耗大约是全社会商品用能的1/3，是节能潜力最大的用能领域，已成为节能工作的重点。节能与能源利用（简称节能）亦已成为绿色建筑评价指标体系六类评价指标中的重要组成部分之一。

住宅建筑的节能类指标共有11项。其中控制项3项（第4.2.1～4.2.3条），主要包括建筑热工设计、集中空调系统的冷热源机组性能、集中采暖的分户计量和室温调节等内容，均必须满足，否则即失去评价资格；一般项6项（第4.2.4～4.2.9条），包括了住宅通风采光设计、高效能设备系统、照明节能设计、能量回收系统和可再生能源利用等；优选项2项（第4.2.10、4.2.11条），对建筑综合节能、可再生能源利用比例提出了更高要求。

公共建筑的节能类指标共有19项。其中控制项5项（第5.2.1～5.2.5条），与住宅建筑相比，增加了照明功率密度、能耗分项计量等内容，均必须满足，否则即失去评价资格；一般项10项（第5.2.6～5.2.15条）；优选项4项（第5.2.16～5.2.19条），根据公共建筑围护结构、空调系统、照明系统设计的特殊性，增加了外窗可开启比例、外窗气密性、空调系统部分负荷调节性等内容，按满足一般项数和优选项数的程度，划分为三个等级，分别对应于绿色建筑的三个星级。

一般而言，住宅建筑和公共建筑中节能与能源利用部分的所有条款在设计阶段和运行阶段均需参评。当某些条文不适应建筑所在地区、气候与建筑类型等条件时，该条文可作为不参评项。例如，第4.2.1条“住宅建筑热工设计和暖通空调设计符合国家和地方居住建筑节能标准的规定”，本条虽然是控制项，但由于温和地区的住宅目前还没有节能设计标准，因此，本条文对温和地区的住宅项目不参评。对于公共建筑而言，若空调系统不属于全空气系统，则第5.2.11条不参评。

4.1.2 评星原则

本着在减少能耗的基础上提高能效的原则，对围护结构和设备系统等进行合理设计及优化。在总平面布置和建筑设计中充分考虑通风、日照和采光，提高围护结构热工性能，合理设计空调系统和采暖系统等，并优化公共区域的照明系统，选用高效设备，提高用能效率。有条件的地区，可合理选用太阳能、地热能、风能等可再生能源。

任何一个合格项目所必备的条件（建筑热工设计和暖通空调设计符合国家和地方建筑节能标准的规定等）以及绿色建筑所必备条件（住宅建筑设置室温调节和热量计量设施、公共建筑设置分项计量系统等）构成了申报绿色建筑评价标识项目的前提。

此外，对于申报设计阶段评价标识的项目，一般项和优选项应按项目的具体情况和具体条文实施的难易程度进行选择。

对于住宅建筑，一般项达标数量不得低于 2 项。其中一星级项目应达标 2 项，一般情况下“第 4.2.4 条：利用场地自然条件，合理设计建筑体形、朝向、楼距和窗墙面积比，使住宅获得良好的日照、通风和采光，并根据需要设遮阳设施”和“第 4.2.7 条：公共场所和部位的照明采用高效光源、高效灯具和低损耗镇流器等附件，并采取其他节能控制措施，在有自然采光的区域设定时或光电控制”最易达标，从目前已获得绿色建筑设计标识的 5 个住宅类项目来看，选择上述两项条款的比例达到 80%。二星级项目应达标 3 项条款，一般情况下“第 4.2.6 条：当采用集中空调系统时，所选用的冷水机组或单元式空调机组的性能系数、能效比比现行国家标准《公共建筑节能设计标准》GB 50189 中的有关规定值高一个等级”或“第 4.2.9 条：根据当地气候和自然资源条件，充分利用太阳能、地热能等可再生能源，可再生能源的使用量占建筑总能耗的比例大于 5%”较易实现，采用上述两项得分的项目约占项目总数的 30%；此外，“第 4.2.5 条：选用效率高的用能设备和系统”和“第 4.2.8 条：采用集中采暖和（或）集中空调系统的住宅，设置能量回收系统（装置）”不参评的项目较多。三星级项目应达标 4 项条款，可在二星级的基础上结合项目实际情况选择适用的条款。

申报运行阶段评价标识的项目，其一般项达标数量与设计阶段评价相同，可以按上述建议，根据项目的具体情况和具体条文的难易程度进行选择。

对于公共建筑，一般项达标数量不得低于 4 项。其中一星级项目应达标 4 项，一般情况下“第 5.2.6 条：建筑总平面设计有利于冬季日照并避开冬季主导风向，夏季利于自然通风”、“第 5.2.7 条：建筑外窗可开启面积不小于外窗总面积的 30%，建筑幕墙具有可开启部分或设有通风换气装置”、“第 5.2.8 条：建筑外窗的气密性不低于现行国家标准《建筑外窗气密性能分级及其检测方法》GB 7107 规定的 4 级要求”和“第 5.2.12 条：建筑物处于部分冷热负荷时和仅部分空间使用时，采取有效措施节约通风空调系统能耗”等较容易实现，从目前已获得绿色建筑设计标识的 10 个公共建筑类项目来看，均选择了上述四项条款。二星级项目应达标 6

项，一般情况下“第 5.2.10 条：利用排风对新风进行预热（或预冷）处理，降低新风负荷”和“第 5.2.13 条：采用节能设备与系统，通风空调系统风机的单位风量耗功率和冷热水系统的输送能效比符合现行国家标准规定”也较易实现，目前满足上述两项条款而得分的项目约占项目总数的 80%。三星级项目应达标 8 项条款，可在二星级的基础上结合项目实际情况选择适用的条款，如“第 5.2.9 条：合理采用蓄冷蓄热技术”、“第 5.2.11 条：全空气空调系统采取实现全新风运行或可调新风比的措施”等。

4.1.3 注意事项

申报单位在准备本章的申报材料时，应注意以下问题：

1. 设计、施工和运行记录的工作中应注意保留纸质版和电子版的工程资料(包括文字、图片、影像等)。

2. 提供的图纸应尽量全面完整。

3. 提供模拟计算报告时，应注意模拟计算的科学性及报告的完整性。

4.2 住宅建筑评价

第 4.2.1 条 住宅建筑热工设计和暖通空调设计符合国家和地方居住建筑节能标准的规定。(控制项)

评价要点

1. 住房和城乡建设部已颁布实施了分别针对各个建筑气候区居住建筑的节能设计标准，一些省、市根据当地建筑节能工作开展的程度和经济技术发展水平，制定了节能率高于 50%的地方住宅建筑节能设计标准。评价时需根据各地对应的标准进行设计审核和现场核实。对于暂无地方标准或地方标准低于国家标准的省市，以国家标准作为判断依据。

2. 目前各地的施工图审查都包含节能的内容，如果设计通过了施工图审查，而且该建筑确实按施工图施工，即可认定本条文满足。

3. 温和地区的住宅目前还没有节能设计标准，因此，本条文对温和地区的住宅项目不参评。

实施途径

1. 居住建筑节能设计最重要的是具备良好的围护结构热工性能，主要包括外墙、屋顶、地面的传热系数，外窗的传热系数和（或）遮阳系数，窗墙面积比，建筑体形系数。围护结构热工性能指标按照国家和当地节能标准中的强制性条文进行设计，若部分指标达不到规定要求，需采用软件模拟方式进行权衡判断。

2. 对于采用了集中空调或采暖的居住建筑，还要求控制设备的能效比和管网系统的输送效率等。

建议提交材料

设计阶段评价时，建议提交由设计单位提供的建筑施工图设计说明、围护结构做法详图，由设计单位或第三方提供的节能计算报告（以管理部门批复后的复印件为准）。

运行阶段评价时，建议提交由设计单位提供的建筑竣工图设计说明、围护结构做法详图，由设计单位或第三方提供的节能计算报告（以管理部门批复后的复印件为准）、建设监理单位及相关管理部门提供的检验记录。

> 关注点
>
> 1. 设计文档中的围护结构热工参数应同国家和地方居住建筑节能设计标准取得一致，并且申报材料中各文件中的相关参数应保证一致性。
>
> 2. 节能计算书中软件、算法等应符合规定，参数设置应同施工图、施工图节能审查报告保持一致，保证计算结果的可靠性。
>
> 3. 节能计算结果不仅要看总能耗，还要分别看冬夏季能耗。

第 4.2.2 条　当采用集中空调系统时，所选用的冷水机组或单元式空调机组的性能系数、能效比符合现行国家标准《公共建筑节能设计标准》GB 50189 中的有关规定值。(控制项)

评价要点

1. 冷源的能耗是空调系统能耗的主体，冷源的能源效率对节能至关重要。性能系数、能效比是反映冷源能源效率的主要指标之一，因此本条文重点考察冷源的性能系数和能效比。

2. 设计阶段的评价方法为检查设计图纸及说明书，运行阶段的评价方法为查看设备铭牌和使用手册，核对设备的能效值。

3. 对未设置集中空调系统的项目，本条不参评。

实施途径

1. 对于采用集中空调系统的居民小区，其冷源能效的要求等同于公共建筑的规定，即对照《冷水机组能效限定值及能源效率等级》GB 19577，冷水（热泵）机组取用标准中“表 2 能源效率等级指标”的规定值，即：

（1）活塞/涡旋式冷水机组采用第 5 级。

（2）水冷离心式冷水机组采用第 3 级。

（3）螺杆式冷水机组则采用第 4 级。

2. 设计有户式中央空调系统的住宅，其冷源能效的要求应对照《单元式空气调节机能效限定值及能源效率等级》GB 19576，取用标准中“表 2 能源效率等级指标”的第4级。

建议提交材料

设计阶段评价时，建议提交由设计单位提供的暖通施工图全套图纸，包括设计说明、设备清单、各层平面图、立面图及机房大样。

运行阶段评价时，建议提交由设计单位提供的暖通竣工图全套图纸，包括设计说明、设备清单、各层平面图、立面图及机房大样；由具有资质的第三方提供的相关设备的形式检验报告或证明符合能效要求的检验报告，建设监理单位的进场验收记录。

> 关注点
>
> 1. 仔细核对施工图设计说明，并和施工图备案文件进行对照。
>
> 2. 申报材料中关于冷水机组或单元式空调机组的性能参数的说明，应在各文件中保持一致性。
>
> 3. 若选用的冷水机组类型超出了《公共建筑节能设计标准》GB 50189所包含的范围时，应参照对应的国家能效标准。

第4.2.3条　采用集中采暖和（或）集中空调系统的住宅，设置室温调节和热量计量设施。（控制项）

评价要点

1. 关注集中采暖（空调）系统是否设置了用户自主调节室温的装置。

2. 关注用户用热（冷）量的相关计量装置和制定费用分摊的计算方法。

3. 评价重点为检查图纸及说明书中有关室（户）温调节设施及按户分摊热量的技术措施内容。

4. 对未设置集中采暖或空调系统的项目，本条不参评。

实施途径

1. 对于集中采暖系统，楼前安装楼栋热量表，房间内设置水流量的调节阀（包括三通阀）、末端设温控器及热计量装置。

2. 对于集中空调系统，设计使住户可对空调的送风或空调给水进行分档控制的调节装置及冷量计量装置。

3. 设置能进行热（冷）量费用分摊的设施和方法，如温度法、散热器热量分配表法、户用热量表法、户用热水表法，或者至少按面积法分摊，即楼内住户根据楼前表和住户面积分摊等。

建议提交材料

设计阶段评价时，建议提交由设计单位提供的暖通施工图设计说明、热量分户计量系统图。

运行阶段评价时，建议提交由设计单位提供的暖通竣工图设计说明、热量分户计量系统图。

关注点

1. 已实施“供热改革”的地区，需在图纸及说明书中写明有关室（户）温调节设施及按户热量分摊的技术措施内容。

2. 尚未实施“供热改革”的地区，应在图纸中预留楼前安装热量表的位置，并考虑在“供热改革”后楼内住户热量分摊的方案和相应的技术措施。

3. 对于有“24 小时恒温”要求的某些高档住宅项目，应检查空调系统是集中控制还是住户可单独控制，若未设置单户调节措施，反而达不到节能效果。

第 4.2.4 条　利用场地自然条件，合理设计建筑体形、朝向、楼距和窗墙面积比，使住宅获得良好的日照、通风和采光，并根据需要设遮阳设施。（一般项）

评价要点

1. 总体思路是建筑的朝向、开口等利于通风、采光和建筑运行节能。

2. 关注建筑的体形系数、窗墙比、建筑朝向、遮阳设施等设计内容。

3. 是否通过软件进行通风模拟、日照采光模拟评估和设计优化。

实施途径

1. 根据当地的主导风向、气候条件以及国家和地方的标准，合理设计建筑体形、窗墙比、朝向等，使之利于通风、采光和建筑运行节能：

（1）建筑的体形系数、窗墙比满足国家或地方建筑节能设计标准的要求。

（2）建筑朝向接近南北向（偏东或偏西 30°之内），特别在严寒、寒冷地区。

（3）卧室、起居室（厅）东西向的窗户宜设外卷帘或百叶窗等遮阳装置，特别在夏热冬冷、夏热冬暖地区。

2. 综合应用常规计算方法和模拟软件，优化建筑通风、日照、采光条件。

建议提交材料

设计阶段评价时，建议提交由设计单位提供的建筑施工图设计说明；由设计单位或第三方提供的自然通风效果优化模拟计算报告、自然采光效果优化计算模拟报告、日照模拟计算报告。

运行阶段评价时，建议提交由设计单位提供的建筑竣工图设计说明，由设计单位或第三方提供的自然通风效果优化模拟计算报告、自然采光效果优化计算模拟报告、日照模拟计算报告。

关注点

1. 审核设计文档中有关建筑体形系数、窗墙比、建筑朝向、外窗遮阳设施等设计内容。

2. 若通过模拟软件对建筑通风、日照、采光进行了优化，则需提供相应的评估优化报告，内容中应对边界条件设置进行说明，并保证算法的真实性和结果的可靠性。

3. 若地方标准（如采光）同国家标准不一致，需明确提出。

评价案例

【例】 某南方的住宅项目，体形系数为0.42，东向、南向、西向、北向窗墙比分别为0.08、0.42、0.09、0.30，未能达到国家节能标准的规定值，但建筑朝向和开口设计合理，且卧室和起居室均设置了外遮阳装置。通过自然通风和采光模拟分析，表明自然通风对该项目的节能贡献率可达6.6%～16%，在全年平均风压作用下，各户型的空气龄小于180s，室内通风性能优异；住宅前后无遮挡，各户型自然采光效果良好。故可判定本条达标。

第4.2.5条　选用效率高的用能设备和系统。集中采暖系统热水循环水泵的耗电输热比，集中空调系统风机单位风量耗功率和冷热水输送能效比符合现行国家标准《公共建筑节能设计标准》GB 50189的规定。(一般项)

评价要点

1. 评价重点是对建筑用能系统和设备进行节能设计和选择。

2. 评价方法为检查图纸及说明书中所选水泵和风机计算的输送能耗限值、所选锅炉的额定热效率，或者分户产品的能效值。

3. 选用分散式空调采暖设备，且未在设计图纸上反映的项目，本条不参评。

实施途径

1. 集中采暖和（或）空调系统的住宅，风机单位风量耗功率、空调冷热水系统输送能效比必须符合国家标准《公共建筑节能设计标准》GB 50189中第5.2.8条、第5.3.26条、第5.3.27条的规定；集中采暖系统锅炉额定热效率应符合《公共建筑节能设计标准》第5.4.3条的规定。

2. 选用分散式空调采暖设备时，分户空调选用《单元式空气调节机能效限定值及能源效率等级》的节能型产品（即第2级）；空气源热泵机组冬季*COP*不小于1.8；户式壁挂燃气炉的额定热效率不低于89%，部分负荷下的热效率不低于85%。

建议提交材料

设计阶段评价时，建议提交由设计单位提供的暖通施工图设计说明、暖通施工图设备列表。

运行阶段评价时，建议提交由设计单位提供的暖通竣工图设计说明、暖通竣工图设备列表，由具有资质的第三方提供的相关设备的形式检验报告或证明符合能效要求的检验报告，建设监理单位的进场验收记录。

> 关注点
>
> 1. 在设计说明中需明示设备的选用效率、系统的传输效率，并明确计算方法和计算对象。
>
> 2. 申报材料中关于热水循环水泵的耗电输热比、风机单位风量耗功率和冷热水输送能效比的说明，应在各文件中保持一致。

第 4.2.6 条　当采用集中空调系统时，所选用的冷水机组或单元式空调机组的性能系数、能效比比现行国家标准《公共建筑节能设计标准》GB 50189 中的有关规定值高一个等级。(一般项)

评价要点

1. 冷源能源效率是机组运行节能的关键指标。本条作为一般项条文，要求冷源能源效率比第 4.2.2 条控制项中的规定（《冷水机组能效限定值及能源效率等级》GB 19577 和《单元式空气调节机能效限定值及能源效率等级》GB 19576）高一个等级。

2. 设计阶段的评价方法为检查设计图纸及说明书；运行阶段的评价方法为查对机组铭牌和运行手册，核对设备的能效值。

3. 对未设置集中空调系统的项目，本条不参评。

实施途径

由空调冷源站向多套住宅、多栋住宅楼或住宅小区提供空调冷源，或应用户式中央空调机组向一套住宅提供空调冷源进行空调时，对所设计选型的冷源机组的能效值必须比国家标准《公共建筑节能设计标准》GB 50189—2005 中第 5.4.5 条、第 5.4.8 条和第 5.4.9 条的规定值高一个等级，具体为：

1. 冷水机组的性能系数根据《冷水机组能效限定值及能源效率等级》GB 19577—2004 选取：活塞/涡旋式第 4 级，水冷离心式第 2 级，螺杆机第 3 级（见表 4-1）；

冷水机组能源效率等级指标　　表 4-1

类　型	额定制冷量(kW)	能效等级（*COP*）（W/W）				
		1	2	3	4	5
风冷式或蒸发冷却式	*CC*≤50	3.20	3.00	2.80	2.60	2.40
	CC>50	3.40	3.20	3.00	2.80	2.60
水冷式	*CC*≤528	5.00	4.70	4.40	4.10	3.80
	528<*CC*≤1163	5.50	5.10	4.70	4.30	4.00
	CC>1163	6.10	5.60	5.10	4.60	4.20

2. 单元式空调机组能效比根据《冷水机组能效限定值及能源效率等级》GB 19577—2004 中表 2 的第 3 级选取（见表 4-2）。

单元式空调机能源效率等级指标 **表 4-2**

类型		能效等级（*EER*）（W/W）				
		1	2	3	4	5
风冷式	不接风管	3.20	3.00	2.80	2.60	2.40
	接风管	2.90	2.70	2.50	2.30	2.10
水冷式	不接风管	3.60	3.40	3.20	3.00	2.80
	接风管	3.30	3.10	2.90	2.70	2.50

建议提交材料

设计阶段评价时，建议提交由设计单位提供的暖通施工图全套图纸，包括设计说明、设备清单、各层平面图、立面图及机房大样。

运行阶段评价时，建议提交由设计单位提供的暖通竣工图全套图纸，包括设计说明、设备清单、各层平面图、立面图及机房大样；由具有资质的第三方提供的相关设备的形式检验报告或证明符合能效要求的检验报告，建设监理单位的进场验收记录。

关注点

1. 仔细核对施工图设计说明，并和施工图备案文件进行对照。

2. 申报材料中关于冷水机组或单元式空调机组的性能参数的说明，应在各文件中保持一致。

3. 若选用的冷水机组类型超出了《公共建筑节能设计标准》GB 50189 所包含的范围，应参照对应的国家能效标准。

第 4.2.7 条　公共场所和部位的照明采用高效光源、高效灯具和低损耗镇流器等附件，并采取其他节能控制措施，在有自然采光的区域设定时或光电控制。（一般项）

评价要点

1. 考虑到住宅建筑的特殊性，公共场所和部位的照明主要受设计和物业管理的控制，而套内空间的照明受居住者个人行为的控制，因此本条文的评价范围仅针对公共场所和部位。

2. 评价重点是节能灯具的选用和照明控制的设置。

实施途径

1. 公共场所和部位的照明采用高效光源、高效灯具和低损耗镇流器等附件。

2. 楼梯间等有自然采光的区域设置合理的照明声控、光控、定时、感应等自控装置，可以合理控制照明系统的开关，在保证使用的前提下同时达到节能的目的。

3. 公共场所照明设计不高于《照明设计标准》规定的照明功率密度（*LPD*）的现行值。

建议提交材料

设计阶段评价时，建议提交由设计单位提供的照明施工图设计说明、各层照明平面图、照明控制系统图。

运行阶段评价时，建议提交由设计单位提供的照明竣工图设计说明、各层照明平面图、照明控制系统图，申报单位提供的照明产品清单。

> 关注点
>
> 电气照明施工图设计说明中应有对照明系统、照明设计参数的完整详细说明，并与图纸相吻合。

评价案例

【例】 某住宅项目，在公共部位的照明采用了高效光源和灯具，具体措施包括：地下室采用T5节能灯，直管式荧光灯采用电子镇流器；电梯间采用光感声控开关控制，楼梯间采用红外线感应开关控制；地下车库及部分地下储藏间开设采光天井，利用天然光照明，节约照明用电。故判定本条达标。

第4.2.8条　采用集中采暖和（或）集中空调系统的住宅，设置能量回收系统（装置）。（一般项）

评价要点

1. 采暖空调系统排风中所含的能量十分可观，在技术经济分析合理时，加以回收利用可以取得很好的节能效益和环境效益，因此鼓励采用能量回收系统。

2. 评价重点是对能量回收系统的技术经济性分析。

3. 住宅未设置集中空调或采暖系统，本条可不参评。

实施途径

1. 设置集中新、排风的系统，可在集中新风机处设置能量回收装置。

2. 不设集中新、排风的系统，可以采用带热回收功能的新风与排风的双向换气装置，这样既能满足对新风量的卫生要求，又能大量减少在新风处理上的能源消耗。但要分析系统的经济技术适用性（如对建筑立面的影响、风道阻力设计、新排风口的设置）。

建议提交材料

设计阶段评价时，建议提交由设计单位提供的热回收系统设计说明。

运行阶段评价时，建议提交由设计单位提供的能量回收系统设计说明及竣工图、节能效益分析；由厂家提供的相关产品说明及第三方检测机构形式检验报告；

由建设监理单位提供的竣工验收资料（风量、热交换效率的检验记录）；由物业及技术支持单位提供的风量、温度运行记录。

> 关注点
>
> 1. 暖通施工图设计说明中应有对能量回收系统的相关说明，并与设计图纸一致。
>
> 2. 提供能量回收系统的技术经济分析，包括系统形式（含热回收装置在过渡季是否有旁通路径等）、风量、预计节能量（含风机能耗与热回收量的比较等）、投资回收期等。

第 4.2.9 条　根据当地气候和自然资源条件，充分利用太阳能、地热能等可再生能源。可再生能源的使用量占建筑总能耗的比例大于 5%。(一般项)

评价要点

1. 可再生能源主要指风能、太阳能、水能、生物质能、地热能、海洋能等非化石能源，鼓励在技术经济分析合理的前提下，采用可再生能源替代部分常规能源使用。

2. 根据可再生能源的具体种类，依据设计文档计算或通过现场实测，评判可再生能源的使用量占建筑总能耗的比例是否大于 5%。

实施途径

根据目前我国可再生能源在建筑中的应用情况，比较成熟的是太阳能热利用，即应用太阳能热水器供生活热水、采暖等，以及应用地热能直接采暖，或者应用地源热泵系统进行采暖和空调。可根据各项目的具体情况，因地制宜地制定具体策略。

建议提交材料

设计阶段评价时，建议提交由设计单位提供的可再生能源系统设计说明和设计图纸。

运行阶段评价时，建议提交由设计单位提供的可再生能源系统设计说明和竣工图纸；由物业及技术支持单位提供的系统运行记录或测试报告。

> 关注点
>
> 1. 提供可再生能源利用系统设计说明，计算可产生的电量或者热水量、可再生能源利用率等。小区中采用太阳能热水器提供大部分生活热水的住户比例达到 25%以上，或采用地源热泵系统采暖（空调）的住户比例达到 25%以上，或采用地热水直接采暖的住户比例达到 50%以上，方可认定为可再生能源的使用量占建筑总能耗的比例大于 5%。

2. 地源热泵系统应进行长期应用后土壤温度变化趋势平衡模拟计算，并在系统设计中充分考虑可能的应对措施。尽量避免采用抽取地下水的系统。

3. 对于太阳能光伏发电技术需对其合理性进行分析，仅采用部分太阳能路灯、太阳能发电后再驱动热泵的系统不能认定为得分。

评价案例

【例】 南方某住宅区（见图 4-1），9 幢高层住宅楼，共 868 户，均采用了户式太阳能热水系统，集热器部分呈 90°安装于阳台外侧，热水系统的闭式承压水箱，水泵及控制器安装于阳台内侧，太阳能热水系统与建筑一体化效果较好。该系统设计集热面积约 3m²，每日供应 45℃热水 150L，能够满足三口之家全年 24 小时热水供应。故判定本条达标。

图 4-1　某小区太阳能与建筑一体化实景

第 4.2.10 条　采暖和（或）空调能耗不高于国家和地方建筑节能标准规定值的 80%。（优选项）

评价要点

1. 在第 4.2.1 条规定的前提下，对围护结构和设备系统节能设计进行优化，可使参评建筑的能耗低于相应居住建筑节能标准规定限值的 80%。

2. 评价方法参照第 4.2.1 条。

3. 对气候温和地区，由于尚无节能设计标准，故本条不参评。

实施途径

1. 围护结构热工性能指标在满足国家和当地节能标准的基础上，进行参数的优化，特别是外墙、屋顶、地面的传热系数，外窗的传热系数和（或）遮阳系数等。若部分指标达不到规定性要求，需采用软件模拟方式进行权衡判断。

2. 对于采用了集中空调或暖通的居住建筑，选用高效能的设备系统，提高管网系统的输送效率等。

3. 采用软件对参评建筑进行能耗模拟计算。

建议提交材料

设计阶段评价时，建议提交由设计单位或第三方提供的节能计算报告（以管理部门批复后的复印件为准）。

运行阶段评价时，除提供上述材料外，建议提交运行记录分析。

> 关注点
>
> 1. 必须要有第三方出具的节能计算书，且其中的软件选用、边界设置科学合理。
>
> 2. 节能计算书中的围护结构性能参数须同施工图设计说明、施工图节能备案书中保持一致。
>
> 3. 由于现行节能标准中未明确自然通风对节能贡献的计算方法，在本条目评价所需的节能计算书中，不应计入自然通风的节能贡献。
>
> 4. 对于条文中“80%”的解释为：若根据现行国家和地方建筑节能标准，某建筑规定的全年能耗标准为 30kWh/（m^2. 年），则本条要求计算能耗须低于 30×80%＝24kWh/m^2。

第 4.2.11 条　可再生能源的使用量占建筑总能耗的比例大于 10%。（优选项）

评价要点

1. 在一般项第 4.2.9 条的基础上，对可再生能源在建筑节能中的贡献率提出了更高的要求，鼓励在技术经济合理的前提下，增大建筑中可再生能源的使用比例。

2. 评价方法参照第 4.2.9 条。

实施途径

根据目前我国可再生能源在建筑中的应用情况，比较成熟的是太阳能热利用，即应用太阳能热水器供生活热水、采暖等，以及应用地热能直接采暖，或者应用地源热泵系统进行采暖和空调。可根据各项目的具体情况，因地制宜地制定具体策略。

建议提交材料

设计阶段评价时，建议提交由设计单位或第三方提供的可再生能源系统设计说明和设计图纸。

运行阶段评价时，建议提交由设计单位提供的可再生能源系统设计说明和竣工图纸；由物业及技术支持单位提供的系统运行记录或测试报告。

> 关注点
>
> 1. 提供可再生能源利用系统设计说明，计算可产生的电量或者热水量、

可再生能源利用率等。小区中采用太阳能热水器提供大部分生活热水的住户比例达到50%以上，或采用地源热泵系统采暖（空调）的住户比例达到50%以上，或采用地热水直接采暖的住户比例达到100%以上，方可认定为可再生能源的使用量占建筑总能耗的比例大于10%。

2. 地源热泵系统应进行长期应用后的土壤温度变化趋势平衡模拟计算，并在系统设计中充分考虑可能的应对措施。尽量避免采用需抽取地下水的系统。

3. 对于太阳能光伏发电技术需对其合理性进行分析，仅采用部分太阳能路灯、太阳能发电后再驱动热泵的系统不能认定为得分。

4.3 公共建筑评价

第5.2.1条　围护结构热工性能指标符合现行国家和地方公共建筑节能标准的规定。(控制项)

评价要点

1. 采用《公共建筑节能设计标准》GB 50189中的围护结构热工性能权衡判断法进行评判，不对单个部件进行强制性规定。

2. 如果地方公共建筑节能标准的相关条款要求高于GB 50189中的节能要求，则应以地方标准对建筑物围护结构热工性能进行评判。

3. 目前各地的施工图审查都包含节能的内容，如果设计通过了施工图审查，而且该建筑确实按施工图施工，即可判定满足本条文要求。

实施途径

1. 建筑设计须严格按照现行国家和地方节能设计标准中的规定性指标进行外墙、屋面、窗墙比、外窗及遮阳等设计与选择。若单个部件（如体形系数、外墙传热系数、窗墙比、幕墙遮阳系数、遮阳方式等）无法全部满足现行节能标准要求时，应根据权衡判断法进行围护结构节能设计。

2. 当所设计的建筑不能同时满足公共建筑节能设计围护结构热工性能的所有规定性指标时，可通过调整设计参数并进行能耗模拟，参考建筑的体形系数应与实际建筑完全相同，而热工性能要求（包括围护结构热工要求、各朝向窗墙比设定等）、各类热扰（通风换气次数、室内发热量等）和作息设定应按照《公共建筑节能设计标准》GB 50189中第4.3节的要求进行设定，且参考建筑与所设计建筑的空气调节和采暖能耗应采用同一种动态计算软件进行计算。

建议提交材料

设计阶段评价时，建议提交设计单位提供的建筑施工图设计说明、围护结构做法详图、设计单位或由第三方提供的节能计算报告(以管理部门批复后的复印件为准)。

运行阶段评价时，建议提交设计单位提供的建筑竣工图设计说明、围护结构做法详图、设计单位或由第三方提供的节能计算报告（以管理部门批复后的复印件为准）、建设监理单位及相关管理部门提供的检验记录。

> 关注点
>
> 1. 围护结构设计应根据气候特点和建筑功能特点设计，不宜盲目采用来自其他国家的设计。
>
> 2. 节能计算书中软件、算法等应符合规定，参数设置应同施工图、施工图节能审查报告保持一致。

5.2.2 空调采暖系统的冷热源机组能效比符合现行国家标准《公共建筑节能设计标准》GB 50189 第 5.4.5、5.4.8 及 5.4.9 条规定，锅炉热效率符合第 5.4.3 条规定。(控制项)

评价要点

1. 冷热源的能耗是公共建筑空调系统能耗的主体，冷热源机组能效比对节能至关重要。性能系数、能效比是反映冷源能源效率的主要指标之一，因此本条文重点考查冷源的性能系数和锅炉的热效率。

2. 设计阶段的评价方法为检查设计图纸及说明书，运营阶段查看设备铭牌和使用手册，核对设备的能效值。

实施途径

依据《公共建筑节能设计标准》GB 50189 第 5.4.3 条对锅炉额定热效率的规定以及第 5.4.5 条、第 5.4.8 条及第 5.4.9 条对冷热源机组能效比的规定，冷热源机组的能效比符合国家能效标准《冷水机组能效限定值及能源效率等级》GB 19577 和《单元式空气调节机能效限定值及能源效率等级》GB 19576 的规定，具体为：

1. 对照国家标准《冷水机组能效限定值及能源效率等级》GB 19577 中“表 2 能源效率等级指标”，活塞/涡旋式冷水机组采用第 5 级，水冷离心式冷水机组采用第 3 级，螺杆式冷水机组则采用第 4 级。

2. 单元式空调机名义制冷量时能效比（*EER*）值，采用国家标准《单元式空气调节机能效限定值及能源效率等级》GB 19576 中“表 2 能源效率等级指标”的第 4 级。

3. 针对办公建筑中使用较多的 VRV 系统，可参照现行《多联式空调（热泵）机组能效限定值及能源效率等级》GB 21454—2008。

建议提交材料

设计阶段评价时，建议提交由设计单位提供的暖通施工图全套图纸，包括设计说明、设备清单、各层平面图、立面图及机房大样。

运行阶段评价时，建议提交由设计单位提供的暖通竣工图全套图纸，包括设计说明、设备清单、各层平面图、立面图及机房大样；由具有资质的第三方提供的相关设备的型式检验报告或证明符合能效要求的检验报告，建设监理单位的进场验收记录。

> 关注点
>
> 1. 仔细核对施工图设计说明，并和施工图备案文件进行对照。
>
> 2. 申报材料中关于冷水机组、单元式空调机组以及锅炉的性能参数的说明，应在各文件中保持一致。
>
> 3. 若选用的冷水机组类型超出了《公共建筑节能设计标准》GB 50189所包含的范围，应参照对应的国家能效标准。

第5.2.3条　不采用电热锅炉、电热水器作为直接采暖和空气调节系统的热源。(控制项)

评价要点

1. 高品位的电能直接转换为低品位的热能进行采暖或空调，热效率低，运行费用高，属于“高质低用”的能源转换利用方式，应避免采用。

2. 评价重点是考查采暖和空调系统的热源形式。

实施途径

1. 对采暖和空调系统的冷热源进行合理设计，根据当地的气候条件、建筑负荷特性和能源价格，选择适用的热源形式。

2. 采暖用热水的制备严格限制采用电热锅炉、电热水器。

建议提交材料

设计阶段评价时，建议提交由设计单位提供的暖通施工图设计说明、设备清单和机房详图。

运行阶段评价时，建议提交由设计单位提供的暖通竣工图设计说明、设备清单和机房详图。

> 关注点
>
> 1. 设计中应避免采用发达国家经常采用的末端再热方式，且末端再热应避免采用电热盘管。
>
> 2. 一些采用太阳能供热的建筑，夜间利用低谷电进行蓄热补充，这种做法有利于减小昼夜峰谷，平衡能源利用，因此是一种宏观节能。对此情况必须提供充分证据，证明蓄热式电锅炉不在日间用电高峰和平段时间启用。

第 5.2.4 条　各房间或场所的照明功率密度值不高于现行国家标准《建筑照明设计标准》GB 50034 规定的现行值。(控制项)

评价要点

1. 照明能耗在公共建筑运行能耗中占有相当大的比例，在设计阶段采取严格措施降低照明能耗，对控制建筑的整体能耗具有重要意义。

2. 本条参照《建筑照明设计标准》GB 50034 第 6.1.2～6.1.4 条的规定，采用房间或场所一般照明的照明功率密度（*LPD*）作为照明节能的评价指标，要求公共场所和部位照明设计功率密度值不高于现行值要求。

3. 关注节能灯具的选用、照明控制的设置。

实施途径

1. 公共场所和部位的照明采用高效光源、高效灯具和低损耗镇流器等附件。

2. 设置合理的照明声控、光控、定时、感应等自控装置。

3. 公共场所照明设计不高于《建筑照明设计标准》规定的照明功率密度（*LPD*）的现行值并达到对应照度值要求。

建议提交材料

设计阶段评价时，建议提交由设计单位提供的照明施工图设计说明、各层照明平面图、照明控制系统图。

运行阶段评价时，建议提交由设计单位提供的照明竣工图设计说明、各层照明平面图、照明控制系统图；由申报单位提供的照明产品清单。

> 关注点
>
> 照明施工图中应有对照明系统、照明设计参数的详细说明，并与设计图纸吻合。

评价案例

【例】　某场馆内建筑，展厅及净高大于 5m 的大空间采用金卤灯照明；办公室及公共区采用节能高光效荧光灯；变配电机房采用防护型或防水防尘型荧光灯。采用 BAS 控制，根据使用及功能要求达到分组、分区、分时段、分管理模式等进行有效的场景需求和节能控制。故判定该条达标。

第 5.2.5 条　新建的公共建筑，冷热源、输配系统和照明等各部分能耗进行独立分项计量。(控制项)

评价要点

1. 本条仅针对新建公共建筑，对于改建和扩建的公共建筑，可能受到建筑原有状况和实际条件的限制，分项计量较难实施，因此本条对于改建和扩建的公共建筑作为一般项。

2. 设计阶段的评价方法为审核电气照明的设计文档，运行阶段的评价方法为进行现场核实，查阅运行记录。

实施途径

1. 新建公共建筑安装分项计量装置，对建筑内各耗能环节，如冷热源、输配系统、照明、办公设备和热水能耗等实现独立分项计量，物业有定期记录。

2. 可参照《国家机关办公建筑和大型公共建筑能耗监测系统分项能耗数据采集技术导则》等相关技术规范要求。

建议提交材料

设计阶段评价时，建议提交由设计单位提供的暖通和照明施工图纸及设计说明、建筑能耗分项计量系统图纸、配电系统图。

运行阶段评价时，建议提交由设计单位提供的暖通和照明竣工图纸及设计说明、建筑能耗分项计量系统图纸、配电系统图；由物业及技术支持单位提供的分项计量运行记录（至少有一个采暖季或空调季的记录数据）、分项计量能耗分析报告。

关注点

施工图设计说明中应有对分项计量系统的完整、详细说明，并与设计图纸相吻合。

评价案例

【例】 某项目的分项计量逻辑图如图 4-2 所示，分项计量统计分析如图 4-3 所示，应将其落实到施工图中并加以实施。

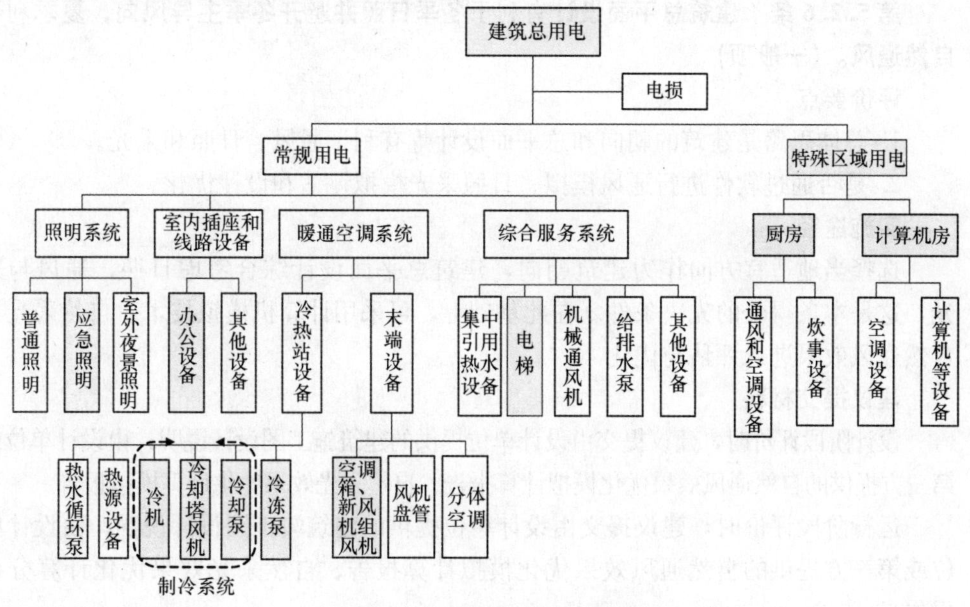

图 4-2　某项目分项计量逻辑图

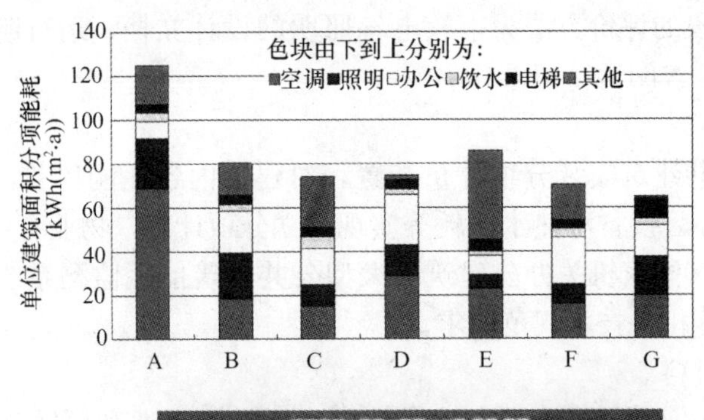

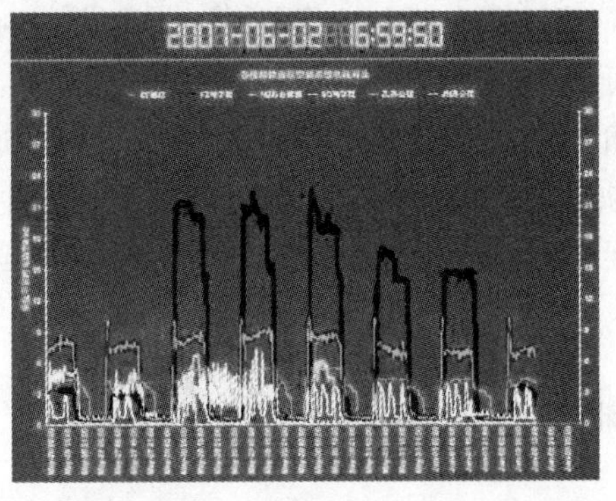

图 4-3　某项目分项计量统计分析结果

第 5.2.6 条　建筑总平面设计有利于冬季日照并避开冬季主导风向，夏季利于自然通风。（一般项）

评价要点

1. 总体思路是建筑的朝向和总平面设计等有利于通风、日照和采光。

2. 是否通过软件进行通风模拟、日照采光模拟评估和设计优化。

实施途径

选择当地适宜方向作为建筑朝向，建筑总平面设计综合考虑日照、通风与采光，这是本条得分的先决条件。在此基础上，可采用计算机模拟技术对自然采光与自然通风效果进行评估与优化。

建议提交材料

设计阶段评价时，建议提交由设计单位提供的建筑施工图设计说明；由设计单位或第三方提供的自然通风效果优化模拟计算报告、自然采光效果优化计算模拟报告。

运行阶段评价时，建议提交由设计单位提供的建筑竣工图设计说明；由设计单位或第三方提供的自然通风效果优化模拟计算报告、自然采光效果优化计算分析报告。

关注点

1. 施工图设计说明中应有建筑总平面设计原则，以及促进通风和采光的原理的相关描述。

2. 自然通风、自然采光模拟报告中，应对边界条件的选择和设定进行正确说明，通风、采光模拟结果应以适当的图标进行明确展示。

评价案例

【例 1】 南方某办公建筑在概念设计中对天然采光进行了模拟分析，冬季太阳光也能直射到北面的办公室，夏季采用立面和屋面遮阳措施反射太阳光（见图 4-4），故判定本条达标。

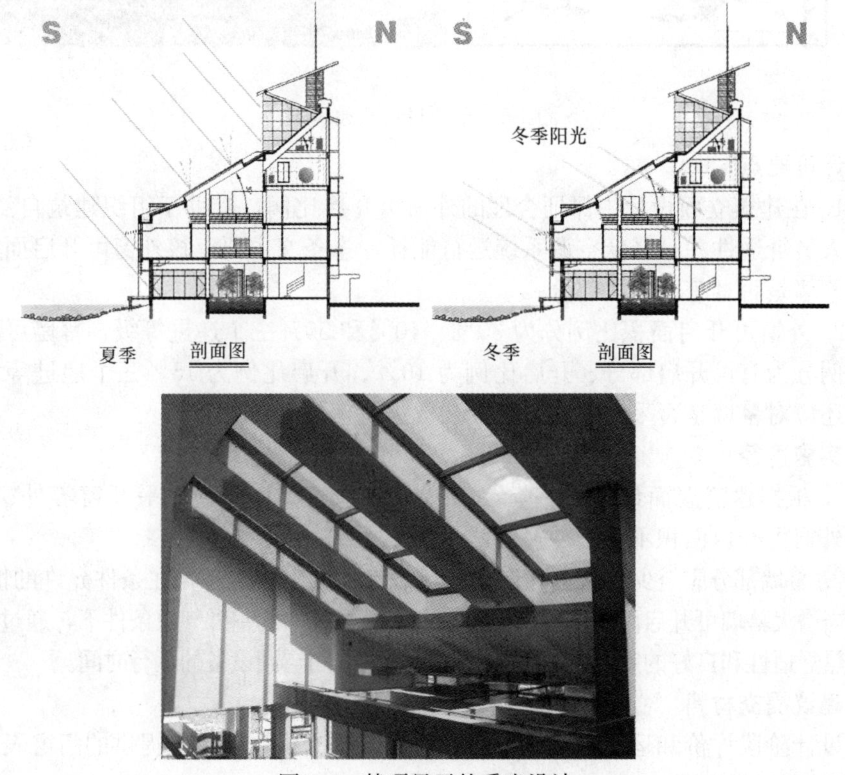

图 4-4　某项目天然采光设计

【例 2】 北方某低能耗示范楼采用了拔风井强化自然通风技术（见图 4-5），通过计算机模拟分析，在过渡季节可起到良好的通风效果，故判定本条达标。

第 5.2.7 条　建筑外窗可开启面积不小于外窗总面积的 30%，建筑幕墙具有可开启部分或设有通风换气装置。(一般项)

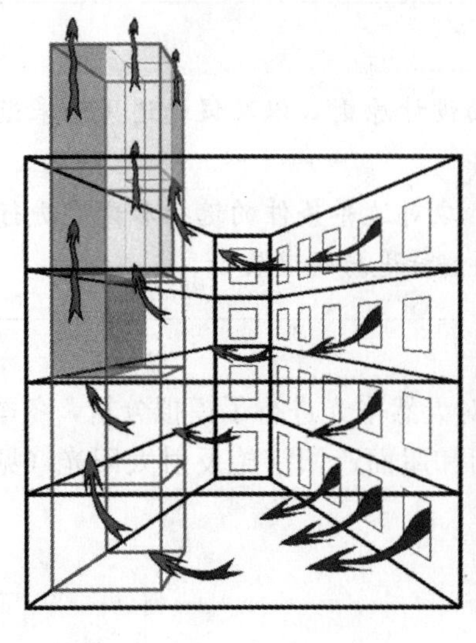

图 4-5 某项目自然通风设计

评价要点

1. 在建筑立面设计中保证合理的外窗可开启比例，有助于组织建筑自然通风，改善人员舒适性并且降低空调系统运行能耗，本条文主要审核外窗可开启面积比例以及幕墙是否具有可开启部分。

2. 外窗可开启面积比例分为30%、40%和50%三个递进等级，幕墙可开启面积比例分为有可开启部分、开启比例为10%、开启比例为15%三个递进等级，评价中还应对幕墙是否采用了通风换气装置进行审核。

实施途径

1. 根据建筑立面设计风格，灵活选用上悬窗、中悬窗、平开窗等外窗形式，确保外窗可开启面积不小于外窗总面积的30%。

2. 幕墙部分应至少具备可开启部分或设有通风换气设备，在条件允许的情况下，可适当增大幕墙可开启面积比例，以使室内人员在较好的室外气象条件下，通过通风来获得热舒适性和良好的室内空气品质，并可减少房间空调设备的运行时间。

建议提交材料

设计阶段评价和运行阶段评价时，均建议提交由设计单位提供的门窗表、幕墙设计说明及计算书。

关注点

1. 依据建筑各个朝向的透明围护性质（窗或幕墙），提供外窗和幕墙的可开启面积比例计算书。

2. 计算书的相关内容应与图纸说明保持一致。

评价案例

【例】 南方某公共建筑在描述本项目透明围护结构部分的开启比例时，给出了分项明确的计算书（见表 4-3），以此判定本条达标。

某项目外窗幕墙开启率计算表 **表 4-3**

编　号	外窗类型	外窗尺寸		数量（个）	可开启面积比例（%）
		高度（m）	宽度（m）		
LC24024	铝合金低辐射中空玻璃窗 6+12+6 遮阳型	23933	2450		30
LC0829	铝合金低辐射中空玻璃窗 6+12+6 遮阳型	800	2900		30
LC21724	铝合金低辐射中空玻璃窗 6+12+6 遮阳型	21731	2450		30
MQ1	铝合金低辐射中空玻璃窗 6+12+6 遮阳型	17150	19830	1	36
LBC2027	铝合金低辐射中空玻璃窗 6+12+6 遮阳型	2000	2700	5	30

第 5.2.8 条　建筑外窗的气密性不低于现行国家标准《建筑外窗气密性能分级及其检测方法》GB 7107 规定的 4 级要求。（一般项）

评价要点

1. 为了保证建筑节能，抵御夏季和冬季室外空气过多地向室内渗漏，本条对外窗的气密性提出了较高要求。

2. 评价重点为建筑外窗的气密性的设计值和实测值。

实施途径

1. 建筑外窗的气密性不低于现行国家标准《建筑外窗气密性分级及其检测方法》GB 7107 规定的 4 级要求，即在 10Pa 的压差下，每小时每米缝隙的空气渗透量在 0.5～1.5m^3 之间和每小时每平方米面积的空气渗透量在 1.5～4.5m^3 之间。

2. 透明幕墙的气密性不应低于《建筑幕墙物理性能分级》GB/T 15225 规定的 3 级。

建议提交材料

设计阶段评价时，建议提交由设计单位提供的建筑施工图设计说明。

运行阶段评价时，建议提交由设计单位提供的建筑竣工图设计说明，外窗产品气密性检测检验报告（必要时，需提供现场抽样检测报告）；由建设监理单位提供的检验记录。

关注点

1. 气密性标准已进行修订，现行标准为《建筑外门窗气密、水密、抗风压性能分级及检测方法》GB/T 7106—2008，原标准中的4级相当于现行标准的6～7级。

2. 施工图设计说明中应明确关于外窗气密性的相关要求，并且应提供外窗产品的检测检验报告。

第5.2.9条　合理采用蓄冷蓄热技术。(一般项)

评价要点

1. 蓄冷蓄热技术对于昼夜电力峰谷差异的调节具有积极的作用，但从能源转换和利用本身来讲并不节约，因此需要根据当地能源政策、峰谷电价、能源紧缺状况和设备系统特点等进行合理选择。

2. 本条蓄能策略主要有蓄能材料、建筑构造等。

3. 蓄能设备主要指冰蓄冷、水蓄冷等，其评价要点包括：用于蓄冷的电驱动蓄能设备提供的冷量达到设计日累计负荷的30%，或电加热装置的蓄能设备能保证高峰时段不用电。

实施途径

1. 在对当地气候特征、建筑运行时间表、用能特点等进行详细论证的基础上，合理进行建筑构造的设计以及选用蓄能材料。

2. 根据当地能源政策、峰谷电价、能源紧缺状况和设备系统的特点等，因地制宜地选择具体项目适用的蓄冷蓄热技术，以实现调节昼夜电力峰谷差异的作用。

建议提交材料

设计阶段评价时，建议提交由设计单位提供的建筑施工图设计说明、暖通施工图设计说明、蓄冷蓄热技术设计说明及计算报告。

运行阶段评价时，建议提交由设计单位提供的建筑竣工图设计说明、暖通竣工图设计说明、蓄冷蓄热技术设计说明及计算报告；由物业及技术支持单位提供的运行记录、运行情况分析报告。

关注点

1. 使用蓄能材料时，需针对气候、用能特点进行详细论证。

2. 在蓄能系统设计说明中，提供用于蓄冷的电驱动蓄能设备提供冷量的比例计算过程。

3. 热驱动溶液除湿机组、太阳能热水系统由于不使用电力作为动力，故其储液罐无法起到调节昼夜电力峰谷的作用，不属于本条文中提出的蓄冷蓄热技术。

评价案例

【例 1】 北方某低能耗示范楼在部分楼层使用了相变地板（见图 4-6），对比实验表明：采用了相变地板的楼层与其他楼层相比，其室温波动幅度明显变小。

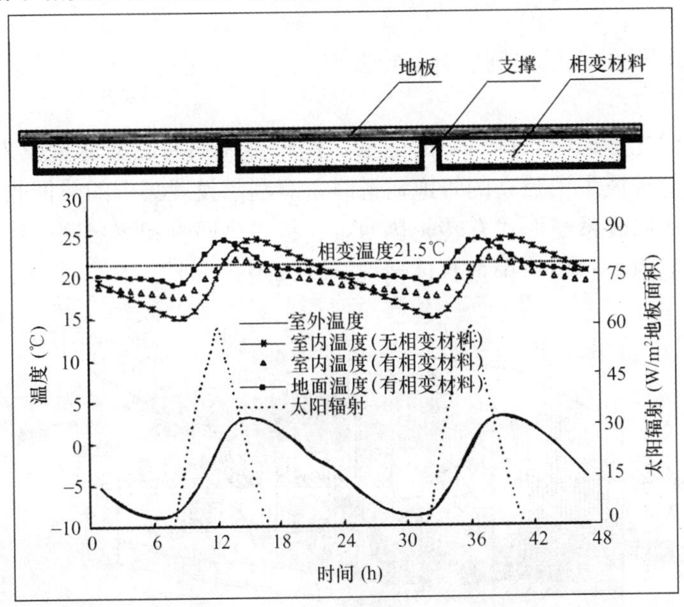

图 4-6 某项目相变地板使用情况

【例 2】 某项目在采用了蓄冰空调后，高峰时段用电负荷显著降低（见图 4-7），故判定本条达标。

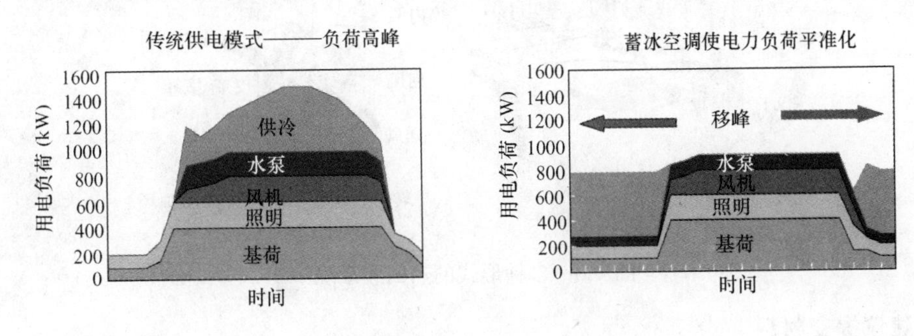

图 4-7 某项目冰蓄冷系统使用效果

第 5.2.10 条 利用排风对新风进行预热（或预冷）处理，降低新风负荷。（一般项）

评价要点

1. 采暖空调系统排风中所含的能量十分可观，在技术经济分析合理时，加以回收利用可以取得很好的节能效益和环境效益，因此鼓励采用能量回收系统。

2. 评价重点是对排风热回收的能量投入产出收益进行分析，包括热回收形式、预期效益等。

3. 进行热回收的新风比例应有一定要求。

实施途径

设计时可优先考虑回收排风中的能量，比较排风热回收的能量投入产出收益，尤其是当新风与排风采用独立的管道输送时，有利于设置集中的热回收装置。建筑中常见的排风热回收系统形式有转轮热回收、板式热回收和溶液调试新风处理系统等多种形式（见图 4-8），可根据具体情况灵活选用。

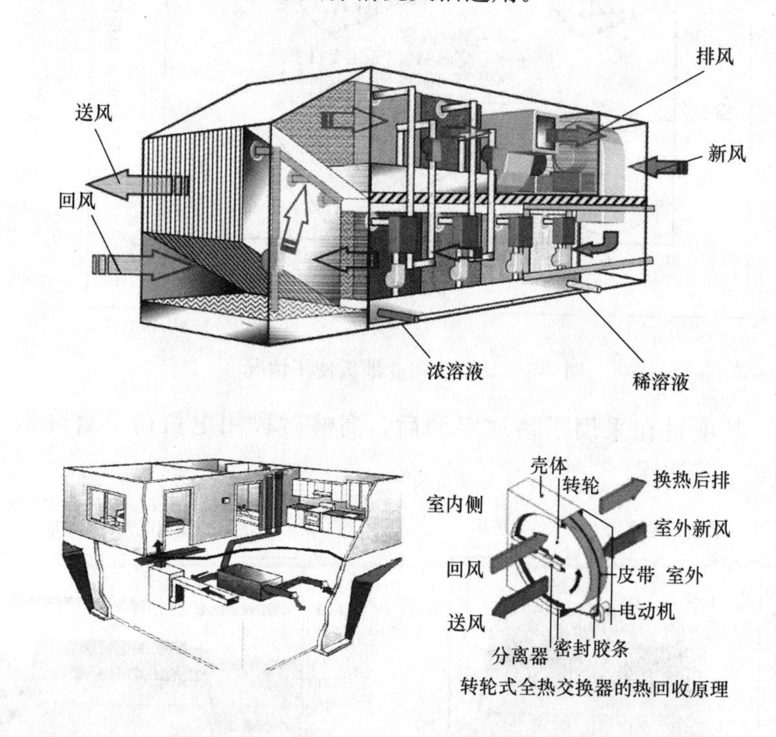

图 4-8 多种形式的热回收系统

建议提交材料

设计阶段评价时，建议提交由设计单位提供的排风热回收系统设计说明、利用排风对新风进行预热（或预冷）的系统设计图。

运行阶段评价时，建议提交由设计单位提供的新风预热（或预冷）系统竣工图纸及设计说明、节能效益分析；由厂家提供的相关产品说明及第三方检测机构出具的检验报告；由建设监理单位提供的竣工验收资料（包括风量、热交换效率的检验记录）；由物业及技术支持单位提供的风量、温度运行记录。

关注点

1. 申报材料中需提供详细的热回收系统设计说明，包括系统形式、对应的建筑区域；暖通设计图纸中应包括利用排风对新风预热（冷）的系统设计图，审查热回收装置在过渡季是否有旁通路径等。

2. 需提供能量回收系统的技术经济分析，包括风量、预计节能量（含风机能耗与热回收量的比较等）、投资回收期等信息。

3. 热回收系统在空调系统中的使用比例应有一定要求，避免为了得分而只在个别空调系统中采用的情况。

第 5.2.11 条　全空气空调系统采取实现全新风运行或可调新风比的措施。(一般项)

评价要点

1. 空调系统设计时不仅要考虑设计工况，还应考虑全年运行模式，特别是过渡季采用全新风或增大新风比运行。

2. 评价重点是全新风或可调新风比设计的合理性和完善性。

3. 对于非全空气系统，本条不参评。

实施途径

全空气空调系统设计时，应考虑过渡季采用全新风或增大新风比运行的模式。设计时仔细核算新风取风口和新风管所需的截面积，妥善安排好排风出路，确保室内合理的正压值。实际运行中采取相应措施，实现过渡季节全新风运行或增大新风的比例。

建议提交材料

设计阶段评价时，建议提交由设计单位提供的暖通施工图设计说明、暖通专业全空气空调系统施工图系统与平面图。

运行阶段评价时，建议提交由设计单位提供的暖通竣工图设计说明、暖通专业全空气空调系统竣工图系统与平面图。

关注点

1. 审核图纸中新风取风口和新风道面积，判断是否具有新风可调性。

2. 施工图设计说明中应明确提出新风系统在过渡季节、冬夏季节的运行策略。

3. 需提供新风机组调节新风比的范围。

评价案例

【例】 某项目展厅、门厅休息厅、一层展厅、二层南北侧展厅、报告厅及多功能厅采用全空气一次回风系统，其中空调箱送风采用变频调速电机，排风机采用双速电机，送风方式为旋流风口顶送风，回风则采用集中回风的方式。空调箱使用变频风机并采用可调节新风比的调节措施，调节范围：组合式空调箱：5%～100%；柜式空调箱：15%～50%，过渡季节可调节新回风阀，并减少送风量，从而实现全新风运行。故判定本条达标。

第 5.2.12 条　建筑物处于部分冷热负荷时和仅部分空间使用时，采取有效措施节约通风空调系统能耗。(一般项)

评价要点

1. 建筑物在部分冷热负荷情况下，通风空调系统的调节方式。

2. 建筑物仅部分空间使用时，通风空调系统的调节方式。

实施途径

空调系统设计应能保证在建筑物处于部分冷热负荷时和仅部分建筑空间使用时，能根据实际需要提供恰当的能源供给，同时不降低能源转换效率。具体的措施包括：

1. 区分房间的朝向，细分空调区域，实现空调系统分区控制。

2. 根据负荷变化实现制冷（热）量调节，空调冷热源机组的部分负荷性能系数（*IPLV*）满足《公共建筑节能设计标准》GB 50189 的规定。

3. 水系统采用变流量运行或全空气系统采用变风量控制。

建议提交材料

设计阶段评价时，建议提交由设计单位提供的暖通施工图设计说明、暖通施工图设计图。

运行阶段评价时，建议提交由设计单位提供的暖通竣工图设计说明、暖通竣工图纸；由物业及技术支持单位提供的系统运行记录。

> 关注点
>
> 1. 系统设计中是否区分房间的朝向，细分空调区域，实现空调系统分区控制。
>
> 2. 空调冷热源机组的部分负荷性能系数（*IPLV*）满足《公共建筑节能设计标准》GB 50189 的规定，在设计文档中明确 *IPLV* 值。
>
> 3. 空调的水、空气等系统设计是否有变水量或变风量设计（包括可分区域启停或分档控制）。

评价案例

【例】 某项目根据房间朝向和使用特点，进行了合理的空调分区：一层、二层各展厅、报告厅及多功能厅，分别设立独立的全空气系统，旋流风口顶送或喷口侧送；其他办公、贵宾休息、展厅用房，采用风机盘管加新风系统，便于独立控制。所采用的部分负荷运行调节策略包括：水系统采用二级泵变流量系统，根据最不利环路的压差控制泵的转速实现节能运行；空调箱采用变频调速风机，排风量可通过台数调节；冷热源为高效江水源机组，*IPLV*符合标准要求，具有较好的部分性能系数。故判定本条达标。

第5.2.13条　采用节能设备与系统。通风空调系统风机的单位风量耗功率和冷热水系统的输送能效比符合现行国家标准《公共建筑节能设计标准》GB 50189第5.3.26、5.3.27条的规定。(一般项)

评价要点

1. 风机的单位风量耗功率、冷热水系统输送能效比。
2. 节能电梯的选用。
3. 评价方法参照住宅部分第4.2.5条。

实施途径

采用节能设备与系统。通风空调系统风机的单位风量耗功率和冷热水系统的输送能效比符合现行国家标准《公共建筑节能设计标准》GB 50189的相关规定；采用节能型电梯。

建议提交材料

设计阶段评价时，建议提交由设计单位提供的暖通施工图设计说明、暖通施工图设备清单、电气施工图设计说明、风机的单位风量耗功率和冷热水系统的输送能效比的计算书；由厂家或设计单位提供的节能电器说明书。

运行阶段评价时，建议提交由设计单位提供的暖通竣工图设计说明、暖通竣工图设备清单、电气竣工图设计说明、风机的单位风量耗功率和冷热水系统的输送能效比的计算书或测试记录；由厂家或设计单位提供的节能电器铭牌及说明书；由物业及技术支持单位提供的系统运行记录。

> 关注点
>
> 1. 空调（采暖）系统的输配系统效率和锅炉效率根据《公共建筑节能标准》GB 50189中第5.2.8条、第5.3.26条、第5.3.27条和第5.4.3条严格计算和选用。
>
> 2. 在设计说明中需明示设备的选用效率、系统的传输效率，并明确计算方法和计算对象。

第5.2.14条　选用余热或废热利用等方式提供建筑所需蒸汽或生活热水。(一般项)

评价要点

1. 余热、废热应用于满足建筑热需求。

2. 余热、废热主要包括：市政热网、热泵、空调余热和其他废热。

3. 可采用的其他措施包括：回收排水热量、利用余热废热作为预热。

实施途径

1. 鼓励采用市政热网、热泵、空调余热、其他废热等节能方式供应生活热水。

2. 在没有余热或废热可用时，对于蒸汽洗衣、消毒、炊事等应采用其他替代方法（例如紫外线消毒等）。

3. 空调系统设计中可采取相应的技术措施，包括回收排水中的热量，以及利用如空调凝结水或其他余热、废热来作为生活热水的预热等。

建议提交材料

设计阶段评价时，建议提交由设计单位提供的给排水和暖通专业施工图设计说明和系统设计图纸。

运行阶段评价时，建议提交由设计单位提供的给排水和暖通专业竣工图设计说明和系统设计图纸；由物业及技术支持单位提供的系统运行记录。

> 关注点
>
> 提供余热或废热利用系统设计说明，进行效益分析。

第 5.2.15 条　改建和扩建的公共建筑，冷热源、输配系统和照明等各部分能耗进行独立分项计量。（一般项）

评价要点

1. 本条仅针对改扩建公共建筑，新建公共建筑已在控制项第 5.2.5 条对能耗分项计量系统提出了明确要求。

2. 设计阶段的评价方法为审核电气照明的设计文档，运行阶段的评价方法为进行现场核实，查阅运行记录。

3. 对于新建的公共建筑，本条不参评。

实施途径

1. 对改扩建的公共建筑安装分项计量装置，对建筑内各耗能环节，如冷热源、输配系统、照明、办公设备和热水能耗等实现独立分项计量，物业部门进行定期记录。

2. 可参照《国家机关办公建筑和大型公共建筑能耗监测系统分项能耗数据采集技术导则》等相关技术规范的要求。

建议提交材料

设计阶段评价时，建议提交由设计单位提供的暖通和照明施工图纸及设计说明、建筑能耗分项计量系统图纸、配电系统图。

运行阶段评价时，建议提交由设计单位提供的暖通和照明竣工图纸及设计说明、建筑能耗分项计量系统图纸、配电系统图；由物业及技术支持单位提供的分项计量运行记录（至少有一个采暖季或空调季的记录数据）、分项计量能耗分析报告。

> 关注点
>
> 对于改建和扩建的公共建筑，有可能受到建筑原有状况和实际条件的限制，增加了分项计量实施的难度。因此本条对于改建和扩建的公共建筑作为一般项，目的是为了鼓励在建筑改建和扩建时尽量考虑能耗分项计量的实施，如对原有线路进行改造等。

第 5.2.16 条　建筑设计总能耗低于国家批准或备案的节能标准规定值的 80%。(优选项)

评价要点

1. 建筑设计总能耗是指包括建筑围护结构、采暖空调和照明等的总能耗。

2. 在第 5.2.1 条规定的前提下，对围护结构和设备系统节能设计进行优化，可使参评建筑的能耗低于公共建筑节能标准规定限值的 80%。

3. 评价方法参见第 5.2.1 条。

实施途径

1. 鼓励采用新型建筑保温体系和其他节能技术，并改善建筑用能系统效率，提高节能效果。

2. 以《公共建筑节能设计标准》中的参考建筑作为比较对象，对建筑进行总负荷模拟计算。

建议提交材料

设计阶段评价和运行阶段评价时，均建议提交材料由设计单位或第三方提供的节能计算报告（以管理部门批复后的复印件为准）。

> 关注点
>
> 1. 围护结构和设备系统应根据当地气候和建筑功能特点进行设计，不宜盲目采用其他国家和地区的设计思路。
>
> 2. 由于现行节能标准中未明确自然通风对节能贡献的计算方法，故在本条目评价所需的节能计算书中，不应计入自然通风的节能贡献。
>
> 3. 节能计算书中软件、算法等应符合规定，参数设置应与施工图、施工图节能审查报告保持一致。

第 5.2.17 条　采用分布式热电冷联供技术，提高能源的综合利用率。(优选项)

评价要点

1. 应对建筑物的热负荷、电负荷进行详细分析。

2. 从系统配置、运行模式以及经济和环保效益等方面对拟采用的分布式热电冷联供系统进行可行性分析。

3. 系统设计应满足规范要求。

4. 应有对选用系统的效率分析，以实现一定规模下系统效率最高。

实施途径

在应用分布式热电冷联供技术时，必须先进行科学论证，在对建筑物的热负荷、电负荷进行详细计算分析的基础上，从系统配置、运行模式、经济和环保效益等多方面对方案做可行性分析，实现一定规模下系统效率的最优化。如果夏季无用热需求，只有用冷需求，不宜采用分布式三联供；如果夏季用热需求较大，则宜采用热电联产（而非三联供）模式。

建议提交材料

设计阶段评价时，建议提交由设计单位提供的分布式热电冷联供系统设计说明、设计图纸。

运行阶段评价时，除提交上述材料外，还应提交由物业及技术支持单位提供的系统运行记录。

第 5.2.18 条　根据当地气候和自然资源条件，充分利用太阳能、地热能等可再生能源，可再生能源产生的热水量不低于建筑生活热水消耗量的 10%，或可再生能源发电量不低于建筑用电量的 2%。(优选项)

评价要点

1. 可再生能源主要指风能、太阳能、水能、生物质能、地热能、海洋能等非化石能源，鼓励在技术经济分析合理的前提下，采用可再生能源替代部分常规能源。

2. 评价重点是根据可再生能源具体种类，依据设计文档计算或通过现场实测，确定其使用量占建筑总需求的比例。

实施途径

1. 利用可再生能源提供生活热水，其热水供应量满足建筑生活热水总消耗量的比例不低于 10%。

2. 采用可再生能源发电技术，其发电量在建筑总用电量中达到的比例不低于 2%。

3. 合理采用地源、水源等新型热泵空调技术。

建议提交材料

设计阶段评价时，建议提交由设计单位提供的可再生能源系统设计说明和设计图纸。

运行阶段评价时，建议提交由设计单位提供的可再生能源系统设计说明和竣工图纸；由具有资质的第三方提供的可再生能源产品型式检验报告；由物业及技术支持单位提供的系统运行记录或测试报告。

关注点

1. 查阅太阳能热水系统的设计图纸，以及负荷计算书及负荷比例计算依据。

2. 查阅太阳能发电系统的设计图纸，以及建筑用电负荷和发电比例计算。

3. 查阅地源热泵系统的设计及相关说明，地源热泵机组的选用效率说明，以及地源热泵对土壤或地下水影响的分析报告。

第 5.2.19 条　各房间或场所的照明功率密度值不高于现行国家标准《建筑照明设计标准》GB 50034 规定的目标值。（优选项）

评价要点

1. 照明能耗在公共建筑运行能耗中占有相当大的比例，在设计阶段采取严格措施降低照明能耗，对控制建筑的整体能耗具有重要意义。

2. 本条在控制项第 5.2.4 条的基础上，参照《建筑照明设计标准》GB 50034 第 6.1.2～6.1.4 条的规定，要求公共场所和部位照明设计功率密度值不高于目标值。

3. 关注节能灯具的选用、照明控制的设置。

实施途径

1. 公共场所照明设计不高于《照明设计标准》规定的照明功率密度（*LPD*）的目标值并达到对应的照度值要求。

2. 公共场所和部位的照明采用高效光源、高效灯具和低损耗镇流器等附件。

3. 合理采用自动控制照明方式，如：随室外天然光的变化自动调节人工照明照度；采用人体感应或动静感应等方式自动开关灯；门厅、电梯大堂和走廊等场所，采用夜间定时降低照度的自动调光装置；中大型建筑，按具体条件采用集中或集散的、多功能或单一功能的照明自动控制系统。

建议提交材料

设计阶段评价时，建议提交由设计单位提供的照明施工图设计说明、各层照明平面图、照明控制系统图。

运行阶段评价时，建议提交由设计单位提供的照明竣工图设计说明、各层照明平面图、照明控制系统图，照明产品进场记录、产品说明书，必要时还需提供具有资质的第三方的现场检测报告。

关注点

照明施工图中应有对照明系统、照明设计参数的完整详细说明，并与设计图纸吻合。

第5章　节水与水资源利用

5.1　概　　述

5.1.1　评价介绍

水资源短缺和水污染加剧是当前影响我国可持续发展的主要因素之一。中国水资源人均占有量仅为世界人均占有量的1/4。有关数据显示中国有420个缺水城市，其中110个城市存在严重的缺水问题。科学家预测，到2020年，中国的缺水总量会超过500亿t，超过现在全国年用水量的10%。

建筑水系统不仅仅涉及建筑内外的给水排水系统、设施等，还涉及与生态环境相关的人工水环境系统，包括人工水体与景观绿化用水等。

节水是实现绿色建筑的关键指标之一。建筑节水和水资源利用需要统筹考虑建筑全寿命周期各个阶段和各种用途的具体情况，科学合理地使用水资源，减少用水浪费，将使用过的废水经过再生净化得以回用，通过减少用量、梯级用水、循环用水、雨水利用等措施提高水资源的综合利用效率。

“开源、节流”是绿色建筑水系统规划的两个方面，建筑节水应从减少用水浪费开始，可以采取的措施有：防止给水系统和设备、管道的跑冒滴漏，采用节水器具和节水设备、设施，合理设计给水系统压力分区等。提高水资源的使用效率是绿色建筑节水的重要手段，可以采取的措施有：梯级用水、循环用水等。水资源的“开源”也具有很大的潜力，可以采取的措施有：使用雨水、再生水等非传统水源。

《绿色建筑评价标准》中住宅建筑的节水类指标共有12项，其中控制项5项（第4.3.1～4.3.5条），一般项6项（第4.3.6～4.3.11条），优选项1项（第4.3.12）；公共建筑的节水类指标共有12项，其中控制项5项（第5.3.1～5.3.5条），一般项6项（第5.3.6～5.3.11条），优选项1项（第5.3.12条）。

一般而言，住宅建筑和公共建筑中节水与水资源利用部分的所有条目在设计阶段和运行阶段均需参评。但当某些条文不适应建筑所在地区、气候与建筑类型等条件时，该条文可作为不参评项。

5.1.2　评价原则

任何一个合格项目所必备的条件（水规划方案、管网防漏检漏、用水安全保障）以及绿色建筑所必备的条件（采用节水器具、景观用水采用非传统水源）构成了申报绿色建筑评价标识项目的前提。因此，申报绿色建筑评价标识的项目必须达到控制项的全部要求。

此外，对于申报设计阶段评价标识的项目，一般项和优选项应按项目的具体情况和具体条文实施的难易程度进行选择。其一般项达标数量不得低于3条。其中一星级项目应达标3项，可选择雨水入渗、节水灌溉（喷、微灌）、采用非传统水源（雨水或中水一种即可）；二星级项目应达标4项，可在一星级的基础上住宅建筑增加雨水的积蓄利用，公共建筑增加水表计量的要求；三星级项目应达标5项，可在二星级的基础上增加对非传统水源利用规模的要求。

申报运行阶段评价标识的项目，其一般项达标数量与设计阶段评价相同，可按上述建议，根据项目的具体情况和具体条文的难易程度进行选择。

5.1.3 注意事项

评价人员在进行本章的评价时，应当注意以下几个问题：

1. 水系统规划方案是绿色建筑节水设计前期的必要环节。不同于结论性质的施工图设计说明，水系统规划方案是设计者确定水资源合理利用方案的论证过程，是给水排水系统设计思路的体现。水系统规划方案必须是独立的报告形式，不能用施工图设计说明代替。

2. 非传统水源利用、节水灌溉等标准条文的评价不能只局限于定性。无论是从实际节水效果还是从绿色建筑标准的推广目的出发，非传统水源利用和节水灌溉都必须达到一定的规模才具有实际意义。评价点不能是简单地“采用”，而必须是“有效采用”，应具有较好的经济效益和环境效益。

3. 非传统水源利用率的计算方法不够规范会导致结果的失真。因此，在评价中不能仅仅检查计算结果本身，还应核对计算过程中各部分水量与设计文件的一致性，以及各部分用水定额单位的统一性。

申报单位在准备本章的申报材料时，应注意加强项目给水排水专业设计人员的参与度，提高申报材料的技术深度和完备程度。

5.2 住宅建筑评价

第4.3.1条 在方案、规划阶段制定水系统规划方案，统筹、综合利用各种水资源。（控制项）

评价要点

在进行绿色建筑设计前，应充分了解项目所在区域的市政给水排水条件、水资源状况、气候特点等客观情况，综合分析研究各种水资源利用的可能性和潜力，制定水系统规划方案，提高水资源综合利用率，减少市政供水量和污水排放量。

应提供水系统规划方案专篇报告，包括但不限于以下内容：

1. 当地政府规定的节水要求、地区水资源状况、气象资料、地质条件及市政设施情况等说明。

2. 用水定额的确定、用水量估算（含用水量计算表）及水量平衡表的编制。

3. 给排水系统设计说明。

4. 采用节水器具、设备和系统的方案。

5. 污水处理设计说明。

6. 雨水及再生水利用方案的论证、确定和设计计算报告及说明。

制定水系统规划方案是绿色建筑给水排水设计的必要环节，是设计者确定设计思路和设计方案的可行性论证过程，水资源利用的合理与否在水系统规划方案中得以体现，申报时必须由申报方提供详尽的报告。

本条的评价方法为审核建筑水系统规划方案报告并进行现场核实。

实施途径

1. 结合城市水环境专项规划以及当地水资源状况，因地制宜地考虑绿色建筑水资源的统筹利用方案，是进行绿色建筑给水排水设计的首要步骤。地区水资源状况、气象资料、地质条件及市政设施情况等要素便是“因地制宜”的“因”。

（1）我国大多数城市都缺水，在判断是否为“缺水地区”时要了解地区水资源状况，包括以下几点：

1）当地的降雨情况。当地多年统计的年、月份平均降雨量、设计重现期降雨量、雨水利用的可行性分析等。

2）地表水资源量。指地表水体的动态水量，即天然河川径流量。如项目直接利用地表水资源，则需要提供此项资料，并应提供相关主管部门批准同意直接使用地表水的相关文件。

3）地下水资源量。指降水和地表水体入渗，补给地下含水层的动态水量。如项目直接利用地下水资源，则需要提供此项资料，并应提供相关主管部门批准同意直接使用地下水的相关文件。

4）水资源总量。由地表水资源量与地下水资源量相加，并扣除两者之间互相转化的重复量得到。

5）可利用水资源量。指在技术上可行、经济上合理的情况下，通过工程措施能进行调节利用且有一定保证率的那部分水资源量，它比天然水资源数量少。其地表水资源部分仅包括蓄水工程控制的水量和引水工程引用的水量；地下水资源中仅是技术上可行，而又不造成地下水位持续下降的可开采水量。二者之和，即为目前可利用的水资源量。人均可利用的水资源量可以由此计算。

（2）气象资料。主要包括影响雨水利用的当地降雨量、蒸发量和太阳能资源等内容。

（3）地质条件。主要包括影响雨水入渗及回用的地质构造、地下水位和土质情况等。

（4）市政设施情况。包括当地的市政给水排水管网、水处理设施的现状、长期的规划情况。包括是否存在市政再生水供应，如果直接使用市政再生水，应提供相关主管部门批准同意其使用的相关文件。

2. 用水定额应从总体区域用水上考虑，参照《城市居民生活用水量标准》GB 50331、《民用建筑节水设计标准》、地方用水标准及其他相关用水要求确定，并结合当地经济状况、气候条件、用水习惯和区域水专项规划等，根据实际情况科学、合理地确定。

用水量估算不仅要考虑建筑室内盥洗、沐浴、冲厕、冷却水补水、游泳池补水、空调设备补水等室内用水要素，还要综合考虑小区或区域性的室外浇洒道路、绿化、景观水体补水等室外用水要素。用水量估算需要综合上述各种用水要素，统一编制水量计算表，详尽表达整个项目的用水情况，以便于方案论证及评价审查。

使用非传统水源（雨水、中水）时，应进行源水量和用水量的水量平衡分析，编制水量平衡表，并应考虑季节变化等各种影响源水量和用水量的因素。

3. 给水排水系统设计

（1）建筑给水系统设计首先要符合国家相关标准规范的规定。方案内容包括水源情况简述（包括自备水源和市政给水管网）、供水方式、给水系统分类及组合情况、分质供水的情况、当水量水压不满足时所采取的措施以及防止水质污染的措施等。

供水系统应保证水压稳定、可靠、高效节能。高层建筑生活给水系统应合理分区，低区应充分利用市政压力，高区采用减压分区同时可采用减压限流的节水措施。

根据用水要求的不同，给水水质应满足国家或行业的相关标准。生食品洗涤、烹饪、盥洗、淋浴、衣物洗涤、家具擦洗用水，其水质应符合国家现行标准《生活饮用水卫生标准》GB 5749 和行业标准《城市供水水质标准》CJ/T 206 的要求。当采用二次供水设施保证住宅正常供水时，二次供水设施的水质卫生标准应符合现行国家标准《二次供水设施卫生规范》GB 17051 的要求。生活热水系统的水质要求与生活给水系统的水质要求相同。管道直饮水水质应满足行业标准《饮用净水水质标准》CJ 94 的要求。生活杂用水指用于便器冲洗、绿化浇洒、室内车库地面和室外地面冲洗用水，可使用建筑中水或市政再生水，其水质应符合国家现行标准《城市污水再生利用—城市杂用水水质》GB/T 18920、《城市污水再生利用－景观环境用水水质》GB/T 18921 和行业标准《生活杂用水水质标准》CJ/T 48 的相关要求。

管材、管道附件及设备等供水设施的选取和运行不得对供水造成二次污染。有直饮水时，直饮水应采用独立的循环管网供水，并设置安全报警装置。

各供水系统应保证以足够的水量和水压向所有用户不间断地供应符合卫生要求的用水。

(2) 建筑排水系统的设计首先要符合国家相关标准规范的规定。方案内容包括现有排水条件、排水系统的选择及排水体制、污废水排水量等。

应设有完善的污水收集和污水排放等设施，冲厕废水与其他废水宜分开收集、排放，分质排水系统的目的就是减少污水的处理量和排放量，同时，优质杂排水的再生利用可以有效地减少市政供水量和污水排放量。

对已有雨水排水系统的城市，室外排水系统应实行雨污分流，避免雨污混流。雨污水收集、处理及排放系统不应对周围的人和环境产生负面影响。

4. 采用节水器具、设备和系统

说明系统设计中采用的节水器具、高效节水设备和相关的技术措施等。所有项目必须考虑采用节水器具。

5. 污水处理

按照市政部门提供的市政排水条件，靠近或在市政管网服务区域的建筑，其生活污水可排入市政污水管，纳入城市污水集中处理系统；远离或不能接入市政排水系统的污水，应进行单独处理（分散处理），且要设置完善的污水收集和污水排放等设施，处理后排放到附近受纳水体，其水质应达到国家及地方相关排放标准，缺水地区还应考虑回用。污水处理率和达标排放率必须达到100％。

6. 雨水及再生水利用

对雨水及再生水利用的可行性、经济性和实用性进行说明，进行水量平衡计算分析，确定雨水及再生水的利用方法、规模及处理工艺流程。

多雨地区应根据当地的降雨与水资源等条件，因地制宜地加强雨水利用；降雨量相对较少且集中的地区应慎重、合理地设计雨水收集系统与规模，避免投资效益低下。

内陆缺水地区可加强再生水利用，淡水资源丰富的地区不宜强制实施污水再生利用。

建议提交材料

设计阶段评价时，由设计单位提供的给水排水设计图纸、说明，非传统水源利用方案等。

运行阶段评价时，由设计单位提供的给排水竣工图纸、说明，水系统规划方案（含水平衡图或表），运行情况说明（与设计是否存在差异，说明原因）。

关注点

1. 水系统规划方案的具体内容要因地制宜的确定。所在地区水资源状况和气候特征的不同，方案涉及的内容可能有所不同。如不缺水地区，不一定考虑污水再生利用的内容。

2. 缺水地区的判定指标。可以根据国际共识水资源紧缺指标判定(见表5-1)。

水资源紧缺指标 **表 5-1**

紧缺性	人均水资源占有量	将出现主要问题
轻度缺水	1700～3000m^3	局部地区、个别时段出现用水问题
中度缺水	1000～1700m^3	将出现周期性和规律性用水紧张
重度缺水	500～1000m^3	持续性缺水，经济发展受损失，人体健康影响
极度缺水	不足500m^3	将经受极其严重的缺水，需要调水

评价案例

【例】 某项目的水系统规划方案内容比较全面，包含了当地水资源情况、用水分配计划、水质水量保障方案、用水定额确定、用水量估算、水量平衡计算及非传统水源利用等方面。基本涵盖了水系统规划方案所应有的内容。特别是其中包含了水景需要补水量与雨水收集回用量的水量平衡计算。故判定本条达标。

第4.3.2条　采取有效措施避免管网漏损。(控制项)

评价要点

住宅小区管网漏失水量包括：管网漏水量、室内卫生器具漏水量和水池、水箱漏水量等。采取有效措施避免管网漏损，应符合下列要求：

1. 选用密闭性能好的阀门、设备，使用耐腐蚀、耐久性能好的管材、管件，使用的管材、管件必须符合现行产品行业标准的要求。

2. 合理设置检修阀门，位置及数量应有利于降低检修时的泄水量。

3. 根据水平衡测试标准安装分级计量水表，且安装率达100%。

管网防漏损措施和检漏工作是每个合格项目必须做到的，申报时应在设计说明中详细体现。

本条的评价方法为：设计阶段评价时，查阅相关防止管网漏损措施的设计文件等；运行阶段评价时，现场查阅用水量计量情况报告，报告包括小区（建筑）内用水计量实测记录，管道漏损率和原因分析等。住宅区管网漏失率应不高于5%。

实施途径

1. 室内外给水管道要选用合格的管材，如采取管道涂衬等措施。

2. 选用性能高的阀门。

3. 合理设计供水压力，避免供水持续高压或压力骤变。

4. 做好管道基础处理和覆土施工，控制管道埋深，加强管道工程施工监督，把好施工质量关。

相关检漏方法的具体操作可参照现行行业标准《城市供水管网漏损控制及评定标准》CJJ 92 的相关规定。水平衡测试法分为直接区域测漏和间接区域测漏两种方法。直接区域测漏法是指在测定时除了关闭所有进入待检项目的闸门外，还需关闭所有用户水表前的进水阀门，测得的流量即为此时该区内管道的漏水量；间接区域法适用于深夜用水量很低的项目，宜在深夜进行，应关闭所有进入待检项目的阀门，留一条管径为 *DN*50 的旁通管使水进入项目，旁通管上安装连续测定流量计量仪表（精度应为 1 级表），当旁通管最低流量小于 0.5～0.1m^3/（km·h）时，可认为符合要求，不再检漏。当超过上述标准时，可关闭区内部分阀门，进行对比，以确定漏水管段。此外，还可选用检漏仪器（如相关仪、听漏棒等）主动检漏。

建议提交材料

设计阶段评价时，由设计单位提供的给水排水系统施工图及设计说明；由厂家提供的相关产品说明等。

运行阶段评价时，由设计单位提供的给排水系统竣工图及设计说明、水表设置的平面示意图；由厂家提供的相关产品说明等；由物业等实施单位或第三方提供的全年用水量计量情况报告。

> 关注点
>
> 管网漏失应关注室外埋地管，特别是机动车道下、易出现地面沉降处，室内应关注水箱、水池、冷却塔等的自动补水装置与水位报警装置的实际运行情况。

第 4.3.3 条　采用节水器具和设备，节水率不低于 8%。（控制项）

评价要点

本条需同时满足下列要求，方可判定达标：

1. 所有用水部位均采用节水器具和设备。

2. 采用减压限流措施，入户管表前供水压力不大于 0.2MPa。

3. 设集中生活热水系统时，应设置完善的热水循环系统，且用水点开启后 10s 内出热水。

采用节水器具是绿色建筑节水设计不可缺少的重要方面，申报时应在水规划方案和设计说明中详细体现。

设计阶段评价方法为：查阅设计说明书、主要设备材料表、产品说明书等；运行管理阶段评价方法为：查阅节水产品检测报告、项目运行数据报告、全年逐月用水量计量报告。其中，用水量计量报告内容包括：各类用途的实测用水量、设计用水定额、全年逐月用水量计量结果、节水率。

本条的节水率指采用包括节水设施、非传统水源在内的节水手段而实际节约的水量占设计总用水量的百分比，即总节水率，可采用下式进行计算：

$$R_{WR}=\frac{W_n-W_m}{W_n}$$

式中 R_{WR}——节水率，%；

W_n——总用水量定额值，按照定额标准，根据实际人口或用途估算的建筑年用水总量，m^3/a；

W_m——实际市政供水用水总量，按照住区各用水途径测算出的总量，m^3/a。

实施途径

所有用水器具应优先选用原国家经济贸易委员会2001年第5号公告《当前国家鼓励发展的节水设备》（产品）目录和建设部第218号“关于发布《建设部推广应用和限制禁止使用技术》的公告”中公布的节水设备、器材和器具。对采用产业化装修的住宅建筑，住宅套内也应采用节水器具。所有用水器具应满足《节水型生活用水器具》CJ 164及《节水型产品技术条件与管理通则》GB 18870的要求。

住宅类建筑可选用以下节水器具：

1. 节水龙头：加气节水龙头、陶瓷阀芯水龙头、停水自动关闭水龙头等。

2. 坐便器：压力流防臭、压力流冲击式6L直排便器、3L/6L两档节水型虹吸式排水坐便器及6L以下直排式节水型坐便器或感应式节水型坐便器，缺水地区可选用带洗手水龙头的水箱坐便器。

3. 节水淋浴器：水温调节器、节水型淋浴喷嘴等。

4. 节水型电器：节水洗衣机，洗碗机等。

5. 冷却塔选择满足《节水型产品技术条件与管理通则》要求的产品。

建议提交材料

设计阶段评价时，由设计单位提供的给水排水系统施工图及设计说明；由厂家提供的相关产品说明、产品检测报告等。

运行阶段评价时，由设计单位提供的给水排水系统竣工图及设计说明；由厂家提供的相关产品说明书、产品检测报告。

关注点

住宅只要全部采用了节水器具和设备，其节水率控制在8%以下是实际能够达到的。如果是装修到位的住宅，开发商为全部住宅配置节水水龙头和节水便器，可认为节水率达8%以上。如果是毛坯房交房的住宅，开发商应采取措施保证用户实际使用节水器具，如：可为住户提供菜单式装修或采取物业管理措施要求用户使用节水器具等。

第 4.3.4 条　景观用水不采用市政供水和自备地下水井供水。(控制项)

评价要点

此项对设有景观水体的项目参评。

景观用水是指景观中池水、流水、跌水、喷水和涌水等用水，应结合城市水环境规划、周边环境、地形地貌及气候特点，在雨水或再生水等非传统水源充足的条件下，提出合理的住区水景面积规划比例，避免美化环境却大量浪费宝贵的水资源。景观水体的规模应根据景观水体所需补充的水量和非传统水源可提供的水量确定，非传统水源水量不足时应缩小水景规模。

当同时满足下列要求时，可判定本条达标：

1. 景观用水只能采用雨水、建筑中水、市政再生水等非传统水源。

2. 根据所在地区水资源状况、地形地貌及气候特点，合理规划住区的水景面积比例，水景的补水量应与回收利用的雨水、建筑中水水量达到平衡。

3. 采取景观用水水质保障措施，设置循环水处理设备，景观用水循环使用。

景观用水采用非传统水源可以节省大量的市政自来水用水，减少运营阶段的水费开支。

本条的设计阶段评价方法为：查阅竣工图纸、设计说明书；运行阶段评价方法为：现场核查，查阅用水量报告和系统运行报告。

实施途径

采用雨水和建筑中水作为景观用水补水时，水景规模应与设计可以收集利用的雨水或中水量相符合，需要利用水量平衡计算进行分析，研究水景的补水量（蒸发量、漏损水量等）与水景面积的关系，进而确定合适的水景规模。

住宅建筑水景不允许采用市政水或地下水补水。因此，中水的年用水量或雨水的年收集量必须与水景的耗水量相平衡，一年中的各月允许水景水位高度应在常水位上下能够接受的范围内波动。

1. 当采用建筑中水作为景观用水补水时，水景面积 A（m^2）与年平均可利用中水水量 Q（m^3）应满足下列关系：

$$Q = 1.1 \times \frac{e}{1000} \times A$$

式中　e——年平均蒸发量，mm。

水景渗漏损失以蒸发量的 10%粗略估计（也可根据当地地质及土壤渗透率等因素酌情增减）。当不考虑中水用于其他目的时，可根据设计项目的可利用中水量，估算出合适的水景面积。

2. 采用雨水作为景观用水补水时，水景面积 A（m^2）与雨水汇水面积 F（m^2）应满足下列关系：

$$\psi \times F \times \frac{h}{1000} = 1.1 \times \frac{e}{1000} \times A$$

式中　h——当地年平均降雨量（应减去初期弃流量和损耗），mm；

其他参数同上。

当不考虑雨水用于其他目的时，可根据设计项目的雨水汇水面积，估算出合适的水景面积。

建议提交材料

设计阶段评价时，由设计单位提供的景观用水施工图及设计说明。景观用水系统设计说明中应有对当地水资源状况、地形地貌、气候特点的分析。

运行阶段评价时，由设计单位提供的景观用水竣工图及设计说明。

关注点

再生水用于景观用水时，水质应符合《城市污水再生利用　景观用水水质》GB/T 18921 的相关要求。景观水体分为两类，一类为人体非全身性接触的娱乐性景观水体，另一类为人体非直接接触的观赏性景观水体，两种景观水体水质要求不同，其水质指标应满足《再生水回用于景观水体的水质标准》CJ/T 95—2000 的相关要求。在住区水景的规划及设计时，要考虑水质的保障问题，将水景设计和水质安全保障措施结合起来考虑。水景水质的保障与水景自身生态系统的建设、水景外源污染状况及控制、其他相应的水处理措施密切相关。

1. 建设生态水景，即水景的建设模仿天然水环境，建立水生态系统，增强水体自净能力。培养水生动植物吸收水中营养盐，并注意及时收获以消除富营养化及水体腐败的潜在因素。

2. 控制外源污染，主要针对利用雨水资源的水景项目，要做好汇水区域雨水径流污染控制的设计。对于雨水径流的截污可与收集管渠结合，使雨水在收集过程中得到净化，可以使雨水径流通过低势绿地、植被浅沟、截污滤网或植被净化带等达到截污净化的效果。

3. 采取湿地工艺进行景观用水的预处理，同时应做好湿地处理负荷的保障措施。

4. 景观水体内可采用机械设施，加强水体的水力循环，增强水面扰动，破坏藻类的生长环境。

评价案例

【例】　深圳为缺水城市，有丘陵台地、盆地峡谷，属于亚热带海洋性气候。某项目地处深圳，其水景面积约 10000m^2，补水量为 17950m^3/a。采用达标的中水及雨水补充水体，水质保障通过循环及人工湿地水质处理，可达地表四类水。

景观水质保障方面，由水生植物净化循环水系统保持水质，经过几年的实际运行，景观水体水质常年保持在地表水环境质量标准（GB3838—2002）Ⅳ类水质标准以上。系统运行能耗和成本：每年动力费约2268元（水体循环），每年消耗药剂费180元（除藻系统）。故判定本条达标。

第4.3.5条 使用非传统水源时，采取用水安全保障措施，且不对人体健康与周围环境产生不良影响。(控制项)

评价要点

此项对处于缺水地区的项目和使用了非传统水源的项目参评。

用水安全保障措施评价范围包括：水质安全保障、水量安全保障、卫生安全保障；在处理、储存、输配等环节中采取安全防护和监（检）测控制措施。

本条的评价方法为：查阅竣工图纸、设计说明书及进行现场核查。

实施途径

1. 雨水或再生水等非传统水源在储存、输配等过程中应有足够的消毒杀菌能力，且水质不会被污染，水质符合国家标准《城市污水再生利用景观环境用水水质》GB/T 18921、《城市污水再生利用　城市杂用水水质》GB/T 18920和《建筑与小区雨水利用工程技术规范》GB 50400等的规定。

2. 雨水或再生水等非传统水源处理、储存、输配等的设计应符合《污水再生利用工程设计规范》GB 50335、《建筑中水设计规范》GB 50336及《建筑与小区雨水利用工程技术规范》GB 50400等的要求。

3. 雨水或再生水管道、各种设备和各种接口应有明显标识，以保证与其他生活用水管道严格区分，防止误接、误用。

4. 供水系统设有备用水源、溢流装置及相关切换设施等，以保障水量安全。

5. 当采用自来水补水时，应采取防污染措施。

6. 景观水体采用雨水或再生水时，在水景规划及设计阶段应将水景设计和水质安全保障措施结合起来考虑。

建议提交材料

设计阶段评价时，由设计单位提供的雨水/中水系统施工图及设计说明。

运行阶段评价时，由设计单位提供的非传统水源系统竣工图及设计说明；由实施单位提供的非传统水源水质检验报告（包括日常自检和由第三方检测机构出具的送检报告）。

> 关注点
>
> 非传统水源利用的过程中必须要有消毒措施，规模不大于100m^3/d时，可采用氯片作为消毒剂；规模大于100m^3/d时，可采用次氯酸钠或者其他消毒剂消毒。

评价案例

【例】 某项目收集建筑杂排水作为中水处理的原水，中水处理采用格栅＋A^2/O＋絮凝沉淀工艺作为前处理，通过一级人工湿地进行再处理，出水经次氯酸钠杀菌消毒后进入清水池；一部分作为绿化及道路用水，一部分进入二级人工湿地进行深度处理，用于景观水景补水。由于项目所在地为山地，主要收集冲沟两侧低层坡屋面的干净雨水进入生态水渠及旱溪进行利用。

此外，该项目的中水前处理池设在地下，并设专人监管，进行消毒及水质监测等。水景通过二级人工湿地进行循环、处理，始终保障地表四类水质标准。同时，通过种植水生植物和放养鱼类，及时消除富营养化及水体腐败的潜在因素。故判定本条达标。

第 4.3.6 条　合理规划地表与屋面雨水径流途径，降低地表径流，采用多种渗透措施增加雨水渗透量。(一般项)

评价要点

在规划设计阶段，要结合住区的地形地貌特点，规划设计好雨水（包括地面雨水、建筑屋面雨水）径流的控制利用途径，减少雨水污染几率，避免雨水污染地表水体，同时采用多种措施增加雨水渗透量，减少不透水地面，采取有效的雨水入渗措施，可以达到减小雨水径流总量的目的。

雨洪控制和雨水利用可以按下列的要求进行设计：

1. 因地制宜地采取有效的雨水入渗措施。

2. 建筑开发行为不改变场地雨水的综合径流系数和径流状况，开发后场地雨水的外排量不大于开发前场地雨水的外排量，不增加市政雨水管网和水体的负荷。

3. 在设计降雨强度下，雨水能全部就地入渗或蓄留，雨水不外排至市政雨水管或城市水体，有效降低市政雨水管网负荷。

本条的评价方法为：查阅竣工图纸、设计说明书、产品说明及进行现场核查。

实施途径

1. 合理规划地表与屋面雨水径流途径，做好汇水区域雨水污染控制的设计，可根据项目条件合理选择截污装置，依据地形和高程关系布置雨水径流途径，可参照以下示例：

(1) 当建筑附近设有下凹式绿地时，可采用：屋面雨水→下凹式绿地→植被浅沟→收集利用/排放。

(2) 当建筑附近为硬化路面时，可采用：雨水径流→植被浅沟→截污滤网→暗渠→收集利用/排放。

2. 雨水渗透措施示例（见表 5-2 和图 5-1）：

(1) 小区或住区中路面和停车位可采用植草砖等透水铺装材质。

(2) 公共活动场地、人行道、露天停车场的铺地材质，应采用多孔材质，以利于雨水入渗，如采用多孔沥青地面、多孔混凝土地面等。

雨水渗透设施分类 **表 5-2**

种类	设施名称	优　点	缺　点
分散式	渗透检查井	占地面积和所需地下空间小，便于集中控制管理	净化功能低，水质要求高，不能含过多的悬浮固体，需要预处理
	渗透管	占地面积小，便于设置，可以与雨水管系结合使用，有调蓄能力	堵塞后难清理恢复，不能利用表层土壤的净化功能，对预处理有较高要求
	渗透沟	施工简单，费用低，可利用表层土壤的净化功能	受地面条件限制
	渗透池(坑)	渗透和储水容量大，净化能力强，对水质和预处理要求低，管理方便，可有渗透、调节、净化、改善景观等多重功能	占地面积大，在拥挤的城区应用受到限制；设计管理不当会水质恶化和孳生蚊蝇，干燥缺水地区，蒸发损失大
	透水地面	能利用表层土壤对雨水的净化能力，对预处理要求相对较低；技术简单，便于管理；城区有大量的地面，如停车场、步行道、广场等可以利用	渗透能力受土质限制，需要较大的透水面积，无调蓄能力
	绿地渗透	透水性好；节省投资；可减少绿化用水并改善城市环境；对雨水中的一些污染物具有较强的截流和净化作用	渗透流量受土质限制，雨水中含有较多的杂质和悬浮物会影响绿地的质量和渗透性能
深井式	干式深井回灌	回灌容量大可直接向地下深层回灌雨水	对地下水位、雨水水质有更高的要求，在受污染的环境中有污染地下水的潜在威胁
	湿式深井回灌		

植草砖

下凹式绿地

渗透式雨水井

雨水渗透管

图 5-1　雨水渗透措施示例

（3）将雨水排放的非渗透管改为渗透管或穿孔管，兼具渗透和排放两种功能。

（4）采用景观蓄留渗透水池、屋顶花园及中庭花园、渗井、雨水花园和下凹式绿地等增加渗透量。

建议提交材料

设计阶段评价时，由设计单位提供的给水排水系统施工图、设计说明，景观设计图纸、说明；由厂家提供的相关产品说明书等。给水排水系统施工图、设计说明中应包括雨水径流途径，雨水入渗措施等。

运行阶段评价时，由设计单位提供的给水排水系统主要竣工资料，景观竣工图纸、说明，开发前后场地综合径流系数和雨水外排量计算比较；由厂家提供的相关产品说明书等。给水排水系统主要竣工资料包括场地雨水总平面图、雨水入渗措施的详图、雨水径流途径、设计施工说明等。

关注点

1. 渗透设施的渗透能力按下式计算：

$$W_P = K \times J \times A_S \times T_S$$

式中 W_P——渗透量，m^3；

K——土壤渗透系数，m/s；

J——水力坡降，一般可取1；

A_S——有效渗透面积，m^2；

T_S——渗透时间，s。

2. 透水铺装地面应符合下列要求：

（1）透水地面应设透水面层、找平层和透水垫层。透水面层可采用透水混凝土、透水面砖、草坪砖等；透水垫层可采用无砂混凝土、砾石、砂、砂砾料或其组合。

（2）透水地面面层的渗透系数均应大于1×10^{-4}m/s，找平层和垫层的渗透系数必须大于面层。透水地面的设计标准不宜低于重现期为2年的60min降雨量。

（3）面层厚度不少于60mm，孔隙率不小于20%；找平层厚度宜为30mm；透水垫层厚度不小于150mm，孔隙率不小于30%。

（4）草坪砖地面的整体渗透系数应大于1×10^{-4}m/s。

（5）应满足相应的承载力、抗冻要求。

3. 在地下水位高、土壤渗透能力差或雨水水质污染严重等条件下，雨水渗透应受到限制。相对来讲，我国北方地区降雨量相对少而集中、蒸发量大、土壤渗透能力强，雨水渗透的优点比较突出。

评价案例

【例】 某项目室外停车位采用孔隙大于40%的植草砖，部分人行道采用渗水砖路面。该项目结合自然冲沟设计生态水渠及旱溪，并收集两侧多层坡屋面的干净雨水进入生态水渠及旱溪进行自然渗透。故判定本条达标。

第4.3.7条　绿化用水、洗车用水等非饮用用水采用再生水、雨水等非传统水源。(一般项)

评价要点

对于缺水地区，此项为无条件参评项。

非传统水源可用于以下情况：

1. 绿化浇洒。
2. 洗车、道路冲洗。
3. 垃圾间冲洗。
4. 地下车库冲洗。

本条在设计阶段的评价方法为：查阅竣工图纸、设计说明书及非传统水源利用方案，非传统水源利用方案中，必须包含非传统水源利用水量平衡表；运行阶段的评价方法为：现场核查及查阅系统运行报告和用水计量报告。

实施途径

非传统水源利用应优先考虑绿化用水，当保证绿化用水后尚有富余时，可供洗车、道路冲洗、垃圾间冲洗等非饮用用水点使用（见图5-2）。对于不缺水地区应尽量利用雨水进行绿化灌溉，缺水地区则应优先考虑采用雨水或再生水进行绿化灌溉。

一般而言，雨水是相对干净的水源，建筑物或小区应规划、利用屋面作为雨水收集面，把雨水适当收集、处理与储存，并设置二元供水系统（即自来水及雨水分别使用之管线），将雨水作为绿化、洗车、道路冲洗、垃圾间冲洗等非饮用用水。

处理工艺：雨水→初期弃流装置→贮水池→过滤→消毒→清水池→绿化、浇洒、洗车

建议提交材料

设计阶段评价时，由设计单位提供的非传统水源设计图纸、设计说明。非传统水源利用方案设计说明中应包括非传统水源用途，水量估算等。

运行阶段评价时，由设计单位提供的非传统水源竣工图纸、设计说明，全年非传统水源用水计量结果和自来水补水计量结果。

关注点

1. 采用雨水、再生水进行绿化喷洒时，水质应达到相应的水质标准，使用过程中的喷溅水、水雾或径流不应进入住宅，不应对公共卫生造成威胁。

2. 采用建筑中水作为绿化灌溉用水时，应避免采用喷灌的形式（详见第4.3.8条节水灌溉）。

3. 本条的设置目的在于鼓励有效地利用非传统水源代替市政自来水用于非饮用用水，应着重评价其有效性和规模性。必须注意在水系统规划方案中进行仔细的水量平衡分析，避免非传统水源利用不足，或多方面用途利用但均不成规模的两个极端误区。

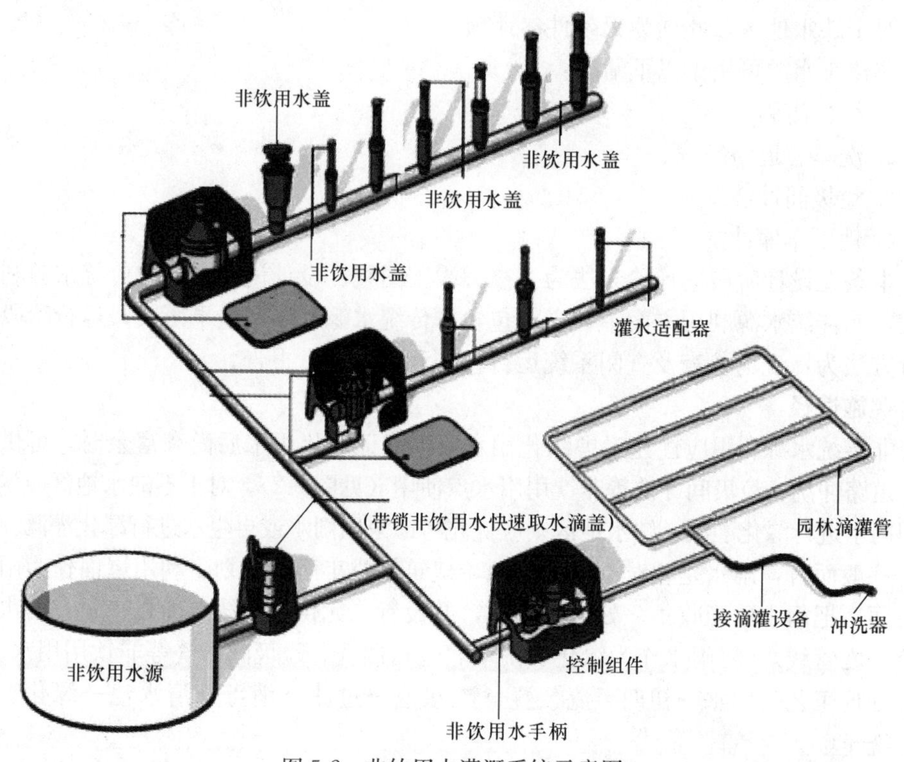

图 5-2　非饮用水灌溉系统示意图

第 4.3.8 条　绿化灌溉采用喷灌、微灌等高效节水灌溉方式。(一般项)

评价要点

此项为无条件参评项，满足以下任一点即可达标：

1. 采用滴灌、微喷灌、渗灌、管灌。

2. 采用喷灌。

本条的评价方法为：查阅竣工图纸、设计说明书、产品说明及进行现场核查。

实施途径

目前普遍采用的节水绿化灌溉方式是喷灌（见图 5-3），即利用专门的设备

（如动力机、水泵等）把水加压，或利用水的自然落差将有压水送到灌溉地段，将水通过喷头进行喷洒灌溉。其优点是可将水喷射到空中变成细滴，均匀地散布到绿地，并可按植物品种、土壤和气候状况适时适量喷洒。其每次喷洒水量少，一般不产生地面径流和深层渗漏，喷灌比地面灌溉可省水约30%～50%。

使用中应将喷灌时间安排在早晨而非中午，还可将喷灌时间集中在2～3个短周期中，这种简单的变化可以很好地减少因蒸发和径流造成的水资源浪费。另外，设计安装雨天关闭系统，也可以保证喷灌系统在雨天或降雨后关闭，可节水15%～20%。喷灌要在风力小时进行，避免水过量蒸发和飘散。

微灌（见图5-3）包括滴灌、微喷灌、涌流灌和地下渗灌，是通过低压管道和滴头或其他灌水器，以持续、均匀和受控的方式向植物根系输送所需水分，比地面漫灌省水50%～70%，比喷灌省水15%～20%。微灌的灌水器孔径很小，易堵塞，一般应进行净化处理，先经过沉淀除去大颗粒泥沙，再进行过滤，除去细小颗粒杂质等，特殊情况还需进行化学处理。

喷灌

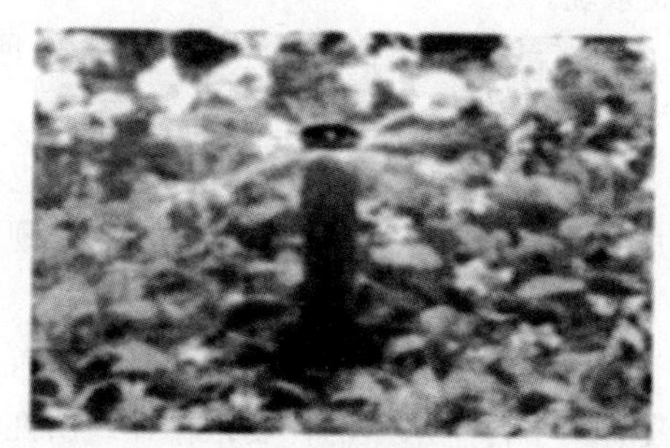
微灌

图5-3　喷灌与微灌

建议提交材料

设计阶段评价时，由设计单位提供的景观设计施工图及设计说明，给水排水设计施工图及设计说明。设计说明中应明确绿化灌溉方式、灌溉设施等。

运行阶段评价时，由设计单位提供的景观设计竣工图及设计说明，给水排水设计竣工图及设计说明；由厂家提供的相关产品说明，由实施单位提供的水表计量结果。

> 关注点
>
> 喷灌要在风力小时进行。当采用建筑中水灌溉时，喷灌方式易形成气溶胶，因水中微生物在空气极易传播，应避免采用。

第4.3.9条　非饮用水采用再生水时，优先利用附近集中再生水厂的再生水；

附近没有集中再生水厂时，通过技术经济比较，合理选择其他再生水水源和处理技术。(一般项)

评价要点

对于缺水地区，此项为无条件参评项。

缺水地区在规划设计阶段应考虑再生水利用，代替市政自来水用作冲厕用水以及绿化、景观、道路浇洒、洗车等非饮用用水。再生水包括市政再生水(以城市污水处理厂出水或城市污水为水源)、建筑中水(以建筑生活排水、杂排水、优质杂排水为水源)。再生水水源的选择应结合城市规划、住区区域环境、城市中水设施建设管理办法、水量平衡等，从经济、技术和水源水质、水量稳定性等各方面进行综合考虑。

当满足以下任何一点时，即可判定本条达标：

1. 优先选用市政再生水。

2. 自设建筑中水设施时，采用地埋式或封闭式设施，选用无污泥系统或少污泥系统。

3. 自设建筑中水设施时，污水处理应选用经济、使用成熟的处理工艺、安全可靠的消毒技术。

本条在设计阶段的评价方法为：查阅竣工图纸、设计说明书、非传统水源利用方案等；在运行阶段的评价方法为：现场勘查和查阅系统设备运行记录。

实施途径

住区周围有集中再生水厂的，应首先采用市政再生水或上游地区市政再生水；没有集中再生水厂的，要根据建筑所在省、市的中水设施建设管理办法和项目的自身情况，确定是否自建建筑中水处理设施，并依次考虑建筑优质杂排水、杂排水、生活排水等的再生利用。

一般可按下列顺序进行取舍：淋浴排水→盥洗排水→洗衣排水→冷却水→厨房排水→厕所排水。

总之，再生水水源的选择及再生水利用应从区域统筹和城市规划的层面上整体加以考虑。

再生处理工艺应根据处理规模、水质特性和利用、回用用途及当地的实际情况和要求，经全面技术经济比较后优选确定。在保证满足再生利用要求、运行稳定可靠的前提下，使基建投资和运行成本的综合费用最为经济、运行管理简单、控制调节方便，同时要求具有良好的安全、卫生条件。此外，所有的再生处理工艺都应有消毒处理，确保出水水质的安全。

建议提交材料

设计阶段评价时，由设计单位提供的再生水利用方案、说明，给水排水施工设计图纸、设计说明。

运行阶段评价时，由设计单位提供的再生水利用方案、说明，给水排水竣工图纸、设计说明；当地市政主管部门对项目使用市政再生水或自建中水设施的相关规定；项目使用市政再生水的许可文件；全年非传统水源用水计量结果和自来水补水计量结果。

> 关注点
>
> 当项目周边有政府规划待建的再生水厂时，也可将其作为项目的中水水源，按照规划要求预留中水管线，但必须提交当地政府部门提供的再生水厂规划证明。

第 4.3.10 条　降雨量大的缺水地区，通过技术经济比较，合理确定雨水集蓄及利用方案。(一般项)

评价要点

对于非缺水地区和降水量小的缺水地区，此项不参评。

年平均降雨量在 800mm 以上的多雨但缺水地区（见图 5-4），应结合当地气候条件和住区地形、地貌等特点，除采取措施增加雨水渗透量外，还应建立完善的雨水收集、处理、储存、利用等配套设施，对屋顶雨水和其他地表径流雨水进行收集、调蓄和利用。

当满足以下任何一点时，即可判定本条达标：

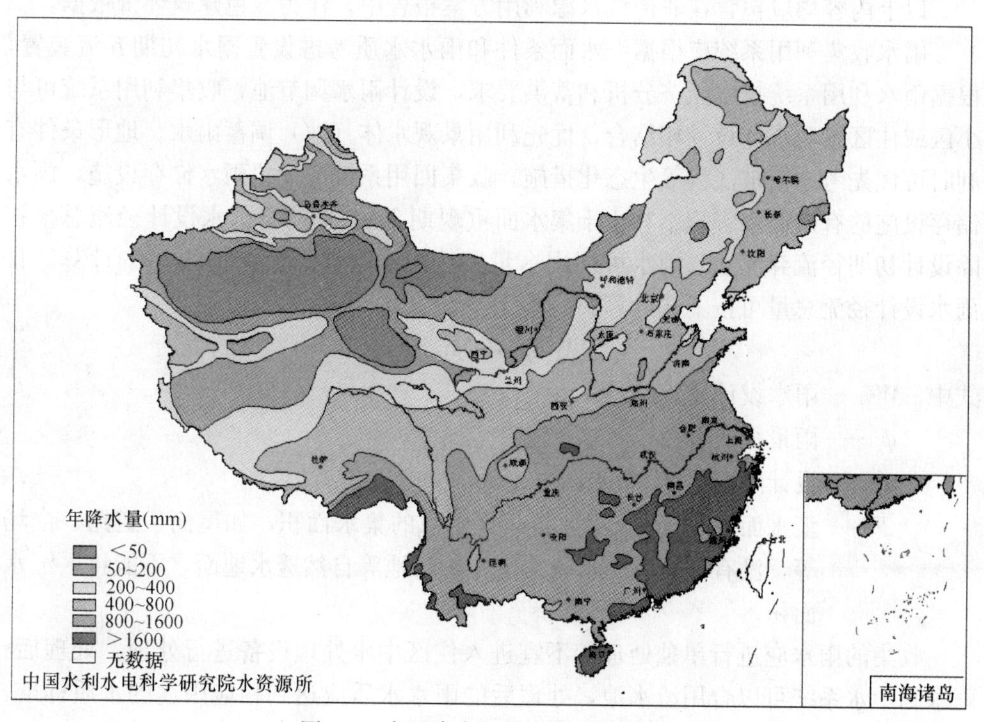

图 5-4　中国降水量分布图（2000 年）

1. 收集利用屋面、道路、绿地雨水。

2. 收集利用屋面雨水。

本条在设计阶段的评价方法为：查阅竣工图纸、设计说明书及非传统水源利用方案；运行阶段的评价方法为：现场核实、查阅系统运行报告和用水计量报告。

实施途径

雨水利用设计应该包括以下内容：

1. 雨水利用的可行性、经济性和适用性分析。

(1) 可行性分析主要是对当地降水量、雨水水质、汇水条件、可收集雨水量等一系列影响雨水利用实施的因素进行综合分析；

(2) 经济性分析主要是对雨水收集利用的工程建设及运行维护费用，进行多方案经济技术比较；

(3) 适用性分析主要是明确雨水利用对象及用水要求。

2. 进行水量平衡分析，确定雨水收集量和雨水利用量。

3. 雨水处理工艺流程的确定。

4. 雨水收集利用系统的设计必须符合《建筑与小区雨水利用工程技术规范》GB 50400 的相关规定。

5. 雨水经处理后，输送过程中的水质保障措施。

以上内容均应包含在非传统水源利用方案报告中，作为绿色建筑评价依据。

雨水收集利用系统应根据汇水面条件和雨水水质考虑设置雨水初期弃流装置，根据雨水利用系统技术经济分析和蓄洪要求，设计雨水调节池，收集利用系统可与小区或住区景观水体设计相结合，优先利用景观水体（池）调蓄雨水。地形条件有利时可优先考虑植被浅沟等生态化措施。收集回用系统应设置雨水储存设施，雨水储存设施的有效储水容积不宜小于集水面重现期 1～2 年的日雨水设计径流总量扣除设计初期径流弃流量；雨水可回用水量宜按雨水设计径流总量的 90％计算。日雨水设计径流总量可按下式计算：

$$W = 10\psi_c h_y F$$

式中 W——雨水设计径流总量，m^3；

ψ_c——雨量径流系数；

h_y——设计降雨厚度，mm；

F——汇水面积，hm^2，主要指收集雨水的集水面积，如屋面、道路、广场等，没有设相应雨水收集措施的绿地等自然透水地面，不能计入汇水面积。

收集的雨水应进行单独处理，不宜进入住区中水处理设备进行处理。处理后，雨水和中水系统可以合用清水池，处理后的雨水水质应达到相应用途的水质标准，宜优先考虑用于室外的绿化、景观用水。

雨水利用和处理技术方案应经多方案比较后确定。

条件适宜地区的雨水处理可选用氧化塘、人工湿地、土壤渗滤等自然净化系统，并结合当地的气候特点等，采用本地的水生动植物参与处理过程。

建议提交材料

设计阶段评价时，由设计单位提供的雨水系统施工图及设计说明、设计计算书、建筑总平面图。

运行阶段评价时，由设计单位提供的雨水系统竣工图及设计说明、设计计算书、建筑总平面图；由物业及技术支持单位提供的运行数据报告（全年逐月雨水用水量记录报告）。

关注点

雨水收集回用系统应优先收集屋面雨水，不宜收集机动车道路等污染严重场地上的雨水。

屋面雨水处理可根据原水水质选择以下处理工艺：

1. 屋面雨水→初期径流弃流→景观水体；
2. 屋面雨水→初期径流弃流→雨水蓄水沉淀池→消毒→清水池；
3. 屋面雨水→初期径流弃流→雨水蓄水沉淀池→过滤→消毒→清水池。

如用户对水质有更高要求时，应增加相应的深度处理措施。

雨水利用设计过程中的相关计算（雨水设计径流总量、设计流量、弃流量和和收集量等）及说明（当地降雨资料、相关参数选择）必须在水系统规划方案和设计说明中有详细的体现。

评价案例

【例】 深圳地区常年降雨量约 1924.7mm，蒸发量为 1759.8mm，降雨集中在 5～9 月份且无规律。采用钢筋混凝土蓄水池建造代价较高、收益低，且水质不易维护。

某项目结合地形的自然冲沟设计生态水渠及旱溪，并收集两侧多层坡屋面及绿地的干净雨水进入生态水渠及旱溪，生态水渠面积约 3000m^2，通过人工湿地（面积约 500m^2）收集部分雨水进入清水池，提高绿地率达到 38.1%，绿地规划有浅草沟。此外，室外停车位采用孔隙大于 40%的植草砖，部分人行道采用渗水砖路面，对雨水进行渗透，道路雨水通过暗渠直接排入市政管网。故判定本条达标。

第 4.3.11 条　非传统水源利用率不低于 10%。（一般项）

评价要点

非传统水源是指不同于传统地表供水和地下供水的水源，包括再生水、雨水、海水等。非传统水源利用率是指：采用再生水、雨水等非传统水源代替市政自来水或地下水供给景观、绿化、冲厕等杂用的水量占总用水量的百分比。

对处于缺水地区的项目，此项为参评项；对处于不缺水地区的项目也可参评。

本条在设计阶段的评价方法为：查阅设计说明书和非传统水源利用报告等；运行阶段的评价方法为：查阅运行报告、年用水量记录报告等。

实施途径

非传统水源利用率可通过下列公式进行计算：

$$R_u = \frac{W_u}{W_t} \times 100\%$$

$$W_u = W_R + W_r + W_s + W_o$$

式中 R_u——非传统水源利用率，%；

W_u——非传统水源年设计使用量（规划设计阶段）或实际使用量（运行阶段），m^3/a；

W_R——再生水年设计利用量（规划设计阶段）或实际利用量（运行阶段），m^3/a；

W_r——雨水设计年利用量（规划设计阶段）或实际利用量（运行阶段），m^3/a；

W_s——海水设计年利用量（规划设计阶段）或实际利用量（运行阶段），m^3/a；

W_o——其他非传统水源年利用量（规划设计阶段）或实际利用量（运行阶段），m^3/a；

W_t——年设计用水总量（规划设计阶段）或实际用水总量（运行阶段），m^3/a。

以上提到的各种用水量，在计算过程中要注意采用平均日用水量指标，并最终按年用水量进行计算。

要求申报单位必须严格按照条文要求进行非传统水源利用率计算，分子分母中包括的各部分用水量计算方法必须统一，且必须涵盖参评范围内所有用水量（包括室内、室外用水，空调系统、景观等用水）。

建议提交材料

设计阶段评价时，由设计单位提供的给水排水设计图纸及说明，雨水/中水系统施工图及设计说明，非传统水源利用率计算书。施工图和设计说明应包含非传统水源利用方案。

运行阶段评价时，由设计单位提供的给水排水竣工图及说明、非传统水源系统竣工图及设计说明、非传统水源利用率计算书；由物业及技术支持单位提供的运行数据报告（全年逐月用水量记录报告）。

关注点

若非传统水源采用集中再生水厂的再生水或采用海水，根据《建筑中水设计规范》GB 50336等标准规范，住宅冲厕用水可以占到20%左右，这部分用水若全部采用再生水和（或）雨水（沿海严重缺水地区还可采用海水），则非传统水源利用率在20%以上；若考虑绿化、道路浇洒、洗车用水等也采用再生水、雨水等，居住区应有10%以上的用水能用非传统水源替代。因此，对只有冲厕或只是室外用水采用非传统水源的住宅建筑，若不考虑非传统水源原水量是否足够，其非传统水源利用率都能达到10%以上；若室内与室外均采用，则利用率会更高，可以不低于30%。

若非传统水源采用居住小区的建筑中水，因住宅建筑的淋浴、盥洗用水占到40%以上，只收集优质杂排水作为再生水源，考虑冲厕，能满足20%的利用率要求；若非传统水源只采用雨水，雨水的利用量与降雨量相关，具体利用率不能确定。若收集、处理、利用雨水，将其作为非传统水源，与建筑优质杂排水或杂排水等一起考虑，这种情况下若只考虑室外杂用，则只收集雨水和部分优质杂排水就能满足10%的利用率要求，若也考虑冲厕等室内杂用，收集雨水和优质杂排水或杂排水能满足30%的利用率要求。

在运营阶段评价时，非传统水源利用率是以实际计量的用水量计算得出的，因此水表的设置尤为重要。要求水表的设置应能覆盖非传统水源的各种用途，非传统水源供水系统中如存在自来水补水时，这部分水量应有计量，并应在计算中予以扣除。

评价案例

【例】 某项目进行非传统水源利用率计算时，非传统水源设计使用量取最高日用水量，而设计用水总量则取平均日用水量，因而得到了较高的结果，这种计算方法是错误的，这并不是真正的非传统水源利用率，因此不能判定本条达标。

第4.3.12条　非传统水源利用率不低于30%。(优选项)

评价要点、实施途径、建议提交材料及关注点参见第4.3.11条。

5.3　公共建筑评价

第5.3.1条　在方案、规划阶段制定水系统规划方案，统筹、综合利用各种水资源。(控制项)

评价要点、实施途径及建议提交材料参见第4.3.1条。

关注点

注意不同类型的公共建筑，应根据其功能的要求因地制宜的设计水系统规划方案。

第 5.3.2 条　设置合理、完善的供水、排水系统。（控制项）

评价要点及实施途径参见第 4.3.1 条中的给水排水系统设计部分。

建议提交材料

设计阶段评价时，由设计单位提供的给水排水系统施工图及设计说明；由厂家提供的相关产品或系统说明等。

运行阶段评价时，由设计单位提供的给水排水系统竣工图及设计说明；由厂家提供的相关产品或系统说明等。

第 5.3.3 条　采取有效措施避免管网漏损。（控制项）

评价要点、实施途径及建议提交材料参见第 4.3.2 条。

关注点

公共建筑管网漏失率不高于 2%。

第 5.3.4 条　建筑内卫生器具合理选用节水器具。（控制项）

评价要点

参见第 4.3.3 条。

实施途径

所有用水器具应优先选用原国家经济贸易委员会 2001 年第 5 号公告《当前国家鼓励发展的节水设备》（产品）目录和建设部第 218 号"关于发布《建设部推广应用和限制禁止使用技术》公告"中公布的节水设备、器材和器具。所有用水器具应满足《节水型生活用水器具》CJ 164 及《节水型产品技术条件与管理通则》GB 18870 的要求。

办公、商场类公共建筑可选用以下节水器具：

1. 可选用光电感应式等延时自动关闭水龙头、停水自动关闭水龙头。

2. 可选用感应式或脚踏式高效节水型小便器和两档式坐便器。

3. 极度缺水地区可选用真空节水技术。

宾馆类公共建筑可选用以下节水器具：

1. 客房可选用陶瓷阀芯、停水自动关闭水龙头；两档式节水型坐便器；水温调节器、节水型淋浴头等节水淋浴装置。

2. 公用洗手间可选用延时自动关闭、停水自动关闭水龙头；感应式或脚踏式高效节水型小便器和蹲便器。

3. 厨房可选用加气式节水龙头、节水型洗碗机等节水器具。

4. 洗衣房可选用高效节水洗衣机。

5. 冷却塔选择满足《节水型产品技术条件与管理通则》要求的产品。

其他内容参见第 4.3.3 条。

第 5.3.5 条　使用非传统水源时，采取用水安全保障措施，且不对人体健康与周围环境产生不良影响。(控制项)

评价要点、实施途径、建议提交资料及关注点参见第 4.3.5 条。

第 5.3.6 条　通过技术经济比较，合理确定雨水积蓄、处理及利用方案。(一般项)

评价要点

1. 采用雨水入渗等技术设施。

2. 采用雨水收集回用系统。

3. 采用了雨水调蓄排放系统。

对于年平均降雨量在 800mm 以上的缺水地区，此项为参评项；对于年平均降雨量在 400mm～800mm 的缺水地区，鼓励参评。

本条在设计阶段的评价方法为：查阅竣工图纸、设计说明书及非传统水源利用方案；运行阶段的评价方法为：现场核实、查阅系统运行报告和用水计量报告。

实施途径

1. 雨水入渗技术设施参见第 4.3.6 条。

2. 雨水收集回用系统参见第 4.3.10 条。

3. 雨水调蓄排放系统主要是通过采用景观贮留渗透水池、屋顶花园及中庭花园、渗井、绿地等一系列方法调蓄雨水，增加雨水渗透量，削减洪峰，进而减轻市政雨水管网排水压力的作用。

建议提交材料

设计阶段评价时，由设计单位提供的雨水系统施工图及设计说明、设计计算书。

运行阶段评价时，由设计单位提供的雨水系统竣工图及设计说明、设计计算书，建筑总平面图；由物业及技术支持单位提供的运行数据报告（全年逐月雨水用水量记录报告）。

关注点

通过景观水体进行雨水调蓄的设计计算可参见住宅建筑第 4.3.4 条

评价案例

【例】 上海多年平均降雨量为1154.1mm，属于降雨丰富地区。某项目通过经济分析，对屋面雨水进行收集、处理、消毒后回用于绿化、道路冲洗等用水点，且降雨进入天沟经过不锈钢格栅初滤后再由雨水斗周边的鹅卵石过滤层过滤后进入虹吸管道，经过初期雨水弃流后的雨水进入原水池，后经加药、过滤、消毒后回用。每回用1t雨水可节约水费3.3元，一年可节约用水10776m^3，可节约水费33360.8元。故判定本条达标。

第5.3.7条 绿化、景观、洗车等用水采用非传统水源。(一般项)

评价要点

参见第4.3.7条。

景观用水采用非传统水源时，需根据所在地区水资源状况、地形地貌及气候特点，合理规划水景面积比例，水景的补水量应与回收利用的雨水、建筑中水水量达到平衡。在申报时，提交的水资源利用规划方案中应有水景用水采用雨水或再生水的用水量与水景总用水量的比值，以此做为专家判定该项目景观用水方案是否合理的依据。

实施途径

采用雨水和建筑中水作为景观用水补水时，水景规模应与设计可收集利用的雨水或中水量相符合，需要利用水量平衡计算进行分析，研究水景的补水量（蒸发量、损失水量等）与水景面积的关系，进而确定合适的水景规模。

1. 当采用建筑中水作为景观用水补水时，水景面积A（m^2）与年平均可利用中水水量Q（m^3）应满足下列关系：

$$\frac{\Delta H}{1000}\times A = Q - 1.1\times\frac{e}{1000}\times A$$

式中 ΔH——水景运行一年后水位变化，水景运行过程中允许水景水位高度在常水位上下能够接受的范围内波动，低于水景最低水位时需要其他水源补水，高于水景最高水位时则需要采取有效的溢流措施；

e——年平均蒸发量，mm，水景渗漏损失以蒸发量的10%粗略估计（也可根据当地地质及土壤渗透率等因素确定）。

当不考虑中水用于其他目的时，可根据设计项目的可利用中水量，估算出合适的水景面积。

2. 当采用雨水作为景观用水补水时，水景面积A（m^2）与雨水汇水面积F（m^2）应满足下列关系：

$$\frac{\Delta H}{1000}\times A = \psi\times F\times\frac{h}{1000} - 1.1\times\frac{e}{1000}\times A$$

式中 h——当地年平均降雨量（应减去初期弃流量和损耗），mm。

当不考虑雨水用于其他目的时，可根据设计项目的雨水汇水面积，估算出合适的水景面积。

其他内容参见第 4.3.7 条。

建议提交材料

设计阶段评价时，由设计单位提供的给水排水设计图纸、设计说明。需包括非传统水源利用方案，并说明用于何种功能，水量估算等。

运行阶段评价时，由设计单位提供的非传统水源系统主要竣工资料、景观主要竣工资料；由物业及技术支持单位提供的水表计量结果。

第 5.3.8 条　绿化灌溉采用喷灌、微灌等高效节水灌溉方式。(一般项)

评价要点、实施途径、建议提交材料及关注点参见第 4.3.8 条。

第 5.3.9 条　非饮用水采用再生水时，利用附近集中再生水厂的再生水，或通过技术经济比较，合理选择其他再生水水源和处理技术。(一般项)

评价要点、实施途径、建议提交材料及关注点参见第 4.3.9 条。

评价案例

【例】 某项目为展览馆，自建中水处理站设计时，对三种处理工艺（生化处理＋沉淀过滤＋消毒工艺、混凝沉淀＋膜分离＋消毒工艺、膜生物反应器工艺）进行了分析比较。该项目中水水源为展馆内盥洗、冲厕水，以及区域内初期雨水，出水主要用于厕所冲洗、道路浇洒、绿地浇洒、其他（如地板清洁、建筑物清洗等）及少量景观水体置换补充用水，故必须经过生化处理。在综合考虑各种因素的基础上，因 MBR 工艺具有出水水质良好、运行稳定、操作管理简单、占地面积小等优点，被选用作为该项目适用的中水回用技术。故判定本条达标。

第 5.3.10 条　按用途设置用水计量水表。(一般项)

评价要点

1. 按照使用用途和水平衡测试标准要求设置水表，对不同使用用途和不同计费单位分别设水表统计用水量，以此实现“用者付费”，达到鼓励行为节水的目的，同时还可统计各种用途的用水量和分析渗漏水量。

2. 将分用途设置用水计量水表作为达标判定依据。

3. 评价方法为审核设计图纸并进行现场核实。

实施途径

为保证计量收费、水量平衡测试以及合理用水分析工作的正常开展，应在如下位置安装水表：

1. 给水系统总引入管（市政接口）。

2. 每栋建筑的引入管。

3. 高层建筑的如下位置：

(1) 直接从外网供水的低区引入管上；

(2) 高区二次供水的水池前引入管上；

(3) 对于二次供水方式为水池—水泵—水箱的高层建筑，有条件时，应在水箱出水管上设置水表，以防止水箱进水浮球阀和水位报警失灵，溢流造成水的浪费。

4. 公共建筑内需单独计量收费的支管起端。

5. 满足水量平衡测试及合理用水分析要求的管道其他部位。

建议提交材料

设计阶段评价时，由设计单位提供的给水排水施工图设计图纸、设计说明。设计说明中需说明按哪些用途设置用水计量表，并与图纸相对应。

运行阶段评价时，由设计单位提供的给水排水竣工图图纸、设计说明、水表设置的平面示意图及水表层级设置的示意图；由物业及技术支持单位提供的运行数据报告（全年逐月用水量记录报告）。

第 5.3.11 条　办公楼、商场类建筑非传统水源利用率不低于 20%，旅馆类建筑不低于 15%。（一般项）

参见第 4.3.11 条。

除办公楼、商场、旅馆外的其他类建筑不参评。

当参评建筑为综合建筑时，可根据不同建筑类型，按建筑面积权重计算非传统水源利用率的要求。

> 关注点
>
> 办公、商场这类公共建筑的用水特点是比较单一，大部分用水用于冲厕，其余的用于盥洗。根据高质高用、低质低用的用水原则，对这类建筑较适宜采用分质供水，将再生水、雨水等用于冲厕。根据《建筑中水设计规范》GB 50336 等标准、规范，冲厕用水占办公建筑用水总量的 60%以上，考虑这部分建筑可利用的循环水量较少，若冲厕中 1/3 采用雨水或再生水替代，则雨水或再生水利用率可在 20%以上。
>
> 旅馆一般都采用集中空调，其冷却水可采用再生水、雨水，沿海地区还可考虑采用海水。因此这类公共建筑宜结合区域水资源状况及利用情况，在缺水地区可将再生水等非传统水源用于冲厕和空调冷却水补水。根据《建筑中水设计规范》等标准、规范，这类建筑冲厕用水至少占用水量的 10%以上，若再考虑空调冷却水补水也采用非传统水源，则非传统水源利用率不低于 15%。

第 5.3.12 条　办公楼、商场类建筑非传统水源利用率不低于 40%，旅馆类建筑不低于 25%。(优选项)

参见第 4.3.11 条和第 5.3.11 条。

除办公楼、商场和旅馆类建筑外，其他类建筑不参评。

第6章　节材与材料资源利用

6.1　概　　述

6.1.1　节材与材料资源利用评价介绍

节材与材料资源利用（以下简称节材）是绿色建筑评价指标体系六类评价指标中的组成部分之一。节材类评价指标主要评价申报项目是否做到了尽量减少建筑材料的总用量，提高本地化材料的使用比例，降低高耗能、高排放建筑材料的比重，尽量多地使用可循环材料、可再利用材料以及符合国家政策、技术要求并已成熟应用的以废弃物为原料生产的建筑材料，尽可能地减小建筑材料对资源和环境的影响。

《绿色建筑评价标准》中住宅建筑的节材类指标共有11项，其中控制项2项（第4.4.1条和第4.4.2条），一般项7项（第4.4.3～4.4.9条），优选项2项（第4.4.10条和第4.4.11条）；公共建筑的节材类指标共有12项，其中控制项2项（第5.4.1条和第5.4.2条），一般项8项（第5.4.3～5.4.10条），优选项2项（第5.4.11条和第5.4.12条）。其中，控制项为绿色建筑的必要条件，均必须满足，否则即失去评价资格。一般项和优选项用于划分绿色建筑的星级，不需全部满足。优选项是难度较大、要求较高的可选项。

一般而言，住宅建筑和公共建筑中节材部分的所有条目在运行阶段均需参评。在设计阶段，对于住宅建筑，第4.4.1条、第4.4.3条、第4.4.6条、第4.4.9条和第4.4.11条不参评；对于公共建筑，第5.4.1条、第5.4.3条、第5.4.6条、第5.4.10条和第5.4.12条不参评。此外，当某些条文不适应建筑所在地区、气候与建筑类型等条件时，该条文可作为不参评项。

6.1.2　评星原则

任何一个合格项目所必备的条件（建筑材料中有害物质含量符合国家标准的要求）以及绿色建筑所必备的条件（造型简约，无大量装饰性构件）构成了申报绿色建筑评价标识的前提（控制项）。

从已完成的几批绿色建筑标识评价中发现，节材类指标中有些条文（如第4.4.4条和第5.4.4条）较易达标，而有些条文（如第4.4.5条、第4.4.10条、第4.4.11条、第5.4.5条、第5.4.11条、第5.4.12条）的达标率相对较低。因此，对于一般项和优选项，应根据项目的具体情况和达标难度确定拟达标项。

对于住宅建筑，设计阶段一般项通常只有4项参评，达到二星级或三星级所需的达标项数均为2项（见表6-1），只要采用预拌混凝土即可达到一星级的要求，再另外满足一条（如采用HRB400级钢筋）即可达到三星级要求，比较容易。对于多层钢结构建筑，第4.4.5条不参评，则设计阶段一般项的参评项数仅为3项，而达到一星级和二星级均只需一项达标，如采用预拌混凝土即可达到二星级标准，需另外再满足一条（第4.4.5条除外）才能达到三星级标准。

住宅设计阶段一般项参评项数与达标项数对照表　　表6-1

参评项数	三星	二星	一星
4	2	2	1
3	2	1	1

对于公共建筑，设计阶段一般项通常只有5项参评，达到一星级或二星级所需的达标项数均为3项（见表6-2）。对于采用钢结构的建筑，第5.4.5条不参评，参评项减为4项，而满足二星级标准时所需的达标项数仍为3项，因此难度增加。对于办公、商场类建筑以外的钢结构公共建筑，第5.4.5条和第5.4.9条均不参评，设计阶段的参评项只有3项，满足二星级或三星级要求所需的达标项数均为2项，采用预拌混凝土即可达到一星级标准，另外再满足任何一条即可达到三星级标准。

公建设计阶段一般项参评项数与达标项数对照表　　表6-2

参评项数	三星	二星	一星
5	4	3	3
4	3	3	2
3	2	2	1

上述讨论仅针对一般项而言，欲获得较高星级，尚需要有足够多的优选项达到要求。节材部分的优选项有2项，从以往的评价情况看，优选项的达标难度较大，建议根据项目的具体情况，科学确定评星目标。此外，对于申报运行标识的项目，参评项数大幅度增加，评星难度也因此增大。

结构优化是节材部分的基本要求之一，目前虽尚无量化的相关条款，但在《绿色建筑评价技术细则》及其补充说明中已明确鼓励设计单位对结构设计方案进行优化论证，对于经过论证使节材效果明显者，可在第4.4.5条（或第5.4.5条）和第4.4.10条（或第5.4.11条）的评价中予以适当考虑。

6.1.3　注意事项

申报单位应注意以下问题：

1. 设计、施工和运行过程中应注意保留纸质版和电子版的工程资料（其中包括文字、图片、影像等）。

2. 提供的图纸应尽量全面完整。

3. 申报设计阶段评价标识时，应提供完整的施工图预算报告；申报运行阶段评价标识时，应提供完整的工程决算报告。

6.2 住 宅 建 筑 评 价

第 4.4.1 条 建筑材料中有害物质含量符合现行国家标准 GB 18580～18588 和《建筑材料放射性核素限量》GB 6566 的要求。(控制项)

评价要点

1. 本条在设计阶段评价时不参评。

2. 运行阶段评价时，应同时满足以下要求，方可判定本条达标：

(1) 室内装饰装修材料中的有害物质含量应符合现行国家标准 GB 18580～18587 和《建筑材料放射性核素限量》GB 6566 的要求。

(2) 混凝土外加剂中释放氨量符合 GB 18588 的要求。

(3) 未使用国家及当地政府禁止或限制使用的建筑材料及制品。

3. 运行阶段的评价方法为：查阅由国家认证认可监督管理委员会授权的具有资质的第三方检验机构出具的建材品检验报告，并对照国家及当地政府限制、禁止使用的建筑材料及制品的目录。

实施途径

1. 材料采购时，应注意满足图纸的要求。

2. 注意在材料采购、建设施工、运营维护等各个环节中保留建筑材料的产品检验报告，不使用国家及地方政府限制或禁止使用的建筑材料及制品。

建议提交材料

1. 工程决算材料清单（标明生产厂家）。

2. 由具有资质的第三方检验机构出具的建材产品检验报告、出厂检验报告。应包括有害物质散发情况。

3. 材料的进场验收复验记录。

关注点

1. 本条主要关注装饰装修建筑材料和混凝土外加剂的释放氨量。

2. 需注意项目是否采用了当地主管部门严禁或限制使用的建筑材料及制品。

3. 本条与第 4 章"室内环境质量"中第 4.5.5 条"室内游离甲醛、苯、氨、氡和 TVOC 等空气污染物浓度符合现行国家标准《民用建筑室内环境污染控制规范》GB 50325 的规定"有所关联，其中本条控制的是室内有害物质的源头，而第 4.5.5 条则关注有害物质所造成的后果，二者同为控制项，必须同时达标。

评价案例

【例】 某项目提交的人造板甲醛检测报告和木器涂料检测报告如图 6-1 所示。

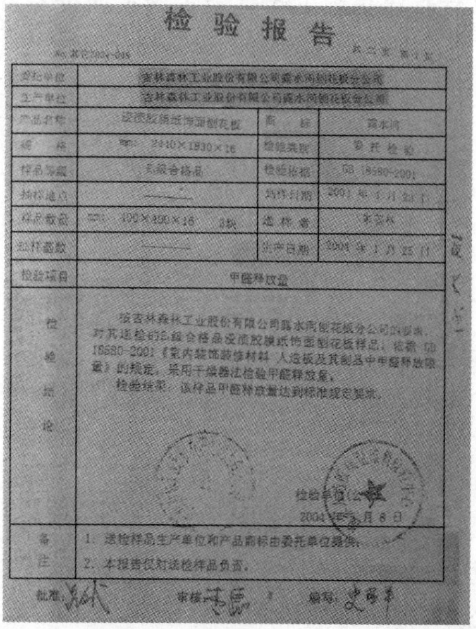

检 验 报 告

No.[illegible]2004-048　　共二页 第1页

委托单位	吉林森林工业股份有限公司露水河刨花板分公司		
生产单位	吉林森林工业股份有限公司露水河刨花板分公司		
产品名称	浸渍胶膜纸饰面刨花板	商　标	露水河
规　格	mm 2440×1830×16	检验类别	委托检验
样品等级	E1级合格品	检验依据	GB 18580-2001
抽样地点	——	送样日期	2004 年 1 月 23 日
样品数量	mm 400×400×16　3块	送 样 者	[illegible]
抽样基数	——	生产日期	2004 年 1 月 25 日
检验项目	甲醛释放量		
检验结论	按吉林森林工业股份有限公司露水河刨花板分公司的要求，对其送检的E1级合格品浸渍胶膜纸饰面刨花板样品，依据 GB 18580-2001《室内装饰装修材料 人造板及其制品中甲醛释放限量》的规定，采用干燥器法检验甲醛释放量。 检验结果：该样品甲醛释放量达到标准规定要求。 检验单位(公章) 2004年[illegible]月8日		
备注	1. 送检样品生产单位和产品商标由委托单位提供。 2. 本报告仅对送检样品负责。		

批准：　　审核：　　编写：

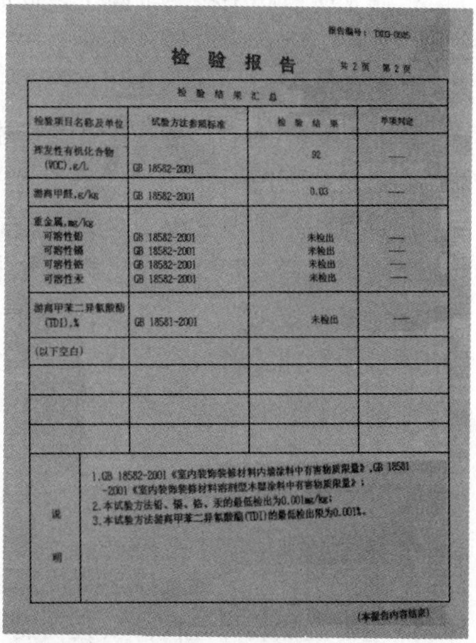

报告编号：[illegible]

检 验 报 告　　第2页 第2页

检验结果汇总			
检验项目名称及单位	试验方法参照标准	检验结果	单项判定
挥发性有机化合物(VOC),g/L	GB 18582-2001	92	—
游离甲醛,g/kg	GB 18582-2001	0.03	—
重金属,mg/kg			
可溶性铅	GB 18582-2001	未检出	—
可溶性镉	GB 18582-2001	未检出	—
可溶性铬	GB 18582-2001	未检出	—
可溶性汞	GB 18582-2001	未检出	—
游离甲苯二异氰酸酯(TDI),%	GB 18581-2001	未检出	—
(以下空白)			
说明	1. GB 18582-2001《室内装饰装修材料内墙涂料中有害物质限量》, GB 18581-2001《室内装饰装修材料溶剂型木器涂料中有害物质限量》; 2. 本试验方法铅、镉、铬、汞的最低检出为0.001mg/kg; 3. 本试验方法游离甲苯二异氰酸酯(TDI)的最低检出限为0.001%。		

(本报告内容结束)

图 6-1　人造板甲醛检测报告和木器涂料检测报告

第 4.4.2 条　建筑造型要素简约，无大量装饰性构件。(控制项)

评价要点

1. 设计阶段评价时关注申报项目的装饰性构件、女儿墙及双层外墙的情况。

2. 运行阶段评价时，需现场核实上述情况。

3. 申报项目需同时满足下列要求，方可判定本条达标：

(1) 不具备遮阳、导光、导风、载物、辅助绿化等作用的飘板、格栅和构架等未作为构成要素在建筑中使用，或虽使用但其相应工程造价小于工程总造价的 2%。

(2) 未在屋顶等处设立单纯为追求标志性效果的塔、球、曲面等异型构件，或虽设立但其相应工程造价小于工程总造价的 2%。

(3) 女儿墙高度未超过规范最低要求的 2 倍；或尽管女儿墙的高度超过了规范最低要求的 2 倍，但将其与“不具备遮阳、导光、导风、载物、辅助绿化等作用的所有的飘板、格栅和构架等”合并统计，或与“单纯为追求标志性效果的塔、球、曲面等异型构件”合并统计，造价之和仍小于工程总造价的 2%。

(4) 所采用的不符合当地气候条件的、并非有利于节能的双层外墙（含幕墙）的面积小于外墙总建筑面积的 20%。

实施途径

1. 设计阶段应尽量少用装饰性构件。

2. 施工阶段必须按图纸施工，同时注意查看建筑施工图纸是否满足评价要点的要求。

建议提交材料

设计阶段评价时，建议提交如下材料：

1. 建筑效果图。
2. 建筑、结构施工图纸。
3. 建筑工程、装饰装修工程预算书。
4. 全部疑似装饰性构件及其功能一览表。
5. 装饰性构件造价占工程总造价比例计算书。
6. 双层外墙面积占外墙总面积比例的计算书。

运行阶段评价时，建议提交如下材料：

1. 建筑效果图。
2. 建筑、结构竣工图纸。
3. 建筑工程、装饰装修工程决算书。
4. 全部疑似装饰性构件及其功能一览表。
5. 装饰性构件造价占工程总造价比例计算书。
6. 双层外墙面积占外墙总面积比例的计算书。

关注点

1. 对女儿墙高度进行审核时，应取各屋面女儿墙高度的最高值。

2. 本条的工程总造价系指所有建筑安装造价的总和，不包括征地等其他费用。

3. 有的项目仅仅为了追求美观，对某些功能性构件进行了尺寸上的过分夸张，当情节严重时，可判定为不达标。

评价案例

【例 1】 某地 4 层钢筋混凝土框架结构建筑，第 3 层局部为上人屋面，设有 1.1m 高的女儿墙，屋顶设有 1.5m 高的女儿墙。此外，为了遮挡屋顶的冷却塔，建筑局部设置了 2.5m 高的女儿墙。该项目的女儿墙最大高度超过了规范要求的 2 倍。但将其并入“不具备遮阳、导光、导风、载物、辅助绿化等作用的所有的飘板、格栅和构架等”计算时，该类装饰性构件造价之和仍小于工程总造价的 2%，则判定本条达标。

【例 2】 如图 6-2 所示的某小区住宅，建筑造型要素简约，无大量装饰性构件，故判定本条达标。

图 6-2　某住宅小区建筑效果图

第 4.4.3 条　距离施工现场 500km 以内的工厂生产的建筑材料质量占建筑材料总质量的 70%以上。(一般项)

评价要点

1. 本条在设计阶段不参评。

2. 在运行阶段评价时，查阅工程决算材料清单及距离施工现场 500km 以内的工厂生产的建筑材料质量占建筑材料总质量的比例计算书。若该比例大于 70%，即可判定本条达标。

实施途径

在材料采购和施工过程中尽量选用当地生产或工地周边地区生产的建筑材料，并注意收集、保留能充分证明材料生产地的纸质证据。

建议提交材料

1. 工程决算材料清单（含材料的所有生产厂家的名称、厂址和供货量）。

2. 距离施工现场 500km 以内的工厂生产的建筑材料质量占建筑材料总质量比例的计算书。

关注点

1. 本条中的“工厂”必须证照齐全，有固定的生产厂房和必要的生产设备等。本条要求“工厂生产”，不包括总、分包商在施工现场进行的加工制作。

2. 生产工厂与工地之间的距离以两者间的最短运输里程为准。

3. 从当地建材商处采购的建筑材料不一定属当地生产的建筑材料，必须以生产地为准。工程决算材料清单中要标明材料生产厂家的名称、地址，并按清单计算距离施工现场不超过 500km 的工厂生产的建筑材料的质量和工程所用建筑材料总质量。

4. 当地原料或半成品运到500km以外的工厂进行加工，加工后运回本项目工地的建筑材料，不能算作“不超过500km的工厂生产的建筑材料”。

反之，500km以外的原料或半成品运到距离施工现场不超过500km的工厂，加工或组装后运到本项目工地的建筑材料，可以算作“不超过500km的工厂生产的建筑材料”。

5. 有些申报项目必须较多地采用500km以外的工厂生产的建筑材料时，必须专文说明此类建筑材料不可变更的原因。

评价案例

【例】 北京某钢网架结构，由北京某公司承担安装任务。其中，螺栓球由浙江的工厂生产，属500km以外的工厂生产的建筑材料；钢管由上海宝钢生产，并由北京公司加工成杆件，则算作“不超过500km的工厂生产的建筑材料”；假如钢管由500km以外的工厂加工成杆件，然后直接运到工地，在这种情况下，即使由北京某公司承担安装任务，也不能算作“不超过500km的工厂生产的建筑材料”。

第4.4.4条 现浇混凝土采用预拌混凝土。(一般项)

评价要点

1. 设计阶段评价时，可查阅工程所在地是否属于强制使用预拌混凝土的城市，同时关注在设计文件中是否明确了使用预拌混凝土。

2. 运行阶段评价时，查阅预拌混凝土等的购销合同以及施工单位提供的混凝土总用量清单、混凝土搅拌站提供的预拌混凝土供货单或供应量证明书。

3. 现浇混凝土全部采用预拌混凝土，即可判定本条达标。

实施途径

设计阶段注意在图纸中注明相关内容；施工阶段则应按施工图纸进行施工，并注意保留相关的纸质证据，尽可能多地使用商品砂浆。

建议提交材料

设计阶段评价时，建议提交结构施工图纸。

运行阶段评价时，建议提交预拌混凝土等的购销合同、供应量证明书、供货单、总用量清单。

关注点

1. 应鼓励使用商品砂浆。商品砂浆含完全预拌砂浆和需现场加水搅拌的干拌砂浆。

2. 非现浇混凝土结构的建筑，本条可考虑不参评。

3. 对位于强制要求采用预拌混凝土的城市的项目，申报单位仍应提供预拌混凝土购销合同、供应量证明书、供货单、总用量清单等相关材料。

评价案例

【例】 图 6-3 所示为申报项目所提供的预拌混凝土购销合同、供应量证明书。

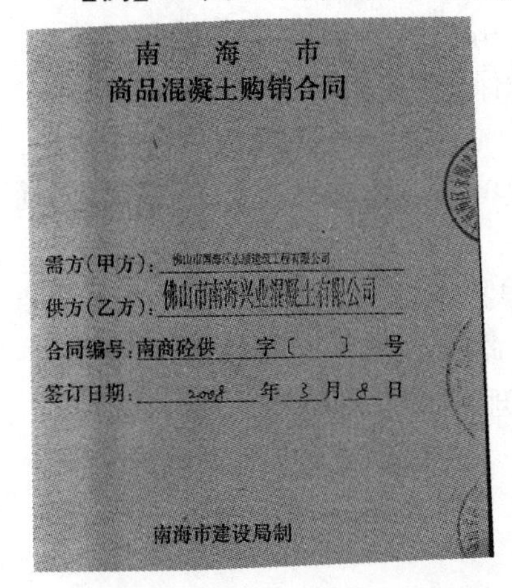

南 海 市

商品混凝土购销合同

需方(甲方)：佛山市南海区小塘建筑工程有限公司

供方(乙方)：佛山市南海兴业混凝土有限公司

合同编号：南商砼供 字〔 〕号

签订日期：2008 年 3 月 8 日

南海市建设局制

预拌混凝土材料证明

[illegible]土全部为预拌混凝土，所需预拌混凝土由[illegible]

[illegible]

序号	楼名	建筑面积（平方米）	预拌混凝土用量（m³）
1.	1#号楼	8966	5200
2.	2#号楼	9081	5000
3.	3#号楼	7716	4530
4.	4#号楼	7716	4500
5.	5#号楼	9081	5000
6.	6#号楼	8650	4800
7.	7#号楼	8650	4800
8.	8#号楼	7980	4800
9.	9#号楼	603	4800
10.	10#号楼	661	4600
11.	11#号楼	603	430
12.	12#号楼	661	476

图 6-3 预拌混凝土购销合同、供应量证明书

第 4.4.5 条 建筑结构材料合理采用高性能混凝土、高强度钢。(一般项)

评价要点

1. 设计阶段评价时，查阅申报单位提供的高性能混凝土及高强度钢的比例计算书，该计算书与工程预算中的工程量明细必须相互吻合；在“合理”的前提下，鼓励尽量采用高性能混凝土、高强度钢。

2. 运行阶段评价时，查阅相关纸质证据。

3. 对于 6 层以上的钢筋混凝土建筑，满足以下任意一条要求时，即可判定本条达标：

(1) HRB400 级以上（含）钢筋不少于受力钢筋总质量的 70%；

(2) 竖向承重结构中，C50 以上（含 C50）的混凝土不少于竖向承重结构混凝土总用量的 50%；

(3) 高耐久性的高性能混凝土（以具有资质的第三方检验机构出具的、有耐久性合格指标的混凝土检验报告单为依据）用量占混凝土总量的比例超过 50%。

4. 对于 6 层及以下且设计使用年限不小于 50 年的钢筋混凝土建筑，仅考核上述第（3）项要求，当满足时即可判定本条达标。

5. 对于高层钢结构建筑，Q345GJ、Q345GJZ 等高强度钢材用量占钢材总量的比例不低于 70%，则可判定本条达标。

6. 对于 6 层及以下且设计使用年限小于 50 年的钢筋混凝土建筑以及砌体结构（含配筋砌体结构），本条不参评。

7. 对于提交了论证报告的项目，应重点评价该项目在节材方面的合理性，在综合考虑各方面因素的基础上，给出恰当的评价结论。

实施途径

1. 设计阶段应在“合理”的前提下，尽量采用高性能混凝土、高强度钢。

2. 施工阶段应按施工图纸进行施工，并注意保留相关的纸质证据，特别是具有资质的第三方检验机构出具的混凝土检验报告（含有耐久性指标）。

3. 施工阶段需进行材料代换时，必须经设计单位书面同意，在“合理”的前提下，尽量采用高性能混凝土、高强度钢。

4. “论证”也是本条的实施途径之一。某些申报项目，虽然没能满足本条的要求，但项目所用钢、混凝土的性能指标是合理的。此时，申报单位可提交论证报告，重点论证该项目在钢、混凝土的性能指标方面的合理性（见本条“关注点 6”）。

建议提交材料

设计阶段评价时，建议提交如下材料：

1. 工程预算材料清单。

2. 高强度钢使用率计算书。

3. 竖向承重结构中强度等级为 C50（或以上）的混凝土用量占竖向承重结构中混凝土总量的比例计算书。

4. 论证报告。

运行阶段评价时，建议提交如下材料：

1. 工程决算材料清单。

2. 高强度钢使用率计算书及高强度钢出厂质量证明、进场复验报告。

3. 竖向承重结构中强度等级为 C50（或以上）的混凝土用量占竖向承重结构中混凝土总量的比例计算书及混凝土检验报告单。

4. 高耐久性的高性能混凝土用量占混凝土总量的比例计算书及具有资质的第三方检验机构出具的、有耐久性合格指标的混凝土检验报告单。

5. 论证报告。

关注点

1. 符合规范的抗拉强度设计值不低于 360MPa 的钢筋，如 RRB400 级钢筋、冷拉钢筋、冷轧扭钢筋及高强预应力钢丝（索）等均可视作符合本条高强度要求的钢筋。当采用抗拉强度设计值高于 360MPa 的钢筋（丝、索）时，可按等强（抗拉能力设计值相等）的原则，将这些更高强度的钢筋（丝、索）折算成 HRB400 级钢筋，以资鼓励。

2. 本条的“受力钢筋”包括各结构设计规范要求的所有钢筋，如钢筋混凝土构件中的受拉纵筋、受压纵筋、箍筋、架立筋、分布筋、温度收缩筋、板边构造筋等。

3. 符合规范的抗拉强度设计值不低于 295MPa 的钢材（如厚度不大于 35mm 的 Q345 级钢），可视作符合本条对高强度钢要求的钢材。

4. 在设计阶段评价时，应注意查看结构设计图纸是否满足《混凝土结构耐久性设计规范》GB/T 50476 及《混凝土结构设计规范》GB 50010 的有关规定；运行阶段评价时，应查看具有资质的第三方检验机构出具的混凝土检验报告（必须含有耐久性指标）。

5. 施工阶段不得随意进行材料代换，当不得已进行材料代换时，必须经设计单位书面同意，并在“合理”的前提下，应尽量采用高性能混凝土、高强度钢。但需注意，不能简单地“以强代弱”，应按“等强”的原则进行材料代换，并注意满足《建筑抗震设计规范》GB 50011 等结构规范的要求。

6. 有些建筑结构，采用高强混凝土或采用高强度钢是浪费资源的，更常见的是申报项目中只有少量的部位采用高强混凝土或采用高强度钢是合理的。遇到类似情况时，申报单位可提交论证报告，重点论证该项目在钢、混凝土的性能指标方面的合理性。专家们在综合考虑各方面因素后，也可判定本条达标。论证报告的格式参见本条的评价案例。

7. 尽管某些建筑的主要层数不超过 6 层，但其层高较大，或建筑总高度远远超过一般 6 层建筑高度，遇到此类情况时，应要求其参评。

8. 对于改造项目，应允许仅统计新投入的材料用量。

评价案例

【例 1】 某采用钢筋混凝土结构建筑的受力钢筋统计如表 6-3 所示，数据表明：该建筑所采用的 HRB400 级以上（含 HRB400 级）钢筋质量占受力钢筋总质量的 81.3%，远远超过了 70%，故可判定本条达标。

某钢筋混凝土结构建筑的受力钢筋折算统计 **表 6-3**

钢筋种类	用量（t）	折算成 HRB400	小计	备注
HPB235	100	—	100＋130＝230	不折算
HRB335	130	—		不折算
HRB400	340	340	340＋660＝1000	
钢绞线 $f_{ptk}=1860$	180	180×1320/360＝660		$f_{py}=1320$
HRB400 级以上钢筋占受力钢筋总质量的 81.3%，即 1000/（230＋1000）×100%＝81.3%				

但若该项目按表 6-4 所示的常规算法（对高强度钢绞线不进行折算），则该项目所采用的 HRB400 级以上（含 HRB400 级）钢筋质量占受力钢筋总质量的 69.3%，小于 70%，将被判定为不达标，这种判定方法是“不合理”的，也是不公平的。

某钢筋混凝土结构建筑的受力钢筋常规统计　　**表 6-4**

钢筋种类	用量（t）	折算成 HRB400	小　计	备　注
HPB235	100	—	100＋130＝230	不折算
HRB335	130	—		不折算
HRB400	340	340	340＋180＝520	
钢绞线	180	180		不折算
HRB400 级以上钢筋占受力钢筋总质量的 69.3%，即 520/（230＋520）×100%＝69.3%				

【例 2】 某住宅的结构方案论证报告摘要如表 6-5 所示，报告对该结构在节材方面的合理性进行了详细论证，经专家评审后，判定本条达标。

某住宅的结构方案论证报告摘要　　**表 6-5**

方案	方案描述（典型柱网尺寸）	板梁墙柱支撑等混凝土强度等级	板梁墙柱支撑等典型截面尺寸	混凝土用量（m³/m²）	钢筋（钢材）用量（kg/m²）	砌体用量（m³/m²）
A	普通框架结构（4～6m）	框架柱：C30 梁板：C25	框架柱：400×400 梁尺寸：200×400 楼板厚度：100	0.22	HRB335：21 HPB235：9.3 小计：30.3	0.189
B-1	剪力墙结构（4～6m）	剪力墙：C25 梁板：C25	墙厚：160 梁尺寸：160×400 楼板厚度：100	0.32	HRB335：18.6 HPB235：9.0 小计：27.6	0.011
B-2	剪力墙结构（4～6m）	剪力墙：C35 梁板：C35	墙厚：160 梁尺寸：160×400 楼板厚度：100	0.32	HRB400：21 HPB235：9.0 小计：30	0.011
C	短肢剪力墙结构（4～6m）	剪力墙：C25 梁板：C25	墙厚：180 梁尺寸：180×400 楼板厚度：100	0.243	HRB335：18.0 HPB235：8.1 小计：26.1	0.124
各方案优缺点对比及综合结论	方案 A：用钢量最大，但房间可自由分割，改造余地最大，但材料用量最多，二次结构施工时工作量最大。 方案 B-1：净使用面积最大，材料总用量最小，二次结构施工工作量最小，但改造余地小。 方案 B-2：材料总用量多于方案 B-1，其他同方案 B-1。 方案 C：用钢量最小，净使用面积次之，抹灰等湿作业量较大，施工工期较长，有一定的改造余地。 综合结论：对住宅，首选剪力墙结构，且混凝土强度等级不宜太高。					

注：填表说明：

1. 可以根据已有工作填写，即不必每项均填。应尽量提供论证过程资料（如计算书），以备专家评审时查阅。
2. 混凝土、钢筋（钢材）、砌体用量为地上总用量（应含各水平承重体系）÷地上总建筑面积。
3. 特殊情况可调整表格样式。

合理的材料强度离不开合理的结构体系。上述两个案例都同时论证了材料强度的合理性和结构体系的合理性，从而达到最大限度地节约材料的目标。对于经过论证后，节材效果明显者，可在第 4.4.5 条（或第 5.4.5 条）和第 4.4.10 条（或第

5.4.11条）中予以适当的考虑。

第4.4.6条　将建筑施工、旧建筑拆除和场地清理时产生的固体废弃物分类处理，并将其中可再利用材料、可再循环材料回收和再利用。(一般项)

评价要点

1. 本条在设计阶段评价时不参评。

2. 运行阶段评价时，查阅建筑施工废物管理规划和施工现场废弃物回收利用记录。同时满足以下要求时，方可判定本条达标：

（1）施工单位制定专项废弃物管理计划。

（2）对建筑施工、旧建筑拆除和场地清理时产生的固体废弃物分类处理。

（3）施工单位提供施工过程废弃物回收利用记录。

（4）建筑施工、旧建筑拆除和场地清理时产生的固体废弃物的回收利用率不低于20%。

实施途径

1. 建筑施工、旧建筑拆除和场地清理前，应编制施工（拆除）方案。方案中应明确回收物品的种类、分类处理方案、再利用方案、再循环的销路、售价以及统计销售人员等，应包括实施上述方案所需费用的估算，并预留必要的费用。

2. 对建筑施工、旧建筑拆除和场地清理产生的固体废弃物分类处理。

3. 废弃物中的可再利用材料应尽量多地重新利用。

4. 可再循环材料通过再生利用企业进行回收、加工。

5. 对施工过程废弃物的回收利用进行记录和核算。

建议提交材料

1. 废弃物管理计划。

2. 施工过程废弃物分类处理和回收利用记录。

3. 建筑施工、旧建筑拆除和场地清理时产生的固体废弃物的总量统计表及回收利用率计算书。

关注点

1. 本条的“回收利用率”为可再利用材料与可再循环材料的回收利用率之和，即回收利用率＝可再利用材料与可再循环材料的实际回收质量之和÷可再利用材料与可再循环材料的可回收总质量之和×100%。

2. 固体废弃物应包括纸板、金属、混凝土砌块、沥青、现场固体垃圾、饮料罐、塑料、玻璃、石膏板、木制品等。

3. 基坑开挖时挖出的土宜尽量用于本项目，如基坑回填，但不能作为可再利用材料或可再循环材料参与统计。

第 4.4.7 条　在建筑设计选材时考虑使用材料的可再循环使用性能。在保证安全和不污染环境的情况下，可再循环材料使用质量占所用建筑材料总质量的 10% 以上。（一般项）

评价要点

1. 设计阶段评价时，审核可再循环材料使用率计算书，并核对工程预算材料清单。

2. 运行阶段评价时，查阅工程决算材料清单中相关材料的使用量，并根据工程实际情况进行核实。

3. 当采用的可再循环材料质量占所用建筑材料总质量的比例不低于 10%时，则判定本条达标。

实施途径

1. 设计过程中应尽量选用可再循环的建筑材料和含有可再循环材料的建材制品，并注意可再循环材料的安全和环境污染问题。

2. 施工运行阶段应按施工图纸进行施工，当不得已进行材料替换时，必须经设计单位书面同意，在保证安全和不污染环境的前提下，尽量选用可再循环的建筑材料和含有可再循环材料的建筑材料。

建议提交材料

设计阶段评价时，建议提交如下材料：

1. 工程预算材料清单。

2. 可再循环材料使用率计算书。

运行阶段评价时，建议提交如下材料：

1. 工程决算材料清单。

2. 可再循环材料使用率计算书。

> 关注点
>
> 1. 可再循环材料是指对无法进行再利用的材料，可以通过改变物质形态，生成另一种材料，即可以实现多次循环利用的材料。建筑中的可再循环材料包含两部分，一是使用的材料本身就是可再循环材料，二是建筑拆除时能够被再循环利用的材料。可再循环材料主要包括：钢、铸铁、铜、铜合金、铝、铝合金、不锈钢、玻璃、塑料、石膏制品、木材、橡胶等。
>
> 2. 施工运行阶段应按施工图纸进行施工，不得随意进行材料替换。

评价案例

【例】　某申报项目的可再循环材料使用率计算书见表 6-6，其中使用钢材、铝合金、石膏等可再循环材料共计 41305.44t，所用建筑材料总质量为 377903.6t，可再循环材料使用率达到 10.93%，故判定本条达标。

某申报项目的可再循环材料使用率计算书 **表 6-6**

建筑材料		质量（t）		
		地下部分	地上部分	合　计
可再循环材料	钢　筋	10045.86	11388.58	21434.44
	铝合金	50.26	351.86	402.12
	木　材	107.78	303.7	411.48
	石膏制品	5605.6	10408	16013.6
	门窗玻璃	817.52	2226.28	3043.8
不可循环材料	混凝土	25370.96	258056.44	283427.4
	砂　浆	9443.02	14164.52	23607.54
	砌　块	9879.84	15269.76	25149.6
	石　材	532.45	3688.57	4221.02
	屋面卷材	0	192.6	192.6
可再循环材料总质量		19627.02	21678.42	41305.44
建筑材料总质量		88009.41	289894.19	377903.6
可再循环材料使用率				10.93%

第 4.4.8 条　土建与装修工程一体化设计施工，不破坏和拆除已有的建筑构件及设施。(一般项)

评价要点

1. 设计阶段评价时，查看建筑、结构及装修设计图纸是否配套。

2. 运行阶段评价时，查阅施工交底记录、土建与装修一体化施工方案、施工日志、竣工图、预算工程量清单及决算工程量清单等，并进行现场核查。

实施途径

1. 土建开工前，土建、装修各专业的施工图纸齐全，且达到施工图的深度；建筑、结构施工图纸中，注明预留孔洞的位置、大小，给出土建和装修阶段各自所需主要固定件的位置、编号和详图；建筑、结构施工图纸与设备、电气、装修施工图纸之间基本无矛盾；土建、装修各专业的施工图纸通过了政府主管部门的审查；重要部位建议制作彩色效果图或模型。

2. 对于菜单式装修的项目，土建开工前应对销售对象进行认真分析，并提供多套装修设计方案。参考这些方案，在建筑、结构施工图纸中，注明预留孔洞的位置、大小，给出土建和装修阶段各自所需主要固定件的位置、编号和详图。

3. 高质量完成土建、装修各专业施工图纸的设计、校对、审核、审定以及专业之间的对图，并签字。

4. 各专业设计师向施工单位、监理单位（建设单位）认真交底，并及时做好交底记录，减少返工。

5. 土建开工前，施工方案必须通过监理单位（建设单位）的审查，施工方案中应包含土建和装修两个施工阶段的内容。

6. 有条件的项目在正式装修施工前，可先在现场进行局部的样板施工，以检验和确认装修设计效果、施工工艺、施工质量等；样板应具有代表性；需要局部修改设计时，各专业应同时完成图纸的修改。

建议提交材料

设计阶段评价时，建议提交以下材料：

1. 建筑、结构、设备、电气施工图纸，装修施工图纸（菜单式装修应提供各方案的施工图纸）。

2. 整体建筑及重要部位效果图（没有可不提供）。

运行阶段评价时，建议提交以下材料：

1. 建筑、结构、设备、电气竣工图纸，装修竣工图纸（菜单式装修应提供各方案的竣工图纸）。

2. 施工交底记录。

3. 土建与装修一体化施工方案。

4. 预算工程量清单及决算工程量清单。

5. 施工日志。

6. 整体建筑及重要部位效果图、模型（没有可不提供）。

7. 样板间照片（没有可不提供）。

关注点

1. 拆改和返工在工程中非常普遍，应引起关注。施工过程中，若进行过较大的修改，则判定本条不达标。

2. 全套装修施工图纸必须由具有相应设计资质的单位完成（签字、盖章）。装修施工图纸中尺寸标注应齐全，且达到施工图的深度，由此能尽量避免大部分的返工，达到节材的效果。

3. 土建开工前必须完成装修设计，施工方案必须通过监理单位（建设单位）的审查，施工方案中应包含土建和装修两个施工阶段的内容。

4. 对结构构件的破坏和拆除，应视作违反本条要求。

5. 对于改建、扩建类的申报项目，本条中的“不破坏和拆除已有的建筑构件及设施”是指不破坏和拆除新改造加固后的建筑构件及设施，对原建筑的结构构件、建筑构件及设施的拆改不违反本条的要求。

6. 鼓励采用工厂化预制的装修材料或部品。

评价案例

【例】 某申报项目为三边工程，其设计和施工进度如下：

2007年11月～2008年1月，初步设计；

2007年11月～2007年12月，桩基施工图设计；

2008年1月～2008年5月，基础施工；

2008年2月～2008年5月，地下工程施工图设计；

2008年6月～2008年8月，地下工程施工；

2008年3月～2008年9月，地上工程施工图设计；

2008年9月～2009年5月，地上工程施工；

2009年6月～2009年12月，装饰工程施工；

2009年12月30日竣工。

由上述施工进度可见：在该工程的设计时，不可能做好预留、预埋，也不可能认真核对图纸，无法避免因错漏碰缺而造成的返工。因此，为了工程安全，该工程设计时必须适当加大结构构件的截面和配筋，不可能避免浪费。

总而言之，该工程土建各专业内部和各专业之间没有达到“一体化设计施工”的要求，尚谈不上“土建与装修工程一体化设计施工”，通常情况下应判定本条不达标。

第4.4.9条 在保证性能的前提下，使用以废弃物为原料生产的建筑材料，其用量占同类建筑材料的比例不低于30%。(一般项)

评价要点

1. 本条在设计阶段评价时不参评。

2. 运行阶段评价时，查阅竣工图纸、施工记录及工程决算材料清单，检查工程中采用以废弃物作为原料的建筑材料的使用情况，必要时需查阅混凝土配合比报告单等技术资料。

3. 在保证性能的前提下，使用一种以废弃物为原料生产的建筑材料，其用量占同类建筑材料的比例不低于30%，且这些废弃物的总质量不少于全部原料质量的20%，则判本条通过。

实施途径

在设计和施工过程中尽量多地使用以废弃物为原料生产的建筑材料，如以工业废弃物、农作物秸秆、建筑垃圾、淤泥等为原料生产的水泥、混凝土、墙体材料、保温材料等，以及生活废弃物经处理后制成的建筑材料。

建议提交材料

1. 建筑、结构竣工图纸。

2. 工程决算材料清单。

3. 以废弃物为原料生产的建筑材料中，废弃物的总质量占全部原料质量的比例计算书及其证明材料。

4. 以废弃物为原料生产的建筑材料的使用率计算书。

> 关注点
>
> 当同时满足以下条件时，才能作为一种"以废弃物为原料生产的"建筑材料：
>
> 1. 该建筑材料在生产过程中使用了一种或多种废弃物作为生产原料，且这些废弃物的总质量不少于全部原料质量的20%。
>
> 2. 该种建筑材料的用量不少于同类建筑材料总用量的30%。
>
> 3. 该种建筑材料的各项性能均满足原设计要求。

评价案例

【例】 某项目在建筑施工图中，选用石膏砌块作为内隔墙材料，共需用石膏砌块$1000m^3$。而在实际施工中，使用了以工业副产品石膏（脱硫石膏）为原料制作的石膏砌块共$300m^3$，故判定本条达标。

第4.4.10条 采用资源消耗少、环境影响小的建筑结构体系。(优选项)

评价要点

1. 设计阶段评价时，查阅设计文件，判断结构体系类型，如果属于钢结构、砌体结构、木结构和预制混凝土结构体系，则直接判定本条达标。若属于上述四种以外的结构体系，则需专家审阅结构体系优化论证报告，重点关注该项目所采用的结构体系的资源消耗水平以及对环境影响的大小，在综合考虑各方面因素的基础上，作出适当的评价结论。

2. 运行阶段评价时，需进行现场核实。

实施途径

1. 采用钢结构、非黏土砖砌体结构、木结构、预制混凝土结构等建筑结构体系。

2. 提交论证报告，重点论证所采用建筑结构体系的资源消耗水平以及对环境影响的大小。

建议提交材料

设计阶段评价时，建议提交以下材料：

1. 结构施工图纸。

2. 结构体系（包括各水平、竖向分体系，基坑支护方案）优化论证报告。

运行阶段评价时，建议提交如下材料：

1. 结构竣工图纸。

2. 结构体系（包括各水平、竖向分体系，基坑支护方案）优化论证报告。

关注点

1. 应鼓励结构设计中关注楼、屋面的结构形式。例如：当前大量建筑的楼、屋面板为现浇钢筋混凝土结构，不利于回收利用；相反，预制混凝土空心板则是较好的可再利用材料，应尽量鼓励采用，除非该项目处于国家规定的抗震设防区。但本条的评价是基于竖向承重结构的。因此评价时，可暂时忽略水平承重结构对资源和环境的影响。

2. 应注意砖混结构与砌体结构的区别。我国现行的国家标准《砌体结构设计规范》GB 50003—2001 中明确指出砌体结构是“由块体和砂浆砌筑而成的墙、柱作为建筑物主要受力构件的结构。是砖砌体、砌块砌体和石砌体结构的统称”（当然也包括配筋砌体结构）。而砖砌体结构又可分为黏土砖砌体结构和页岩砖砌体结构、煤矸石砖砌体结构、粉煤灰砖砌体结构、灰砂砖砌体结构等类型，而只有其中的黏土砖砌体结构才是通常所说的砖混结构。砖混结构体系所用材料在生产过程中大量使用黏土、石灰石等不可再生资源，对资源的消耗量很大，同时排放大量 CO_2 等污染物。因此当采用砖混结构时，应判定本条不达标。

3. 根据建筑的类型、用途、所处地域条件和气候环境的不同，可能需要采用本条评价要点所述结构体系以外的其他结构体系，从而达到资源消耗少、环境影响小的目标。对于这种情况，申报单位可提交论证报告，重点论证所采用建筑结构体系的资源消耗水平以及对环境影响的大小，评审专家综合考虑水平承重结构体系等各方面因素后，判定本条是否达标。论证报告的格式参考第 4.4.5 条的评价案例。

4. 在本条的评审过程中应适当考虑当地的实际条件。

评价案例

参见第 4.4.5 条。

第 4.4.11 条　可再利用建筑材料的使用率大于 5%。(优选项)

评价要点

1. 本条在设计阶段评价时不参评。

2. 运行阶段评价时，查阅工程决算材料清单中相关材料的使用量，根据工程决算材料清单计算的可再利用建筑材料的使用率不低于 5%则判定本条达标。

实施途径

1. 设计过程中应尽量选用可再利用材料，并注意可再利用材料的安全问题和环境污染问题。

2. 施工阶段应按施工图纸进行施工，当不得已进行材料代换时，必须经设计单位书面同意，且在保证安全和不污染环境的前提下，尽量选用可再利用材料。

建议提交材料

1. 与材料用量有关的工程竣工资料，主要是竣工图纸。
2. 工程决算材料清单。
3. 可再利用建筑材料使用率计算书。

> 关注点
>
> 1. 可再利用材料指在不改变所回收物质形态的前提下，可以进行材料的直接再利用，或经过再组合、再修复后再利用的材料。包括砌块、砖、瓦、料石、管道、预制混凝土板、木材、钢材、部分装饰材料等。
>
> 2. 施工阶段应按施工图纸进行施工，不得随意进行材料代换。

6.3 公共建筑评价

第5.4.1条　建筑材料中有害物质含量符合现行国家标准 GB 18580～18588 和《建筑材料放射性核素限量》GB 6566 的要求。(控制项)

评价要点、实施途径、建议提交材料及关注点参见第4.4.1条。

第5.4.2条　建筑造型要素简约，无大量装饰性构件。(控制项)

评价要点

参见第4.4.2条。但由于公共建筑的评价指标进行了简化，因此只要同时满足以下2条即可判定本条达标：

1. 所有纯装饰性构件合并统计，且其总造价低于工程总造价的5‰。
2. 女儿墙高度未超过规范最低要求的2倍；或尽管女儿墙的高度超过了规范最低要求的2倍，但将其视作装饰性构件，与所有纯装饰性构件合并统计后的总造价仍小于工程总造价的5‰。

评价案例

【例】 当申报项目有较多的疑似装饰性构件时（见图6-4所示），设计单位应具体说明各疑似装饰性构件的功能（如：遮阳、导光、导风、载物、辅助绿化或装饰等），综合考虑各种疑似装饰性构件并进行计算后，方可判定本条是否达标。

第5.4.3条　距离施工现场500km以内的工厂生产的建筑材料质量占建筑材料总质量的60%以上。(一般项)

参见第4.4.3条，但是对于公共建筑而言，当本地化材料的比重大于60%时，

图 6-4 某公共建筑效果图

即可判定本条达标。

第 5.4.4 条 现浇混凝土采用预拌混凝土。(一般项)

参见第 4.4.4 条。对于公共建筑，不涉及商品砂浆的使用情况。

第 5.4.5 条 建筑结构材料合理采用高性能混凝土、高强度钢。(一般项)

评价要点

参见第 4.4.5 条，对其中的第 3 条以下列为准：

对于 6 层以上的钢筋混凝土建筑，满足以下任意一条要求时，即可判定该条达标：

(1) HRB400 级以上（含 HRB400 级）钢筋不少于受力钢筋总质量的 70%。

(2) 竖向承重结构中，C50 以上（含 C50）的混凝土不少于竖向承重结构混凝土总用量的 70%。

(3) 高耐久性的高性能混凝土（以具有资质的第三方检验机构出具的、有耐久性合格指标的混凝土检验报告单为依据）用量占混凝土总量的比例超过 50%。

评价案例

【例】 某钢筋混凝土地下车库顶板方案论证摘要如表 6-7 所示。由该表可见：合理的材料强度离不开合理的结构体系，本案例同时考虑了材料强度和结构体系的合理性，从而最大限度地达到节材的目标。

某钢筋混凝土地下车库顶板方案论证摘要　　表 6-7

方　案	方案描述	混凝土强度等级	板梁墙柱支撑等典型截面尺寸（mm）	混凝土用量（m^3/m^2）	钢筋（钢材）用量（kg/m^2）	砌体用量（m^3/m^2）
A-1	无梁楼盖，柱网 8.2m×8.2m，1.5m 覆土，活荷载 5.0kN/m^2	C35	柱 700，柱帽总高 650，其中托板 3600×3600×350，斜坡段 300，板厚 350	0.422（板及柱帽）	HRB400：35.4 HPB235：2.0 （板及柱帽）	—
A-2	无梁楼盖，柱网 8.2m×8.2m，1.5m 覆土，活荷载 5.0kN/m^2	C45	柱 700，柱帽总高 650，其中托板 3600×3600×350，斜坡段 300，板厚 350	0.422（板及柱帽）	HRB400：37.2（板及柱帽）	—
B	梁板结构，其他同上	C36	柱 600，梁 600×800，板厚 300	0.373（梁、板）	HRB400：39.4； HPB235：6.1 （梁、板）	—
各方案优缺点对比及论证结论	1. 与梁板结构方案相比，无梁楼盖方案：混凝土用量多；钢筋用量少；结构高度小；层高相同的情况下室内净高大；净高相同的情况下，层高小，竖向构件材料用量少，土方量少，防水面积少。因此，无梁楼盖方案优于梁板结构方案。 2. 与 A-2 方案相比，A-1 方案更经济，故采用 A-1 方案。					

第 5.4.6 条　将建筑施工、旧建筑拆除和场地清理时产生的固体废弃物分类处理，并将其中可再利用材料、可再循环材料回收和再利用。（一般项）

评价要点、实施途径、建议提交材料及关注点参见第 4.4.6 条。

第 5.4.7 条　在建筑设计选材时考虑使用材料的可再循环使用性能。在保证安全和不污染环境的情况下，可再循环材料使用质量占所用建筑材料总质量的 10% 以上。（一般项）

评价要点、实施途径、建议提交材料及关注点参见第 4.4.7 条。

第 5.4.8 条　土建与装修工程一体化设计施工，不破坏和拆除已有的建筑构件及设施。（一般项）

评价要点、实施途径、建议提交材料及关注点参见第 4.4.8 条。

第 5.4.9 条　办公、商场类建筑室内采用灵活隔断，减少重新装修时的材料浪费和垃圾产生。（一般项）

评价要点

1. 设计阶段评价时，查阅申报单位提供的建筑图纸，结合灵活隔断说明及比例计算书进行考查。

2. 运行阶段评价时，需现场考察灵活隔断的使用情况。

3. 按以下原则进行评价：

(1) 可变换功能的室内空间内，非灵活隔断围合的房间总面积不超过可变换功能的室内空间总建筑面积的70%，则判定本条达标；

(2) 对于粗装销售或出租的项目，图纸中应注明采用灵活隔断的要求，并注明所有隔断和其他二次结构在不影响安全和验收的前提下，均应在招商完成后施工，则判定本条达标（运行阶段评价时，需现场核实）。

实施途径

1. 设计阶段评价时：

(1) 应尽量多布置大开间敞开式办公空间，减少分隔。必须采用隔断时，宜选用玻璃隔断或预制板隔断等。当需要采用轻钢龙骨水泥压力板、石膏板隔断或木隔断时，应对连接节点进行特殊设计，以方便分段拆除。

(2) 对于粗装销售或出租的项目，在图纸中注明、注全相关的要求。

2. 运行阶段评价时：

(1) 施工阶段应按施工图纸进行施工。当不得已修改时，应尽量采用灵活隔断，并经设计单位书面同意。

(2) 对于粗装销售或出租的项目，应注意审核装修施工图纸，并监督施工。

建议提交材料

设计阶段评价时，建议提交以下材料：

1. 建筑施工图纸、装修施工图纸。

2. 可变换功能的室内空间内，非灵活隔断围合的房间总面积占可变换功能的室内空间总建筑面积的比例计算书。

运行阶段评价时，建议提交以下材料：

1. 建筑竣工图纸、装修竣工图纸。

2. 可变换功能的室内空间内，非灵活隔断围合的房间总面积占可变换功能的室内空间总建筑面积的比例计算书。

> 关注点
>
> 1. 灵活隔断为使用可再利用材料组装、可单独拆除的隔断形式。灵活隔断在拆除过程中应基本不影响与之相接的其他隔断，如大开间敞开式办公空间内的矮隔断、玻璃隔断、预制板隔断、特殊设计的可分段拆除的轻钢龙骨水泥压力板或石膏板隔断和木隔断等。
>
> 2. 除走廊、楼梯、电梯井、卫生间、设备机房、公共管井以外的室内空间均应视为“可变换功能的室内空间”。

评价案例

【例】 某申报项目采用的玻璃灵活隔断如图6-5所示，由于此项目采用了玻璃隔断分割办公空间，节约了材料，故判定本条达标。

图 6-5　某申报项目采用的玻璃灵活隔断

第 5.4.10 条　在保证性能的前提下，使用以废弃物为原料生产的建筑材料，其用量占同类建筑材料的比例不低于 30%。(一般项)

评价要点、实施途径、建议提交材料及关注点参见第 4.4.9 条。

第 5.4.11 条　采用资源消耗少、环境影响小的建筑结构体系。(优选项)

评价要点、实施途径、建议提交材料及关注点参见第 4.4.10 条。

第 5.4.12 条　可再利用建筑材料的使用率大于 5%。(优选项)

评价要点、实施途径、建议提交材料及关注点参见第 4.4.11 条。

第7章 室内环境质量

7.1 概　述

7.1.1 室内环境质量评价介绍

绿色建筑需要为人们提供健康、适用和高效的使用空间，这一空间质量的好坏主要通过室内环境质量（以下简称室内环境）指标的达标情况来体现。

室内环境是绿色建筑评价指标体系六类评价指标中的组成部分之一，主要考查室内声、光、热、空气品质等环境控制质量，以健康和适用为主要目标。

本章条文中住宅建筑部分的控制项主要包括每套住宅日照与采光情况、室内背景噪声与围护结构隔声性能、居室自然通风能力、室内空气污染物浓度情况等内容；一般项包括开窗视野情况、围护结构防结露与耐高温的热工性能、用户对于采暖空调装置的调控能力、外遮阳与通风换气装置的设置情况等内容；优选项包括居室内使用新型功能材料的情况。公共建筑部分的控制项主要包括空调建筑室内空气温度、湿度、风速、新风量等参数控制情况、围护结构防结露性能、室内空气污染物浓度、背景噪声、照明质量等内容；一般项包括建筑自然通风设计情况、空调末端的可调性、围护结构隔声性能、减少噪声干扰的建筑布局情况、室内采光情况、建筑无障碍设计情况等内容；优选项包括外遮阳、室内空气质量监控系统的设置情况、自然采光改善措施等内容。

《绿色建筑评价标准》中，住宅建筑的室内环境类指标共有12项，其中控制项5项（第4.5.1～4.5.5条），一般项6项（第4.5.6～4.5.11条），优选项1项（第4.5.12条）；公共建筑的室内环境类指标共有15项，其中控制项6项（第5.5.1～5.5.6条），一般项6项（第5.5.7～5.5.12条），优选项3项（第5.5.13～5.5.15条）。

一般而言，住宅建筑和公共建筑中室内环境质量部分的所有条目在运行阶段均需参评。在设计阶段，对于住宅建筑，第4.5.5条和第4.5.12条不参评；对于公共建筑，第5.5.4条不参评。此外，当某些条文不适应建筑所在地区气候与建筑类型等条件时，该条文可作为不参评项。

7.1.2 评价原则

《绿色建筑评价标准》中的室内环境质量是本着健康优先、舒适适度的原则，对建筑项目进行合理设计及评价的。建筑设计需满足室内声、光、热、空气品质等环境控制质量要求，在此基础上尽量考虑自然通风、自然采光设计，提高围护结构热工性能，提高采暖空调装置的调控能力。有条件的项目，可合理选用新型功能材料、可调节外遮阳、室内空气质量监控系统等。

任何一个合格项目所必备的条件（室内温湿度、新风量、日照、空气污染物浓度等参数符合国家相关标准的强制性条文规定）以及绿色建筑所必备条件（室内声、光、热等方面符合国家相关标准中的部分推荐性条文）构成了申报绿色建筑评价标识项目的前提。

此外，还要求综合、权衡节能、环保、健康的优劣得失，合理地采用技术经济效益好的技术、设备或材料，一般项和优选项应按项目的具体情况和具体条文实施的难易程度进行选择。

对于申报设计阶段评价标识的住宅建筑项目，其一星级至三星级对应的一般项达标条文数量依次为 2 条、3 条和 4 条。一般情况下，“第 4.5.6 条：居住空间开窗具有良好的视野，且避免户间居住空间的视线干扰。当 1 套住宅设有 2 个及 2 个以上卫生间时，至少有 1 个卫生间设有外窗”、“第 4.5.7 条：屋面、地面、外墙和外窗的内表面在室内温、湿度设计条件下无结露现象”和“第 4.5.9 条：设采暖或空调系统（设备）的住宅，运行时用户可根据需要对室温进行调控”最易达标，从目前已获得绿色建筑设计标识的 5 个住宅类项目来看，参评项目均全部达标；“第 4.5.8 条：在自然通风条件下，房间的屋顶和东、西外墙内表面的最高温度满足现行国家标准《民用建筑热工设计规范》GB 50176 的要求”较易实现，此条达标的项目约占项目总数的 60%，申报时可根据项目具体情况酌情选择。另外，无采暖建筑可不参评第 4.5.7 条，无空调、采暖建筑可不参评第 4.5.9 条。

对于申报设计阶段评价标识的公共建筑项目，其一星级至三星级对应的一般项达标条文数量依次为 3 条、4 条和 5 条。一般情况下，“第 5.5.10 条：建筑平面布局和空间功能安排合理，减少相邻空间的噪声干扰以及外界噪声对室内的影响”和“第 5.5.12 条：建筑入口和主要活动空间设有无障碍设施”最易实现，从目前已获得绿色建筑设计标识的 10 个公共建筑类项目来看，均选择了上述两条；“第 5.5.7 条：建筑设计和构造设计有促进自然通风的措施”和“第 5.5.8 条：室内采用调节方便、可提高人员舒适性的空调末端”也较易实现，目前满足上述两条而得分的项目约占项目总数的 80%，申报时可根据项目具体情况酌情选择。另外，非宾馆类建筑可不参评第 5.5.9 条。

申报运行阶段评价标识的项目，其一般项达标数量与设计阶段评价相同，可以按上述建议，根据项目的具体情况和具体条文的难易程度进行选择。

优选项的实现一般而言都具有一定难度，可结合项目具体情况从六类评价指标的所有优选项条文中权衡选择。

7.1.3 注意事项

评价人员在进行本章的评价时，应当注意以下几个问题：

1. 各类设计说明中的内容是否在相关图纸中落实。

2. 各类面积比例等计算、统计内容的数据是否与相关图纸吻合。

3. 各类模拟计算分析报告中的模型、边界条件等的设置是否与实际建筑情况吻合。

申报单位在准备本章的申报材料时，为避免由于对相关知识理解不到位造成的错误评价，应加强暖通、建筑物理等专业人员的参与度，提高申报材料的技术深度以及各类专业检测报告的完备程度，并应注意以下问题：

1. 设计、施工和运行记录的工作中应注意保留纸质版和电子版的工程资料(其中包括文字、图片、影像等)。

2. 提供的图纸应尽量全面完整。

3. 申报设计阶段评价标识时，应提供完整的施工图及相关设备、材料的采购文件；申报运行阶段评价标识时，应提供完整的工程图纸和典型工况运行记录。

7.2 住宅建筑评价

第 4.5.1 条 每套住宅至少有 1 个居住空间满足日照标准的要求。当有 4 个及 4 个以上居住空间时，至少有 2 个居住空间满足日照标准的要求。(控制项)

评价要点

1. 对于无明显遮挡的简单排列式住宅，根据日照间距系数直接判断。

2. 复杂情况：日照软件模拟结果，关键看模拟模型和软件的使用正确性（专家判断)。

实施途径

1. 设计时，注意朝向、间距、相对位置、室内平面布置。

2. 通过计算调整，使居住空间获得充足的日照。

建议提交材料

由设计单位提供的建筑竣工图纸，由设计单位或第三方提供的日照模拟计算报告。模拟计算报告须通过当地规划委员会认可的计算软件对所有参评住宅建筑的日照情况进行模拟计算，且应包括对典型住宅各居住空间日照效果的详细分析。

关注点

1. 日照受地理位置、朝向、外部遮挡等外部条件的限制，特别是冬季遮挡更加严重。

2. 所提供户型图、规划图纸、日照模拟报告是否均盖章。

3. 日照模拟结果的户型图是否与最新的图纸一致。

4. 日照间距满足要求，但是提供的模拟报告中，日照小时数是否满足要求。

5. 日照模拟结果中是否仅仅给出小时数的模拟结果而没有模型的介绍。

评价案例

【例】 由于建筑布局可能会产生相互遮挡，建筑本身有背阴朝向，而为了立面丰富或结构需要，本体可能形成一些凹槽遮挡，需要提供详细的针对典型户型的日照模拟结果，以核查建筑平面户型设计时，是否会出现日照不足户型。

第 4.5.2 条　卧室、起居室（厅）、书房、厨房设置外窗，房间的采光系数不低于现行国家标准《建筑采光设计标准》GB/T 50033 的规定。(控制项)

评价要点

1. 有利于居住者的生理和心理健康。

2. 降低人工照明能耗。

3. 设计中要综合考虑窗口外部遮挡、窗玻璃透光率及窗地面积比。

实施途径

1. 严格控制并保证卧室、起居室（厅）、书房、厨房设置外窗的面积，保证窗地比满足要求。

2. 合理采用计算机模拟技术，对自然采光效果进行优化设计。

建议提交材料

由设计单位提供的建筑竣工图纸、门窗表、窗地面积比计算说明书；由第三方提供的自然采光模拟计算报告。

关注点

1. 窗地面积比的计算是否准确，是否与房间的功能和采光系数要求一致。

2. 采光模拟报告评价方法是否合适。包括在窗地比满足要求的情况下，利用模拟软件进行计算，事实上由于模拟结果不准确，反而表明室内采光效果不能满足要求。

3. 模拟模型参数设定是否准确，如窗户面积、位置、参数设定等。

4. 如果是提供窗地比或室内采光模拟报告，必须涵盖所有的户型以及所有朝向。

评价案例

【例1】 如图7-1所示，某住宅个别房间的窗地比不达标，利用模拟软件进行评价，发现采光系数可以达标，详见表7-1和表7-2。

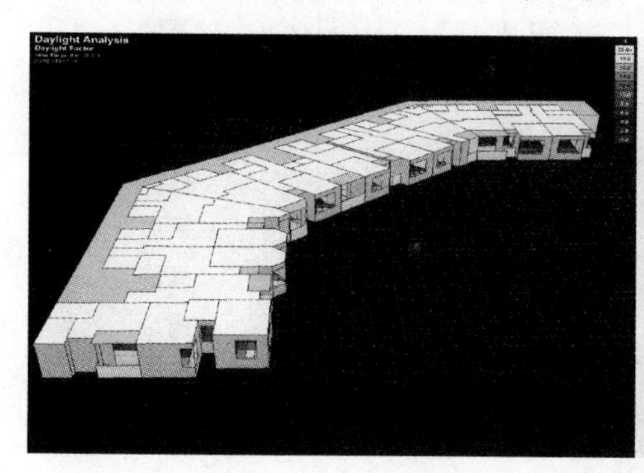
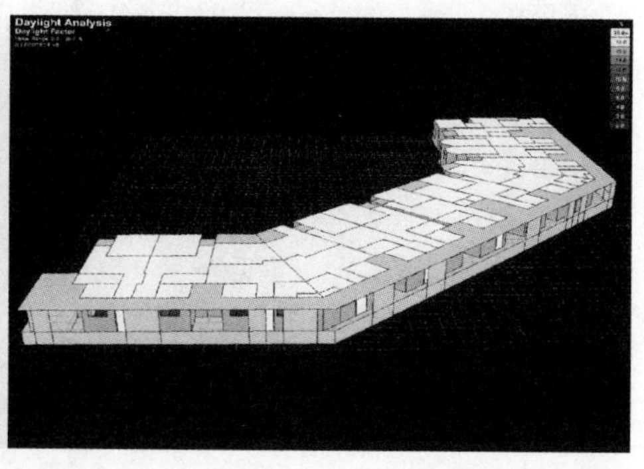

图7-1 某项目采光评价的模拟模型

房间采光设计要求 表7-1

名 称	最小采光系数（%）	室内天然光临界照度（lx）
起居室、卧室、厨房、书房	1.1	50
卫生间、过厅、楼梯间、餐厅	0.55	25

某项目采光评价的达标情况 表7-2

房间名称	最小采光系数（%）	最小采光系数标准值（%）	结 论
A卧室	1.28	1.1	满足
A起居室	1.35	1.1	满足
A厨房	1.71	1.1	满足
B卧室	2.23	1.1	满足
B起居室	1.33	1.1	满足
B厨房	1.25	1.1	满足
F卧室	1.78	1.1	满足
F起居室	1.85	1.1	满足
F厨房	1.96	1.1	满足
D卧室	1.46	1.1	满足
D起居室	2.65	1.1	满足
D厨房	2.22	1.1	满足
A’卧室	1.50	1.1	满足
A’起居室	1.40	1.1	满足
A’厨房	1.64	1.1	满足
B’卧室	2.36	1.1	满足
B’起居室	1.57	1.1	满足

续表

房间名称	最小采光系数（%）	最小采光系数标准值（%）	结论
B' 厨房	1.10	1.1	满足
E卧室	2.08	1.1	满足
E起居室	1.2	1.1	满足
E厨房	1.35	1.1	满足
G卧室	1.74	1.1	满足
G起居室	1.45	1.1	满足
G厨房	1.88	1.1	满足
F卧室	2.05	1.1	满足
F起居室	1.35	1.1	满足
F厨房	1.14	1.1	满足

第4.5.3条　对建筑围护结构采取有效的隔声、减噪措施，卧室、起居室的允许噪声级在关窗状态下白天不大于45dB（A），夜间不大于35dB（A）。楼板和分户墙的空气声计权隔声量不小于45dB，楼板的计权标准化撞击声声压级不大于70dB。户门的空气声计权隔声量不小于30dB；外窗的空气声计权隔声量不小于25dB，沿街时不小于30dB。（控制项）

评价要点

卧室、起居室的允许噪声级；楼板、分户墙、外窗和户门的声学性能。

实施途径

围护构造采取有效的隔声、噪声措施。表7-3和图7-2为常见围护结构构造的隔声性能，图7-3为隔声处理实例，可作为设计参考。

常见围护结构构造的隔声性能　　**表7-3**

构　　件	R_w (dB)
240砖墙，两面20mm抹灰	54
120砖墙，两面20mm抹灰	48
100mm厚现浇钢筋混凝土墙板	48
180mm厚现浇钢筋混凝土墙板	52
290mm厚水泥空心砌块，两面20mm抹灰	54
290mm厚水泥空心砌块，两面20mm抹灰	49
75mm轻钢龙骨双面双层12mm纸面石膏板墙，内填玻璃棉或岩棉	50～53
75mm轻钢龙骨双面双层12mm纸面石膏板墙	42～44

建议提交材料

由设计单位提供的建筑施工图设计说明、围护结构做法详图。应含有对围护结构隔声措施、隔声效果的说明，并与施工图纸吻合。

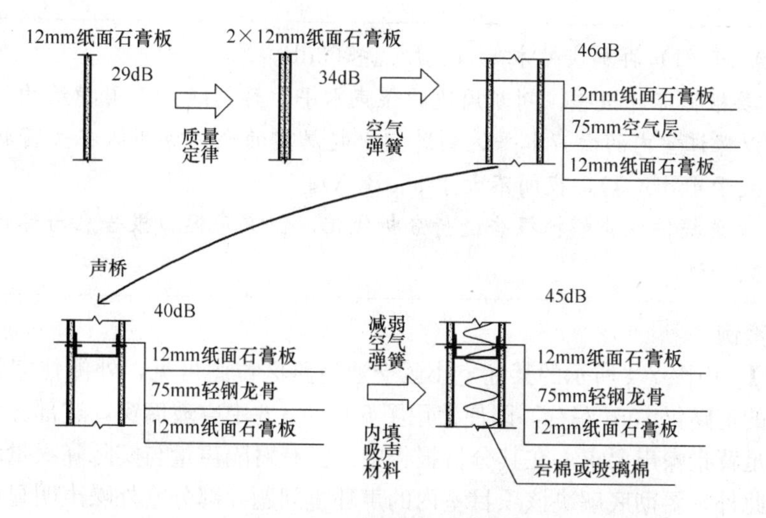

图 7-2　双层墙的空气声隔声

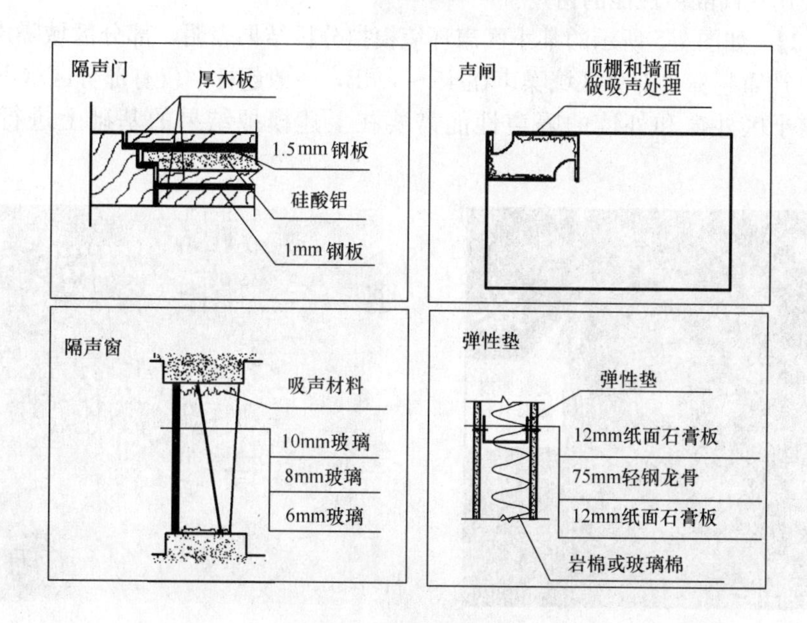

图 7-3　隔声处理实例

关注点

1. 应根据围护结构的构造审查楼板、分户墙、户门和外窗的空气声计权隔声量以及楼板的计权标准化撞击声压级。

2. 要特别审查楼板的计权标准化撞击声压级是否能达标，因为普通的光裸混凝土楼板一般其计权标准化撞击声压级很难达标，例如典型楼板的 $L_{np,w}$

(1) 80～120mm 的光裸混凝土楼板：$L_{pn,w}\approx 84$dB。

（2）同（1）再加实帖木地板：$L_{pn,w}$≈63dB。

3. 要根据环评报告，判断周边的噪声水平，再判断是否围护结构的隔声性能可以保证室内的噪声水平达到卧室、起居室的允许噪声级在关窗状态下白天不大于 45dB(A)，夜间不大于 35dB(A)。

4. 允许提供噪声模拟报告进行分析优化，但噪声模拟报告应与环评报告中的参数一致。

评价案例

【**例 1**】 由图 7-4 所示的某住宅小区交通道路区位图可见，外侧住宅距离有大型车通过的道路仅 10m 左右，即使使用了 6+9A+6 中空玻璃窗，这部分住宅室内仍不能满足背景噪声要求。在其分析报告中，没有对隔声量与实际降噪量的差别进行修正。此外，要彻底解决该项目室内的声环境问题，部分室外噪声明显超标的区域必须使用更高隔声性能的窗户。

【**例 2**】 如图 7-5 所示的某小区声环境模拟分析结果表明，部分区域噪声在 55～60dB，严重超标，部分区域噪声在 45～50dB，一般超标，仅有部分区域不超标。因此，该小区外窗和外墙的隔声性能需要在上述模拟结果的基础上进行选择、优化。

图 7-4　某住宅小区与交通道路区位图

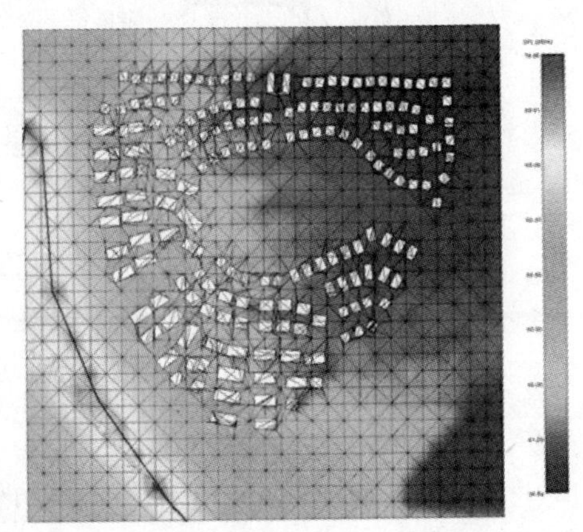

图 7-5　某住宅小区声环境分析—主要噪声水平模拟分析结果

第 4.5.4 条　居住空间能自然通风，通风开口面积在夏热冬暖和夏热冬冷地区不小于该房间地板面积的 8%，在其他地区不小于 5%。（控制项）

评价要点

1. 通风开口面积与地板面积比例是否满足以下要求：夏热冬暖、夏热冬冷地区为 8%，其他地区为 5%。

2. 开口位置是否得当，能否有效地形成穿堂风。

实施途径

1. 严格控制窗地比指标，保证可开启外窗面积及位置。

2. 在条件允许时，可采用计算机模拟辅助设计的方式，通过对典型户型的模拟分析，优化房间自然通风的设计。

建议提交材料

由设计单位提供的建筑施工图、门窗表、窗地面积比计算说明书，由设计单位或第三方提供的通风模拟分析报告。

> 关注点
>
> 1. 平面图：核查开口面积比例，着重核查外窗图纸，明确可开启外窗的数量、位置及有效的通风面积。
>
> 2. 允许通过提供通风模拟计算报告进行分析，核查通风效果。

案例分析

【例】 图 7-6～图 7-8 所示为直接利用模拟软件计算室内的自然通风状况，有利于评价人员对结果进行评价。

图 7-6　室内空气流速图

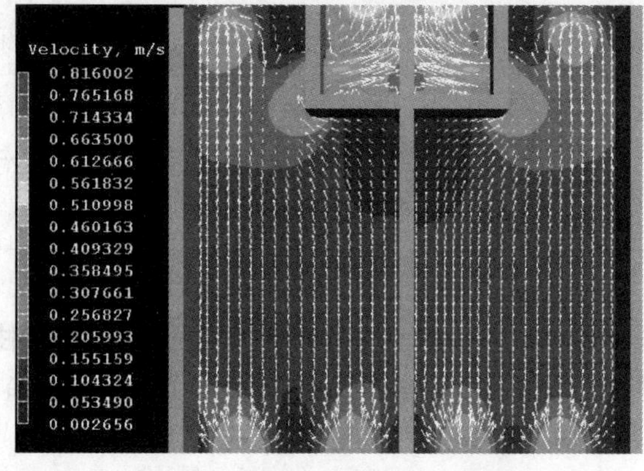

图 7-7　室内空气流速图（细部）

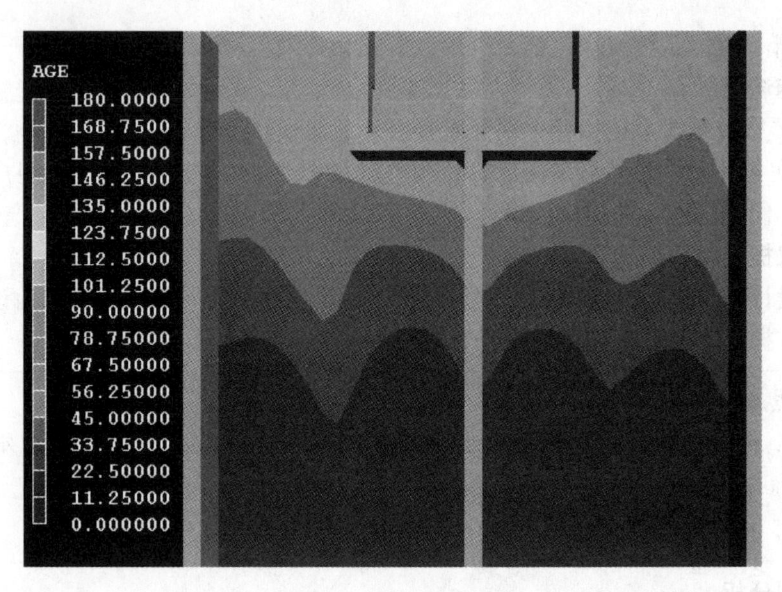

图 7-8 室内空气龄图

第 4.5.5 条 室内游离甲醛、苯、氨、氡和 TVOC 等空气污染物浓度符合现行国家标准《民用建筑室内环境污染控制规范》GB 50325 的规定。(控制项)

评价要点

1. 本条在设计阶段评价时不参评。

2. 运行阶段评价时，需审核由第三方检测机构出具的室内空气污染物浓度检测报告，满足规范要求则可判定达标。

实施途径

1. 选用有害物质含量符合国家相关标准的建筑材料。

2. 室内设施（如家具等）的选取应确保其污染较小。

建议提交材料

运行阶段评价时，具有资质的第三方检测机构出具的室内空气污染物浓度检测报告。

> 关注点
>
> 注意不同污染源的叠加效应，评价时以各污染源综合影响下室内最终的污染物浓度作为判据。

第 4.5.6 条 居住空间开窗具有良好的视野，且避免户间居住空间的视线干扰。当 1 套住宅设有 2 个及 2 个以上卫生间时，至少有 1 个卫生间设有外窗。(一般项)

评价要点

1. 建筑间距：避免住户间居住空间的视线干扰。

2. 卫生间外窗：污浊空气的排放。

3. 运行评价时，还需进行现场核实。

实施途径

1. 建筑间距：不低于 18m。

2. 卫生间尽可能设计为明卫。

建议提交材料

由设计单位提供的建筑施工图。

> 关注点
>
> 1. 建筑相邻户型是否存在卧室、起居室相邻过近、相互影响的情况。
>
> 2. 卫生间是否为明卫。

第 4.5.7 条　屋面、地面、外墙和外窗的内表面在室内温、湿度设计条件下无结露现象。(一般项)

评价要点

1. 无采暖建筑不参评该条。

2. 对于冬季寒冷地区，审查围护结构中窗过梁、圈梁、钢筋混凝土抗震柱、钢筋混凝土剪力墙、梁、柱等部位的保温隔热是否得当，否则在寒冷季节采暖期内可能会出现结露情况（见图 7-9 和图 7-10）。

图 7-9　外墙出现结露

图 7-10　外窗出现结露

3. 运行阶段评价时，还需进行现场核实。

实施途径

严格按照当地节能（或热工）图集进行外墙、屋顶、楼板的节点设计，设计图纸中对于图集的引用合理、准确，对于特殊的热桥部位（图集中未涵盖的）需在设计图纸中单独绘出节点大样图。

建议提交材料

由设计单位提供的建筑施工图设计说明、热工计算书及防结露措施构造做法详图。要求热工计算书中应有对防结露措施的详细说明，并与细部图吻合。

关注点

1. 围护结构构造。

2. 基于民用热工标准，提供是否结露的计算说明书。

3. 审核施工图图纸细部构造内容。

评价案例

【例】 某项目外墙采用 EPS、XPS 外墙外保温体系，屋面采用种植屋面、倒置屋面技术和复合保温隔热技术，窗户采用中空玻璃、低辐射（双）中空玻璃、断热铝合金型材，通过校核计算，确保围护结构内表面（以及其内部）在典型工况时无结露。故判定本条达标。

第 4.5.8 条　在自然通风条件下，房间的屋顶和东、西外墙内表面的最高温度满足现行国家标准《民用建筑热工设计规范》GB 50176 的要求。（一般项）

评价要点

自然通风条件下屋顶和东、西外墙内表面的温度不能过高。

实施途径

严格按照当地节能（或热工）图集进行外墙、屋顶、楼板的节点设计，设计图纸中对于图集的引用合理、准确，对于特殊的热桥部位（图集中未涵盖的）需在设计图纸中单独绘出节点大样图。

建议提交材料

由设计单位提供的内表面温度计算说明书。应包括围护结构做法、热工性能的说明、上述各围护结构内表面温度计算的详细过程。

关注点

1. 基于《民用建筑热工设计规范》GB 50176，对屋顶、东西外墙内表面温度进行计算。

2. 室外气象条件的选择是否和《民用建筑热工设计规范》GB 50176 一致。

3. 计算过程是否详尽。

4. 施工图纸构造和热工计算书是否保持一致。

第 4.5.9 条　设采暖和（或）空调系统（设备）的住宅，运行时用户可根据需要对室温进行调控。（一般项）

评价要点

1. 无空调、采暖建筑不参评该条。

2. 目的：舒适、节能，收费调节。

3. 评价时，需审核相关设计说明和图纸，要求用户能自主调节室温和室内热舒适；运行阶段评价时，还需进行现场核实。

实施途径

在暖通设计说明中和末端平面设计图纸中明确调温装置的型号、参数、位置以及控制使用方式。

建议提交材料

由设计单位提供的暖通施工图设计说明。应含有对室温调节手段的完整、详细说明，并与设计图纸吻合。

> 关注点
>
> 1. 采暖和空调设计说明，室内末端设计图纸，以及二者是否一致。
> 2. 设备招投标采购清单（可选）。

第 4.5.10 条　采用可调节外遮阳装置，防止夏季太阳辐射透过窗户玻璃直接进入室内。(一般项)

评价要点

1. 评价时主要考虑如下因素：

(1) 是否可有效控制、避免直射阳光。

(2) 是否可以有效降低空调负荷，并能满足冬、夏季节的不同需求。

(3) 产品的安全、可靠和耐久性，与建筑立面美学的协调统一。

2. 评价时需审核建筑图纸、遮阳系统设计说明、遮阳装置图纸等相关资料；运行阶段评价时，还需对使用情况进行现场核实。

实施途径

1. 建筑师在方案设计时就将可调节遮阳考虑进去，作为建筑遮阳一体化的重要考虑内容。

2. 在住宅的东西立面、透明屋顶或阳台采用可调节遮阳，效果可能更好。

建议提交材料

由设计单位提供的遮阳系统设计说明、遮阳装置设计图纸、建筑施工图。遮阳系统说明中应有对遮阳形式、遮阳效果的详细说明，并与图纸吻合。

> 关注点
>
> 1. 设计图纸：主要户型外立面效果图，构造图，可调外遮阳节点大样。
> 2. 材料招投标文件或相关的采购合同（可选）。

第 4.5.11 条　设置通风换气装置或室内空气质量监测装置。(一般项)

评价要点

1. 是否有利于降低室内空气污染。

2. 是否有利于保证室内空气质量，满足人体的健康要求。

3. 评价时需审核相关设计说明和图纸；运行阶段评价时，还需对使用情况进行现场核实。

实施途径

1. 主要对于全年需要相对较长时间采暖或空调的住宅小区，可能需要独立的新风装置，此时如采用可与建筑立面协调一致、风格统一的通风换气装置，可实现节能并改善室内环境品质。

2. 此外，如住宅小区室外交通噪声污染严重或空气污染严重，其临街部分住宅户型也建议采用。

建议提交材料

由设计单位提供的暖通施工图设计说明、建筑智能化施工图设计说明。暖通施工图设计说明中应有对换气装置、独立新风系统的说明；建筑智能化施工图设计说明中应有对该系统的全面介绍，并与详图吻合。

> 关注点
>
> 1. 通风或空调施工图中，必须明确通风换气装置的位置、数量以及设计说明相关内容。
>
> 2. 新风量需达到卫生要求，如 $30m^3/(人 \cdot h)$。
>
> 3. 如设计了室内空气质量监测装置，其控制、联动方式需合理。
>
> 4. 设备招投标文件和相关的采购合同（可选）。

第 4.5.12 条　卧室、起居室（厅）使用蓄能、调湿或改善室内空气质量的功能材料。(优选项)

评价要点

1. 本条在设计阶段评价时不参评。

2. 降低采暖空调能耗，改善室内环境。

3. 评价时，需审核相关设计说明和图纸；运行阶段评价时，还需对使用情况进行现场核实。

实施途径

使用蓄能、调湿或改善室内控制质量的功能材料。

建议提交材料

由设计单位提供的建筑和暖通竣工图纸及设计说明、相关技术设计说明或产品检测报告。

关注点

1. 建筑设计说明及相关图纸。

2. 相关的材料采购合同及招投标文件（可选）。

3. 已经基本落实的几家供应商（其材料性能必须提供相关资质部门的检测报告）。

4. 蓄能、调湿或改善室内控制质量的功能材料的使用量、位置是否合理。

5. 厂家提供的材料性能检测报告是否可靠、有效。

7.3 公共建筑评价

第 5.5.1 条 采用集中空调的建筑，房间内的温度、湿度、风速等参数符合现行国家标准《公共建筑节能设计标准》GB 50189 中的设计计算要求。(控制项)

评价要点

1. 采用集中空调的建筑，房间内的温度、湿度、风速等参数的测试值符合现行国家标准《公共建筑节能设计标准》GB 50189 中的设计要求。

2. 评价时，需审核相关设计说明、计算书和图纸；运行阶段评价时，还需审核温度、湿度等参数运行记录。

实施途径

房间的温度、湿度、风速等设计参数以及特殊空间（高大空间、剧场、体育场馆、博物馆、展览馆等）的暖通空调设计图纸应有专门的气流组织设计说明，末端风口设计应有充分的依据，必要的时候应提供相应的模拟分析优化报告。

建议提交材料：

由设计单位提供的暖通施工图设计说明、特殊空间气流组织设计说明。

关注点

1. 需审查建筑功能空间及占总面积的比例，暖通空调设计说明中是否完全涵盖以上内容，以及设计参数的选择是否得当。

2. 末端设备表、产品清单、设备招投标文件与设计说明是否一致。

3. 特殊空间（高大空间、剧场、体育场馆、博物馆、展览馆等）必要时提供相关的模拟分析报告。

第 5.5.2 条 建筑围护结构内部和表面无结露、发霉现象。(控制项)

评价要点

1. 无空调、采暖的建筑不参评本条。

2. 对于冬季寒冷地区，审查围护结构中窗过梁、圈梁、钢筋混凝土抗震柱、钢筋混凝土剪力墙、梁、柱等部位的保温隔热是否得当。

3. 新风、冷机是否可以满足设计工况的除湿要求。

4. 对于采用辐射型空调的建筑，其末端是否有可靠的防结露控制措施。

5. 运行阶段评价时，还需进行现场核实。

实施途径

严格按照当地节能（或热工）图集进行外墙、屋顶、楼板的节点设计，设计图纸中对于图集的引用合理、准确，对于特殊的热桥部位（图集中未涵盖的）需在设计图纸中单独绘出节点大样图。

建议提交材料

由设计单位提供的建筑竣工图设计说明、建筑围护结构的热工计算书及防结露措施构造做法详图。

> 关注点
>
> 1. 基于民用热工标准，提供是否结露的计算说明书，审核施工图图纸细部构造内容。
>
> 2. 空调箱、新风系统参数的合理性。
>
> 3. 为防止辐射型空调末端（如辐射吊顶）产生结露，需密切注意水温的控制，使送入室内的新风具有消除室内湿负荷的能力，或者配有除湿机。

第 5.5.3 条　采用集中空调的建筑，新风量符合现行国家标准《公共建筑节能设计标准》GB 50189 的设计要求。(控制项)

评价要点

1. 无集中空调的建筑不参评本条。

2. 公共建筑主要房间人员所需的最小新风量，应根据建筑类型和功能要求，参考国家标准《旅游旅馆建筑热工与空气调节节能设计标准》GB 50189、《公共场所卫生标准》GB 9663～GB 9673、《饭馆（餐厅）卫生标准》GB 16153 和《室内空气质量标准》GB/T 18883 等标准规范文件确定。

3. 评价时需审核暖通空调设计说明；运行阶段评价时，还需对新风设备运行状况进行现场核实。

实施途径

1. 区分建筑不同功能空间要求，参考国家标准《旅游旅馆建筑热工与空气调节节能设计标准》GB 50189、《公共场所卫生标准》GB 9663～GB 9673、《饭馆（餐厅）卫生标准》GB 16153、《室内空气质量标准》GB/T 18883 等，在暖通空调设计说明中明确人均新风量要求。

2. 对于国家标准中没有明确的功能房间，新风量的设计要有充分的依据。

建议提交材料

设计阶段需由设计单位提供的暖通施工图设计说明。

运行阶段需由设计单位提供的暖通竣工图设计说明；由建设监理单位及相关管理部门提供的设备系统的运行调试竣工验收记录（包括新风量测试）、运行检测记录。

> 关注点
>
> 1. 关注暖通设计说明。
> 2. 新风机组设计及风管配置。

第 5.5.4 条　室内游离甲醛、苯、氨、氡和 TVOC 等空气污染物浓度符合现行国家标准《民用建筑工程室内环境污染控制规范》GB 50325 中的有关规定。（控制项）

评价要点、实施途径参见第 4.5.5 条。本条在设计阶段评价时不参评。

建议提交材料

具有资质的第三方检测机构出具的室内空气污染物浓度检测报告。

第 5.5.5 条　宾馆和办公建筑室内背景噪声符合现行国家标准《民用建筑隔声设计规范》GBJ 118 中室内允许噪声标准中的二级要求；商场类建筑室内背景噪声水平满足现行国家标准《商场（店）、书店卫生标准》GB 9670 的相关要求。（控制项）

评价要点

1. 非宾馆、办公、商场类建筑不参评本条。

2.《民用建筑隔声设计规范》GBJ 118 中对宾馆和办公类建筑室内允许噪声级提出了标准要求；《商场（店）、书店卫生标准》GB 9670 中规定商场内背景噪声级不超过 60dB（A），而出售音响的柜台背景噪声级不能超过 85dB（A）。

3. 评价时需审核背景噪声设计分析报告；运行阶段评价时，还需审核现场检测报告。

实施途径

对噪声源及其传播路径进行隔声降噪处理；对噪声源和噪声敏感房间进行合理布局；选择满足隔声要求的围护结构。

建议提交材料

由设计单位提供的室内背景噪声（含风口、风机盘管、空调、照明电器、控制器等室内机电设备噪声）的设计、计算说明等。

关注点

对于宾馆、办公、商场类建筑，提供包括以下信息的分析报告：

1. 室内噪声源的位置、性质。
2. 室内空间平面布置情况。
3. 围护结构的隔声性能及综合性能。
4. 必要的专项声环境设计资料（可选）。

第 5.5.6 条　建筑室内照度、统一眩光值、一般显色指数等指标满足现行国家标准《建筑照明设计标准》GB 50034 中的有关要求。(控制项)

评价要点

1. 不同类型的公共建筑，其照度、统一眩光值、一般显色指数等指标应满足国家标准《建筑照明设计标准》的要求。

2. 评价时需审核照明相关设计资料；运行阶段评价时，还需对照明质量进行现场核实。

实施途径

根据建筑类型，把以下照明要求明确在电气设计说明中，且末端照明电气图纸需与设计说明相一致；必要时提供照明设计报告。

图书馆建筑照明标准应符合表 7-4 的规定。

图书馆建筑照明标准　　　　**表 7-4**

房间或场所	参考平面及其高度	照度标准值（lx）	*UGR*	*Ra*
一般阅览室	0.75m 水平面	300	19	80
国家、省市及其他重要图书馆的阅览室	0.75m 水平面	500	19	80
老年阅览室、善本和舆图阅览室	0.75m 水平面	500	19	80
陈列室、目录厅（室）、出纳厅	0.75m 水平面	200	19	80
书 库	0.25m 垂直面	50	25	80
工作间	0.75m 水平面	300	19	80

办公建筑照明标准应符合表 7-5 的规定。

办公建筑照明标准　　　　**表 7-5**

房间或场所	参考平面及其高度	照度标准值（lx）	*UGR*	*Ra*
普通办公室	0.75m 水平面	300	19	80
高档办公室	0.75m 水平面	500	19	80
会议室	0.75m 水平面	300	22	80
接待室、前台	0.75m 水平面	300	22	80
营业厅	0.75m 水平面	300	22	80
设计室	实际工作面	500	19	80
文件整理、复印、发行室	0.75m 水平面	300	19	80
资料、档案室	0.75m 水平面	200	25	80

商业建筑照明标准应符合表 7-6 的规定。

商业建筑照明标准 **表 7-6**

房间或场所		参考平面及其高度	照度标准值（lx）	*UGR*	*Ra*
商店	一般营业厅	0.75m 水平面	300	22	80
	高档营业厅	0.75m 水平面	500	22	80
超市	一般营业厅	0.75m 水平面	300	22	80
	高档营业厅	0.75m 水平面	500	22	80
收款台		台面	500	19	80

影剧院建筑照明标准应符合表 7-7 的规定。

影剧院建筑照明标准 **表 7-7**

房间或场所		参考平面及其高度	照度标准值（lx）	*UGR*	*Ra*
门厅		地面	200	22	80
观众厅	影院	0.75m 水平面	100	22	80
	剧场	0.75m 水平面	200	22	80
观众休息厅	影院	地面	150	22	80
	剧场	地面	200	22	80
排演厅		地面	300	22	80
化妆室	一般照明	0.75m 水平面	150	22	80
	化妆台	1.1m 高处垂直面	500	22	80

旅馆建筑照明标准应符合表 7-8 的规定。

旅馆建筑照明标准 **表 7-8**

房间或场所		参考平面及其高度	照度标准值（lx）	*UGR*	*Ra*
客房	一般活动区	0.75m 水平面	75	—	80
	床头	0.75m 水平面	150	—	80
	写字台	台面	300	—	80
	卫生间	0.75m 水平面	150	—	80
主餐厅		0.75m 水平面	200	22	80
西餐厅、酒吧间、咖啡厅		0.75m 水平面	100	22	80
多功能厅、总服务台		0.75m 水平面	300	22	80
门厅		地面	300	22	80
休息厅		地面	200	22	80
客房层走廊		地面	50	22	80
厨房		台面	200	22	80
洗衣房		0.75m 水平面	200	22	80

医院建筑照明标准应符合表 7-9 的规定。

医院建筑照明标准　　表 7-9

房间或场所	参考平面及其高度	照度标准值（lx）	*UGR*	*Ra*
治疗室	0.75m 水平面	300	19	80
化验室	0.75m 水平面	500	19	80
手术室	0.75m 水平面	750	19	90
诊　室	0.75m 水平面	300	19	80
候诊室	0.75m 水平面	200	22	80
病　房	地　面	100	19	80
护士站	0.75m 水平面	300	19	80
药　房	0.75m 水平面	500	19	80
重症监护（ICU）	0.75m 水平面	500	19	90

学校建筑照明标准应符合表 7-10 的规定。

学校建筑照明标准　　表 7-10

房间或场所	参考平面及其高度	照度标准值（lx）	*UGR*	*Ra*
教　室	课桌面	300	19	80
实验室	实验桌面	300	19	80
美术教室	桌　面	500	19	90
多媒体教室	0.75m 水平面	300	19	80
教室黑板	黑板面	500	19	80

博物馆建筑陈列室展品照明标准不应大于表 7-11 的规定。

博物馆建筑陈列室展品照明标准　　表 7-11

类　别	参考平面及其高度	照度标准值（lx）
对光特别敏感的展品如：纺织品、织绣品，绘画、纸质物品、彩绘陶（石）器、染色皮革、动物标本等	展品面	50
对光敏感的展品如：油画、蛋清画等，不染色的皮革、角制品、骨制品、象牙制品、竹木制品和漆器等	展品面	150
对光不敏感的展品如：金属制品、石质器物、陶瓷器、宝玉石器、岩矿标本、玻璃制品、搪瓷制品、珐琅器等	展品面	300

注：陈列室一般照明应按展品照度值的 20%～30%选取，*UGR* 不应大于 19，辨色要求一般的场所 *Ra* 不应低于 80，辨色要求高的场所如彩色绘画、彩色识物等，*Ra* 不应低于 90。

展览馆展厅照明标准应符合表 7-12 的规定。

展览馆展厅照明标准　　表 7-12

房间或场所	参考平面及其高度	照度标准值（lx）	*UGR*	*Ra*
一般展厅	地　面	200	22	80
高档展厅	地　面	300	22	80

建议提交材料

设计阶段评价时，需由设计单位提供的照明施工图设计说明、计算书和产品性能说明。

运行阶段评价时，需由设计单位提供的照明竣工图设计说明、计算书和产品性能说明；由具有资质的第三方检测机构提供的室内照明指标检测报告。

关注点

1. 电气施工图的设计说明。

2. 主要空间的照明设计图纸、灯具、灯罩等的选型。

第 5.5.7 条　建筑设计和构造设计有促进自然通风的措施。(一般项)

评价要点

1. 自然通风是否满足舒适度要求。

2. 是否有详细的分析报告，设计说明文件。

实施途径

1. 平面布局、建筑朝向、建筑开窗位置、朝向和大小及相对关系是否有利于自然通风。

2. 考察在建筑设计和构造设计中是否设计了导风墙、拔风井、拔风中庭等，以及这些手段是否实现了与地道风相结合促进自然通风。

3. 采用风井拔风、太阳能集热器加热空气促进自然通风等主动通风措施作为补充手段。

4. 有可能的条件，鼓励采用计算机模拟设计优化。

建议提交材料

由设计单位提供的建筑施工图设计说明；由设计单位或第三方提供的自然通风效果优化模拟计算报告。

关注点

1. 平面布局、建筑朝向、建筑开窗位置、朝向和大小及相对关系，以及是否有利于专门辅助自然通风的构造、措施。

2. 数值模拟报告，以及在图纸中的体现。

评价案例

【例 1】　在某图书馆建筑设计中，从室外的窗洞到室内的隔墙设计，以及合理的顶棚走势，都注重为热压自然通风创造有利的条件。在中庭顶部设置拔风烟囱，利用太阳能加热空气，将室内不新鲜的空气抽出。在空调季节，利用机械装置抽取地道风起到通风的效果。所有窗户的开启面积及开启方向都根据自然通风网络法计算得到。在不同的季节采用不同的通风方式如图 7-11～图 7-13 所示。

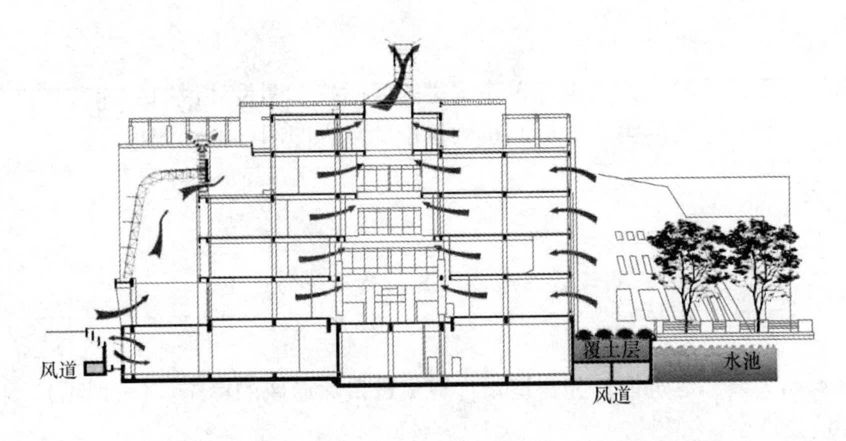

图 7-11　过渡季及夏季外温适宜情况下的通风降温示意图

夏季酷热期，白天关闭窗户，将温度较低的地道风送入室内，并利用拔风烟囱将中庭顶部热空气导出；夜间打开窗户引入温度较低的室外空气。过渡季则利用热压作用，打开外窗和利用地道风带走室内热量。图 7-12 所示为后期采用 CFD 进行的一个模拟情况。模拟中室外空气温度为 20℃，地道风送风温度为 17℃；太阳水平总辐射强度加热空气的热量为 600W/m²；以 5 月 1 日为计算对象，利用建筑热负荷模拟软件 DeST 模拟计算所得到的负荷的基础上取 8：00～18：00 的平均负荷作为计算的标准负荷。可以看出热压通风的效果极为明显。

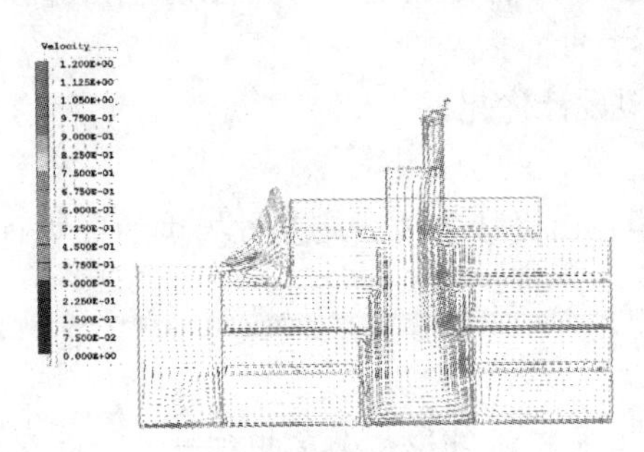

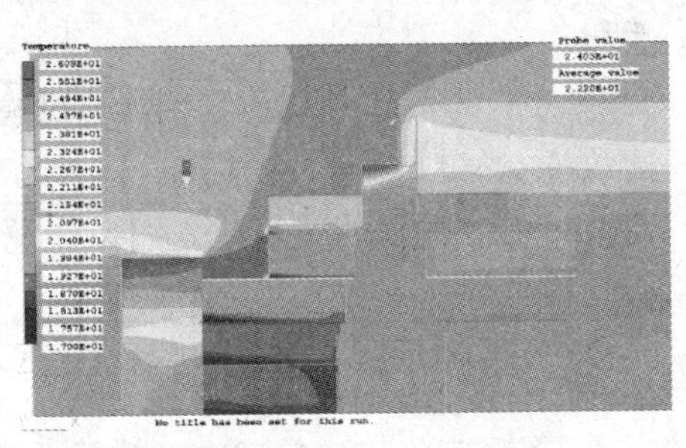

图 7-12　CFD 模拟过渡季通风情况

而冬季则利用南侧玻璃厅的温室效应蓄积热量，将较为温暖的空气引入阅览室，减小采暖的能量负荷。关闭通风口，积蓄太阳辐射热，利用南侧玻璃咖啡厅的温室效应形成室内气候缓冲空间，将较为温暖的空气引入阅览室，减小采暖的能量负荷，如图 7-13 所示。

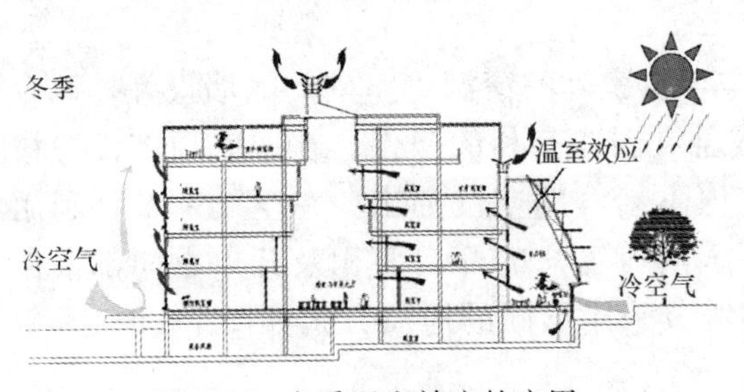

图 7-13　冬季温室效应的应用

【例 2】　某南方公共建筑自然通风模拟报告。如图 7-14 所示，

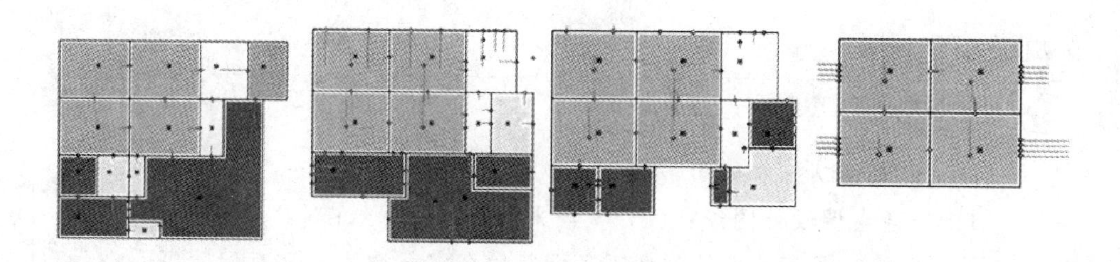

图 7-14 利用多区域网络模型分析自然通风的效果

利用多区域网络模型分析自然通风的效果，得到不同方案的通风效果见表 7-13，最终选定方案五：

（1）模拟优化天窗面积 40m^2。

（2）内窗开口率达 15%。

（3）自然通风满足率大于 80%。

各方案的通风效果分析 **表 7-13**

方　案	天窗通风量（m^3/h）	换气次数	空调房间平均温度(℃)	自然通风室温满足率	空调房间最高室温(℃)
方案一	155882	6.33	28.08	62.0%	35.35
方案二	116330	4.72	29.03	41.9%	35.83
方案三	167876	6.82	28.03	71.4%	35.15
方案四	166282	6.75	27.66	80.0%	34.68
方案五	183428	7.45	27.74	80.0%	33.45

注：自然通风室温满足率的计算方法为：满足室温<29℃的空调区域的室温×面积之和/所有空调区域的室温×面积之和

第 5.5.8 条　室内采用调节方便、可提高人员舒适性的空调末端。(一般项)

评价要点

1. 空调末端不仅应该考虑可以独立开启，还应该有温度、风速的独立调节设施。湿度不一定要求可以调节，因为一般冷冻降温除湿系统，居住者很难调节湿度，除非采用的是温湿独立调节系统。这里的“独立”包含两个意义，其一是居住者可以自由选择和调节，其二是温湿度可以解耦调节。

2. 评价时，需审核暖通设计说明及相关图纸；运行阶段评价时，还需进行现场核实。

实施途径

根据房间功能需要，结合使用方便性以及节能因素，合理设计末端调节装置的数量、位置以及控制策略。

建议提交材料

由设计单位提供的暖通施工图设计说明。应含有对上述空调末端独立开启、调节功能的详细说明。

关注点

1. 注意审核以下内容：

（1）暖通空调设计图纸；（2）室内末端的控制图纸；（3）设备清单。

2. 不良的空调末端设计包括不可调节的全空气系统、没有配除湿系统的辐射吊顶等。建筑内主要功能房间应设有空调末端，空调末端应设有独立开启装置，温湿度可独立调节。

评价案例

【例】 某南方公共建筑如图 7-15 所示，其末端空调（风机盘管末端）可控。

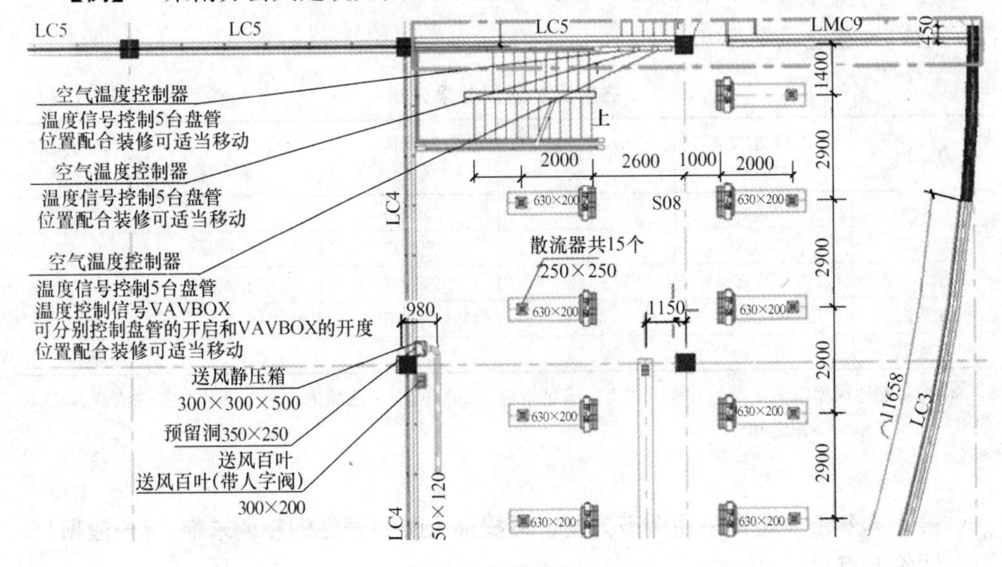

图 7-15 空调设计平面图

第 5.5.9 条 宾馆类建筑围护结构构件隔声性能满足现行国家标准《民用建筑隔声设计规范》GBJ 118 中的一级要求。（一般项）

评价要点

1. 非宾馆类建筑不参评本条。

2. 本条主要关注客房外墙、分户墙、楼板、外窗和户门的声学性能。

3. 评价时需审核建筑设计说明、围护结构做法详图；运行阶段评价时，还需审核检测报告。

实施途径

围护构造采取有效的隔声、噪声措施。表 7-14 为常见宾馆类围护结构构造的隔声性能，可作为评价参考。

常见宾馆类围护结构构造的隔声性能　　表 7-14

构　件	R_w（dB）
外墙：240 砖墙，两面 20mm 抹灰	54
房间隔墙：120 砖墙，两面 20mm 抹灰	48
楼板：100mm 厚现浇钢筋混凝土墙板	48
180mm 厚现浇钢筋混凝土墙板	52
75mm 轻钢龙骨双面双层 12mm 纸面石膏板墙，内填玻璃棉或岩棉	50～53
75mm 轻钢龙骨双面双层 12mm 纸面石膏板墙	42～44

建议提交材料

由设计单位提供的建筑施工图设计说明、计算书，围护结构做法详图。

关注点

1. 应根据围护结构的构造，审查楼板、分户墙、户门和外窗的空气声计权隔声量以及楼板的计权标准化撞击声压级。

2. 要特别审查宾馆客房分户墙和户门的隔声性能是否能达标。

3. 必要的情况下，要根据周边环境的噪声评价报告（参考环评报告），判断周边的噪声水平，再判断是否围护结构的隔声性能可以保证室内的噪声水平达到宾馆的要求。

第 5.5.10 条　建筑平面布局和空间功能安排合理，减少相邻空间的噪声干扰以及外界噪声对室内的影响。(一般项)

评价要点

1. 审核重点：(1) 建筑平面布局；(2) 空间功能安排；(3) 设备系统的减振、隔声措施。

2. 运行阶段评价时，还需进行现场核实。

实施途径

1. 合理布置设备用房等噪声源。

2. 对室外明显噪声源的隔声降噪处理。

建议提交材料

由设计单位提供的建筑施工图设计说明。要求提供建筑平面布局和空间功能安排设计说明及对应的噪声模拟计算分析书。

关注点

1. 设备用房、室外噪声源等的位置和隔声降噪措施。

2. 特殊空间的声环境要求。

评价案例

【例】　某公共建筑在设计时考虑了下述问题：

1. 合理布置可能引起振动和噪声的设备，并采取有效的减振和隔声措施。

2. 噪声敏感的房间远离室内外噪声源（如图 7-16 所示，空调机房布在一角）。

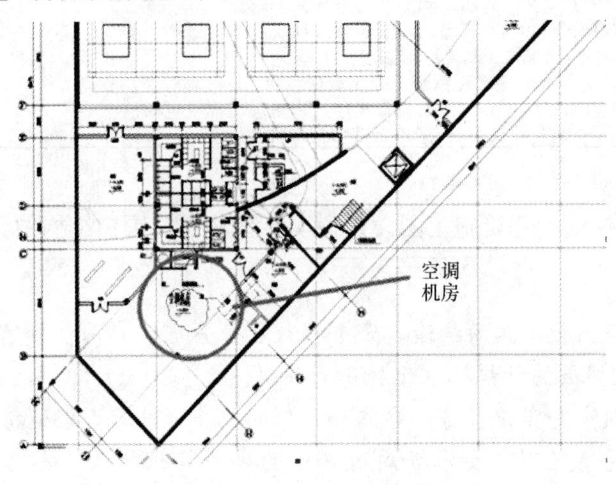

图 7-16　某建筑平面图

第 5.5.11 条　办公、宾馆类建筑 75%以上的主要功能空间室内采光系数满足现行国家标准《建筑采光设计标准》GB/T 50033 的要求。(一般项)

评价要点

1. 除办公、宾馆类建筑外，学校建筑、图书馆建筑、旅馆建筑、医院建筑、博物馆、美术建筑以及工业建筑均参评本条。

2. 主要功能空间是指除室内交通、卫浴等之外的主要使用空间。本条文的达标判定要求为 75%以上面积的主要功能空间室内采光系数满足《建筑采光设计标准》GB/T 50033 中第 3.2.2～3.2.7 条的要求。

3. 评价时主要通过核查窗地比来评价，如窗地比无法达标，需提供采光模拟分析报告。

实施途径

选取适宜的窗地面积比，并通过反光板、折光棱镜、玻璃灯等措施改善天然采光效果。

建议提交材料

由设计单位或第三方提供的自然采光模拟计算报告。应含有对采光系数、满足标准要求面积比例两项指标的计算说明。

关注点

1. 窗地比是否满足要求，要求按照不同功能空间进行分别统计。

2. 模拟分析报告的可靠性，与设计图纸的一致性。

评价案例

【例】 某南方建筑利用自然采光模拟的手段进行了优化设计，如图 7-17 所示，确保了 75%以上的空间室内采光系数大于 2%的要求，故判定本条达标。

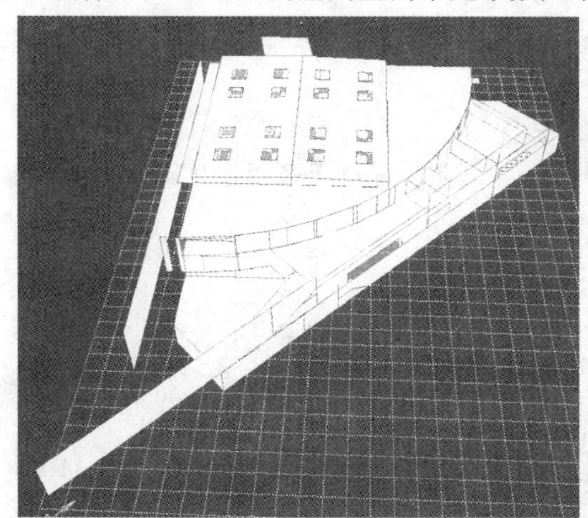

(*a*)

地下一层采光系数结果：

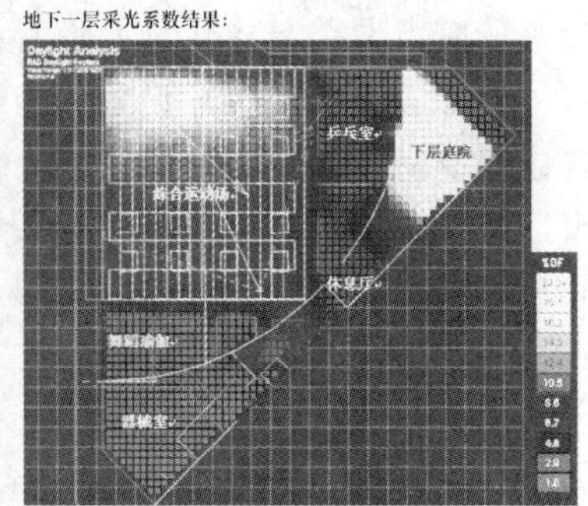

结论：该层无相关标准规定的采光要求房间。但加强天然采光可以减小照明能耗。各功能房间采光系数分布如下：

类型房间	*DF*最小值	*DF*最大值	满足率
综合运动场	4.5%	19.8%	
乒乓室	3.3%	8.2%	
休息厅	3.7%	10.1%	
舞蹈瑜伽室	2.0%	4.2%	
器械室	1.3%	1.7%	

(*b*)

一层采光系数结果：

类型房间	*DF*最小值	*DF*最大值	标准规定*DF*下限	满足率
门厅	4.4%	19.6%	1%	10%
咖啡厅	3.8%	18.4%		
接待室	3.7%	4.3%	2%	100%

(*c*)

二层采光系数模拟结果：

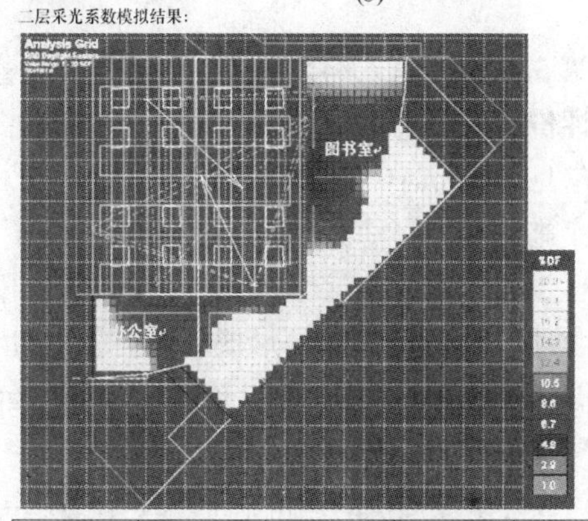

类型房间	*DF*最小值	*DF*最大值	标准规定*DF*下限	满足率
图书室	6.5%	22.5%	2%	100%
办公室	6.7%	23.7%	2%	100%

结论：该层较大的窗地比使得图书室和办公室的采光系数都在6%以上，超过标准较多，图书室西北外窗有外遮阳防止晴天的眩光。

(*d*)

图 7-17 某建筑采光系数模拟结果

(*a*) 模拟模型；(*b*) 地下一层模拟结果；(*c*) 一层模拟结果；(*d*) 二层模拟结果

第 5.5.12 条 建筑入口和主要活动空间设有无障碍设施。(一般项)

评价要点

1. 本条的目的是为了不断提高设计人员执行规范的自觉性，保证残疾人、老年人和儿童进出的方便，体现建筑整体环境的人性化，鼓励在建筑入口、电梯、卫生间等主要活动空间有无障碍设施。

2. 评价时需审核无障碍设施设计是否满足《城市道路与建筑物无障碍设计规范》JGJ 50 的要求；运行阶段评价时，还需进行现场核实。

实施途径

参考《城市道路与建筑物无障碍设计规范》JGJ 50，在规定的设计部位（如建筑入口、电梯、卫生间等）设置无障碍设施。

建议提交材料

由设计单位提供的建筑施工图设计说明。应含有对无障碍设施设置的详细说明，并与详图吻合。

> 关注点
>
> 1. 无障碍设计中的交通流线、坡道长度（坡度）、设施数量和位置的合理性。
>
> 2. 对于如地下活动空间、室内外活动空间，无障碍流线设计的考虑。
>
> 3. 对于不同年龄、性别的无障碍设施设计的考虑。

第 5.5.13 条　采用可调节外遮阳，改善室内热环境。(优选项)

评价要点

参见第 4.5.10 条。

实施途径

1. 建筑师在方案设计时就将可调节遮阳考虑进去，可结合建筑的外立面造型采取合理的外遮阳措施，形成整体有效的外遮阳系统。

2. 在建筑的东西立面、透明屋顶或阳台采用可调节遮阳，效果更好。

建议提交材料

由设计单位提供的建筑施工图设计说明、遮阳装置设计图纸、遮阳系统设计说明。

> 关注点
>
> 1. 建筑施工图，设计说明，构造节点大样等：
>
> (1) 是否实现了建筑遮阳一体化设计。
>
> (2) 综合考虑遮阳效果、自然采光和视觉影像。
>
> (3) 能否自动调节，以及是否有额外的增强自然采光的措施。
>
> 2. 模拟分析报告（可选）。
>
> 3. 招投标文件、采购合同（可选）。

评价案例

【例】　上海某公共建筑（见图 7-18），南向及屋顶均采用了可调节外遮阳（建筑遮阳一体化）。

图 7-18　不同立面的建筑可调节外遮阳

第 5.5.14 条　设置室内空气质量监控系统，保证健康舒适的室内环境。（优选项）

评价要点

1. 本条的目的是为了预防和控制室内空气污染，保护人体健康。

2. 空气质量监控系统要求：

（1）数据采集、分析；（2）浓度超标报警；（3）自动通风调节。

3. 评价时需审核相关设计说明和图纸；运行阶段评价时，还需审核运行记录，对使用情况进行现场核实。

实施途径

根据不同功能房间的要求，如对于人员密度变化大的房间（或地下车库等）考虑新风节能和卫生、健康的要求，分别考虑设计二氧化碳浓度传感器（地下车库为一氧化碳浓度传感器）控制新风。

建议提交材料

设计阶段由设计单位提供的暖通施工图设计说明、建筑智能化施工图设计说明。

运行阶段由设计单位提供的暖通竣工图设计说明、建筑智能化竣工图设计说明；由物业单位提供的运行记录。

> 关注点
>
> 1. 是否可以对室内主要功能空间的二氧化碳、空气污染物的浓度进行数据采集和分析。
>
> 2. 是否能够实现污染物浓度超标实时报警。
>
> 3. 是否能够检测进、排风设备的工作状态，并与室内空气污染监测系统关联，实现自动通风调节。

4. 主要功能空间的新风控制设计是否合理。

5. 相关招投标文件和采购合同（可选）。

第5.5.15条　采用合理措施改善室内或地下空间的自然采光效果。(优选项)

评价要点

1. 改善室内或地下室自然采光。

2. 防眩光。

实施途径

1. 室内采光：

(1) 简单措施：反光板、棱镜玻璃窗等；

(2) 先进技术：导光管、光纤等；

(3) 75%空间采光系数大于2%。

2. 地下室采光：采光井、反光板、集光导光设备。

建议提交材料

由设计单位或第三方提供的自然采光模拟计算报告、采光设计文件。应含有对上述措施效果的详细说明及对室内主要功能房间、地下室自然采光效果的定量分析。

关注点

1. 采用反光板、散光板、集光导光设备等措施改善室内空间采光效果，保障75%的室内空间采光系数大于2%。

2. 有防眩光措施。

3. 采用采光井、反光板、集光导光设备等措施改善地下空间自然采光。

4. 合理采用以上等措施，达到改善室内或地下空间的自然采光效果即为达标。

评价案例

【例1】　采用天然采光模拟技术优化中庭天窗、外墙门窗等采光及遮阳设计(见图7-19)，冬季北面房间可透射太阳光，夏季通过有效遮阳避免太阳直射。白天室内纯自然采光区域面积达到室内面积的80%，临界照度为100lx，在营造舒适视觉环境的同时降低照明能耗30%。故判定本条达标。

【例2】　某建筑在几千平方米的地下车库（见图7-20），仅仅设计了一个不到10m^2的采光井，无法认定其达到了“采用合理措施改善室内或地下空间的自然采光效果”的要求，不判定本条不达标。

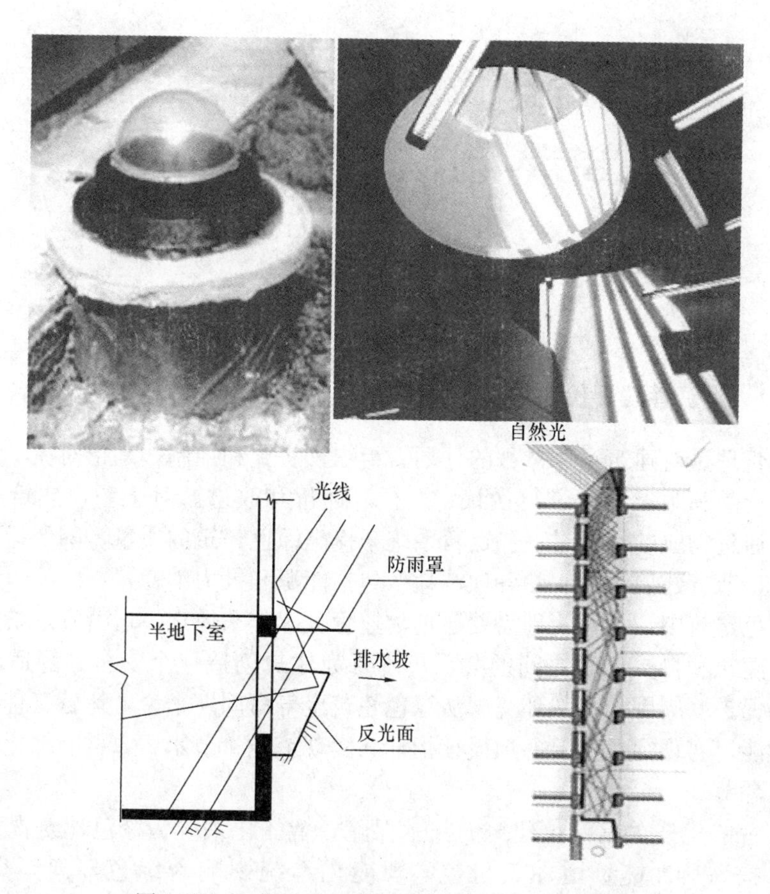

图 7-19　改善地下室和室内自然采光的几种方式

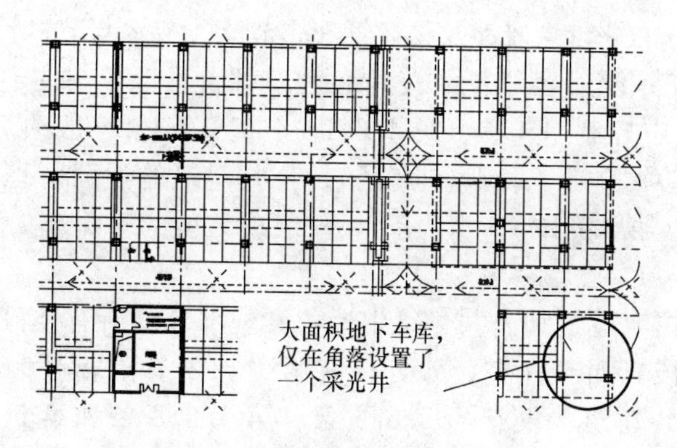

图 7-20　某地下车库的自然采光设计

第8章 运 营 管 理

8.1 概 述

8.1.1 运营管理评价介绍

运营管理是对建筑运营过程的计划、组织、实施和控制，是指对住宅建筑和公共建筑的产品和服务对象进行设计、运行、评价和改进。对于绿色建筑的运营管理，就是通过物业的运营过程和运营系统来提高绿色建筑的质量、降低运营成本和管理成本、节省建筑运行中的各项消耗（包括能源和人力消耗）。

在绿色建筑中，运营管理需要通过物业管理工作来体现。运营管理阶段应处理好住户、建筑和自然三者之间的关系，既要为住户创造一个安全、舒适的空间环境，又要保护好周围的自然环境。从绿色建筑全寿命周期来说，运营管理是保障绿色建筑性能，实现绿色建筑各项设计指标，实现节能、节水、节材、绿化及保护环境的重要环节。

建筑智能化技术是绿色建筑的技术保障，智能化系统为绿色建筑提供各种运行信息，提高其性能，增加其价值，智能化系统影响着绿色建筑运营的整体功效。

运营管理部分的评价主要涉及物业管理（节能、节水与节材管理）、绿化管理、垃圾管理、智能化系统管理等方面。《绿色建筑评价标准》中住宅建筑运营管理指标共有12项，其中控制项4项（第4.6.1～4.6.4条），一般项7项（第4.6.5～4.6.11条），优选项1项（第4.6.12条）；公共建筑的运营管理指标共有11项，其中控制项3项（第5.6.1～5.6.3条），一般项7项（第5.6.4～5.6.10条），优选项1项（第5.6.11条）。

一般而言，住宅建筑和公共建筑中运营管理部分的所有条目在运行阶段均需参评。在设计阶段，对于住宅建筑，仅有第4.6.2条、第4.6.6条和第4.6.11条参评；对于公共建筑，仅有第5.6.6条、第5.6.8条和第5.6.9条参评。此外，当某些条文不适应建筑所在地区气候与建筑类型等条件时，该条文可作为不参评项。

8.1.2 评星原则

任何一个合格项目所必备的条件以及绿色建筑所必备条件构成了申报绿色建筑

评价标识项目的前提。因此，申报绿色建筑评价标识的运营管理项目控制项均必须满足并达到控制项的全部要求。

无论住宅建筑还是公共建筑，该部分在设计阶段参评的条款较少，且均容易达到要求。对于进行运行阶段评价标识的项目，只要严格按设计要求实施、管理以保证运行正常，即可获得较高的星级。

8.1.3 注意事项

申报单位在准备本章的申报材料时，应注意以下问题：

1. 设计、施工和运行过程中应注意保留纸质版和电子版的工程资料（其中包括文字、图片、影像等），提供的图纸资料应尽量全面完整。

2. 申报单位提供检测报告、运行报告等材料，应注意其完整性、客观性和科学性。

3. 为避免由于智能化系统设置不全、系统技术深度不够、系统理解不到位、系统检测报告准备不全、系统创新不够等问题，应加强设计及专业人员的参与度，提高申报材料的技术深度及各类专业检测报告的完备程度。

此外，为保证上述材料的准备，应注意以下问题：

1. 为避免由于建设方、设计方、施工方和物业管理方存在工作脱节现象，而导致运营管理资料不完整（例如：建设方在设计阶段较少考虑运营管理阶段的细节，物业管理方在工程前期介入少），要求设计、施工、管理各阶段应加强相互衔接，保证协同工作。

2. 物业管理部门应加强对管理人员的培训，避免因掌握智能技术有难度而影响正常运营。

3. 物业管理部门应纠正管理人员在运营过程中存在的认识误区（例如，一些管理人员认为只要设备设施无故障、能动起来就达到运行管理的要求，往往导致许多大楼空调过冷或过热、电梯时开时停、管道滴漏、安防系统形同虚设等现象普遍存在）。

8.2 住宅建筑评价

第 4.6.1 条　制定并实施节能、节水、节材与绿化管理制度。（控制项）

评价要点

本条在设计阶段评价时不参评。

运行阶段评价时，检查物业管理公司提交的节能、节水、节材、绿化等相应管理制度以及日常管理记录，并对照国家及当地政府限制、禁止使用的化学药品的目录。评价时的主要内容包括：

(1) 物业管理制度中关于节能管理模式、收费模式等节能管理制度的合理性、可行性和落实性。

（2）物业管理制度中关于梯级用水原则和节水方案等节水规定的合理性和落实性。

（3）物业管理制度中关于建筑、设备、系统的维护制度和耗材管理制度的规定和实施情况。

（4）核算并确认各类用水的使用及计量是否满足“节水与水资源利用”中各指标的具体要求。

（5）检查各种杀虫剂、除草剂、化肥、农药等化学药品在绿化管理制度中的使用规范和实施情况。

（6）检查物业日常运营管理记录的完整性和及时性。

实施途径

1. 节能管理的落实必须在物业管理中建立并完善节能管理制度，制定节能目标，明确各方责任和激励关系，完善能源计量措施。

2. 节水管理中应记录并保留各级水表计量的全年实测数据，并根据记录核算实际用水情况，确保节水率、非传统水源利用率等达到设计的要求；应有制度定期检查水系统的运行情况。

3. 绿化管理制度主要包括：对绿化用水进行计量，建立并完善节水型灌溉系统，规范杀虫剂、除草剂、化肥、农药等化学药品的使用，有效避免对土壤和地下环境的损害等规定。

建议提交材料

1. 物业管理公司的能源管理制度（包括节能、节水、节材与绿化等方面）。

2. 物业管理公司的日常管理记录。

3. 由具有资质的第三方检验机构出具的化学药品检验报告和物业使用记录。

> 关注点
>
> 1. 应重点关注如何通过物业管理措施来实现降低建筑能源消耗、节约资源的目标。
>
> 2. 物业管理过程中应关注水资源的综合利用率，统筹管理各种水资源，减少建筑用水量和污水废水排放量。
>
> 3. 应关注如何在低碳消费条件下开展建筑运营，应倡导符合节能减排要求，推进绿色生活方式的绿色建筑运营。
>
> 4. 应关注运营过程中是否采用了科学的管理方法，提倡在满足一定舒适度的前提下推广管理节能。

第 4.6.2 条　住宅水、电、燃气分户、分类计量与收费。（控制项）

评价要点

1. 设计阶段评价时，检查住宅水、电、燃气分户、分类计量装置的设计图纸和施工文件，关注申报项目水、电、燃气分户、分类计量的情况。

2. 运行阶段评价时，需现场核实上述情况，复核设计阶段检查内容，检查并抽查住宅内安装的计量表具，同时检查计量表具是否具备计量认证。

3. 分户计量与收费是指每户使用的电、水、燃气等的数量能够分别独立计量，并按用量收费。住宅中普遍实行“装表到户”（即以户为单位安装水表、电表、和燃气表等）和分户计量。供暖分户热计量是促进行为节能的有效手段，但考虑到采暖分户计量尚处于推广阶段，本条评价时暂不作要求。

实施途径

住宅内水、电、燃气表等表具设置齐全，并采用符合国家计量规定的表具，且对住宅每户均实行分户分类计量与收费。

建议提交材料

设计阶段评价时，建议提交设计单位提供的水、电、燃气分户、分类计量各专业设计图和设计说明。

运行阶段评价时，建议提交如下材料：

1. 施工单位提供的各专业竣工图，含计量表具设置情况的详细说明。

2. 全年计量与收费记录。

3. 计量表具计量认证证书。

> 关注点
>
> 对于远传表（后付费）的方式，关注是否存在各类计量表具的质量及采集系统的可靠性等问题；对于卡表（后付费）的方式，关注是否存在24小时付费服务及付费卡密码被盗等问题；应依据表具的计量结果对住宅水、电、燃气的消耗量进行收费。

评价案例

【例】 深圳某大型住宅小区，原本设计有远程抄表系统，但由于种种原因一直未曾开通使用。该小区住户电表集中装在电气竖井内，但水表、直饮水表、燃气表均装在各户内厨房，由于自来水、直饮水、燃气表分属不同公司收费，住户每月必须分批次“接待”抄表人员，不胜其烦，并且抄表人员也需每层每户逐一抄表，苦不堪言，如遇到住户家中无人，还必须留言二次预约。鉴于上述问题，必须解决管理中存在的问题，才能达到本条的要求。

第 4.6.3 条　制定垃圾管理制度，对垃圾物流进行有效控制，对废品进行分类收集，防止垃圾无序倾倒和二次污染。（控制项）

评价要点

本条在设计阶段评价时不参评。

运行阶段评价时，重点检查物业管理制度中对于垃圾处理的规定、设计和施工单位提供的垃圾处理系统设计图纸和竣工图纸及详细说明，并通过现场核实和用户抽样调查检查垃圾处理措施落实情况。评价时应包括以下内容：

（1）审查垃圾分类、收集、运输等整体系统的规划，要做到对垃圾流进行有效控制。

（2）物业管理制度中应制定垃圾处理规定。

（3）如有专门垃圾处理设施，应提交相应图纸及说明、设备样本、设备实际运营记录。

实施途径

1. 住宅小区建立完善的废品分类收集及垃圾运输体系。

2. 垃圾管理制度应包括垃圾管理运行操作手册、管理设施、管理经费、人员配备及机构分工、监督机制、定期的岗位业务培训和突发事件的应急反应处理系统等。

3. 实行“污染者付费”原则，对于住宅小区乱倾倒垃圾、装修垃圾处理等应具有相应的罚款和收费措施，做到“超量加价，减量减费”。

建议提交材料

1. 物业管理公司垃圾管理制度，并说明实施效果。

2. 设计和施工单位提供的垃圾处理系统设计和竣工图纸及详细说明。

关注点

应将住宅小区生活垃圾的减量化、回收和处理放在重要位置；应加强对住宅小区公民垃圾分类处理和收集意识的宣传力度。

4.6.4 设置密闭的垃圾容器，并有严格的保洁清洗措施，生活垃圾袋装化存放。(控制项)

评价要点

本条在设计阶段不参评。

在运行阶段评价时，重点检查物业管理制度中对于垃圾收集的规定，并通过现场核实和用户抽样调查的方式检查垃圾收集措施的落实情况。

实施途径

1. 垃圾容器应设在居住单元出入口附近的隐蔽位置，其外观色彩及标志应符合垃圾分类收集的要求，对可再利用垃圾、不可再利用垃圾和餐厨垃圾进行分类收集。

2. 垃圾容器分为固定式和移动式两种，其规格应符合国家有关标准的规定，且垃圾容器应选择美观与功能兼备，并与周围景观相协调的产品，要求坚固耐用，不易倾倒。

3. 管理上应有严格的保洁清洗措施。

4. 居民的生活垃圾应采用袋装化存放，大力宣传和培养住户实行袋装分类垃圾的习惯。

建议提交材料

建议提交物业管理的垃圾管理制度。

> 关注点
>
> 垃圾容器存放地点应方便住户丢弃垃圾，保证垃圾容器周围不存在卫生死角；应做好保洁清洗，要制定相应的制度和措施，有专人负责并定期检查；居民生活垃圾实行袋装化存放。

第 4.6.5 条　垃圾站设冲洗和排水设施。存放垃圾及时清运，不污染环境，不散发臭味。(一般项)

评价要点

本条在设计阶段不参评。

在运行阶段评价时，重点检查物业管理制度中对于垃圾站管理的规定、设计和施工单位提供的垃圾站设计图纸和竣工图纸及详细说明，并通过现场核实，检查垃圾站的运行情况。

实施途径

应切实解决垃圾站（间）的景观美化及环境卫生问题，以此提升和符合绿色住宅的环境品质；应在垃圾站（间）设冲洗和排水设施并正常运转，实现垃圾收集点和垃圾站存放的垃圾能及时清运、整个小区无污染环境源、垃圾站及小区环境无臭味。

建议提交材料

1. 物业管理公司提供的垃圾管理制度。

2. 设计和施工单位提供的垃圾站（间）的设计和竣工图纸及详细说明。

> 关注点
>
> 在前期开发建设中，垃圾总体规划时垃圾站（间）的位置设置要合理，垃圾站（间）的建设要和住宅同时规划、同时设计、同时施工、同时交用。

第 4.6.6 条　智能化系统定位正确，采用的技术先进、实用、可靠，达到安全防范子系统、管理与设备监控子系统与信息网络子系统的基本配置要求。(一般项)

评价要点

1. 设计阶段评价时检查设计单位提供的智能化系统方案，设计功能的详细说明及设计图纸，关注住宅小区智能化系统的设计和配备情况。

2. 运行阶段评价时，检查施工单位（含监理单位）提供的建筑智能化系统竣工图、设计变更文件、施工过程控制文件、评价报告（相关管理部门）、检测报告（第三方检测机构）、竣工验收资料，以及物业管理公司提供的建筑智能化系统运行数据的记录及分析报告，并需进行现场核实和抽样检查。

3. 申报项目需同时满足下列要求，方可判定本条达标：

（1）住宅小区配备的智能化子系统包括安全防范子系统、小区管理与设备监控子系统和信息网络子系统。

（2）智能化系统的设计应符合《居住区智能化系统配置与技术要求》CJ/T 174—2003 等相关标准和规范的要求。

实施途径

智能化系统的设置应高效实用、安全、合理。智能化系统通常由三大系统组成：

（1）安全防范系统

住宅报警装置、访客对讲装置、周界防越报警装置、闭路电视监控装置、电子巡更装置等。

（2）管理监控系统

自动抄表或 IC 卡装置、车辆出入与停车管理装置、紧急广播与背景音乐装置、物业管理计算机系统、公共设备监控装置等。

（3）通信网络系统

电话网、有线电视网、宽带接入网、控制网等。

建议提交材料

设计阶段评价时，建议提交如下资料：

1. 设计单位提供的建筑智能化系统方案；
2. 建筑智能化系统设计功能的详细说明；
3. 设计单位提供的建筑智能化系统设计图纸。

运行阶段评价时，建议提交如下资料：

1. 施工单位（含监理单位）提供的建筑智能化系统竣工图；
2. 设计变更文件；
3. 施工过程控制文件；
4. 评价报告（相关管理部门出具）；
5. 检测报告（第三方检测机构出具）；
6. 竣工验收资料；
7. 物业管理公司提供的建筑智能化系统运行数据的记录及分析报告。

关注点

1. 对住宅小区智能化系统的总体评价要求为：智能化系统建设要本着以人为本的原则，以住户安全、舒适、方便、经济为目的，充分考虑在绿色环保和可持续发展方面的应用。

2. 住宅建筑的智能化系统建设应在合理控制造价和执行国家建设标准的基础上，合理采用现代化信息技术、网络技术与控制技术等以满足住户与物业管理方面的需求。

3. 住宅建筑的智能化建设应贯彻总体设计、分步实施的原则，应考虑在建筑节能、生态环保，特别是与建筑结构相关部分（如管线、机房、设备与电子产品安装等）的设计与施工，应满足今后发展的要求。

4. 智能化系统应体现在设计图纸和施工文件中，且应注意以下几点：

(1) 在功能效益方面应定位准确、技术先进、扩充性强、有前瞻性。

(2) 在功能质量方面应满足设计要求的先进性、可靠性和实用性。

(3) 在产品质量方面应安装规范，且质量合格。

(4) 供电电源、防雷接地、设备机房等应符合要求。

(5) 设置多媒体箱，方便布线且易于改造和更新。

(6) 应具备网—综合布线系统，光纤入户已成为发展方向。

第 4.6.7 条　采用无公害病虫害防治技术，规范杀虫剂、除草剂、化肥和农药等化学药品的使用，有效避免对土壤和地下水环境的损害。(一般项)

评价要点

本条在设计阶段评价时不参评。

运行阶段评价时，审核物业管理公司提交的相关管理条例及化学药品的进货清单与使用记录，并进行现场核实和用户抽样调查。评价时的主要内容包括：

(1) 检查物业的化学药品进货清单与使用记录。

(2) 检查物业的化学药品管理制度。

(3) 检查小区内和周边环境中化学药品的实际使用情况，以及病虫害的防治效果。

实施途径

1. 病虫害防治工作应采用生物防治和化学防治相结合的方法，科学使用化学农药，大力推广生物制剂、仿生制剂等无公害防治技术，提高生物防治和无公害防治比例，保证人畜安全、保护有益生物，防止环境污染，促进生态可持续发展。

2. 加强预测预报，严格控制病虫害的传播和蔓延。

3. 对化学药品应实行有效的管理控制，以保护环境、降低污染。

4. 对化学药品的使用要规范，应严格按照包装上的操作说明进行使用。

5. 对化学药品的处置，应严格执行固体废物污染环境防治法和国家的相关规定。

建议提交材料

建议提交由物业管理公司提供的相关管理条例，以及化学药品的进货清单和使用记录。

> 关注点
>
> 必须认真做好保护住宅小区和周边环境，尤其是对住宅小区的土壤和地下水环境的保护。

第 4.6.8 条　栽种和移植的树木成活率大于 90%，植物生长状态良好。（一般项）

评价要点

本条在设计阶段评价时不参评。

运行阶段评价时，审核物业管理公司提交的绿化管理制度和绿化养护记录，要求老树成活率达 98%，新栽树木成活率达 85%以上，并进行现场核实。

实施途径

1. 小区绿化应及时养护、管理、保洁、更新、修理，使树木生长状态良好，保证树木有较高的成活率，如适宜季节植树成活率高，可采取树木生长期移植技术，应采用耐候性强的乡土植物。

2. 建立并完善栽植树木后期管护工作，发现危树、枯死树木及时处理。应对行道树、花灌木、绿篱等定期修剪，草坪及时修剪；及时做好树木病虫害预测、防治工作，做到树木无暴发性病虫害，保持草坪、植被的完整。

3. 小区的绿化系统应具有生态环境功能、休闲活动功能和景观文化功能，达到改善美化环境、保持环境生态系统良性循环的效果。

建议提交材料

建议提交物业管理公司的绿化管理制度和绿化养护记录。

> 关注点
>
> 小区绿化应统一设计，统一施工，统一监理，统一验收。运营管理中应广泛调动全民参与绿化，定期开展植树活动，培养住户植绿、护绿、爱绿的行为和习惯。

第 4.6.9 条　物业管理部门通过 ISO 14001 环境管理体系认证。（一般项）

评价要点

本条在设计阶段评价时不参评。

运行阶段评价时，审核物业管理公司提交的 ISO 14001 环境管理体系认证证书、物业管理公司资质证书和相关质量手册、程序文件。

实施途径

物业管理部门通过 ISO 14001 环境管理体系认证，并与 ISO 9000 系列标准体系有效协调，实施过程中通过不断改进工作机制，最终达到实现绿色运营的目标。此外，物业管理部门应在服务过程中对环境因素进行分析，并针对重要环境因素制定环境目标和环境管理方案，定期对环境运行情况进行监控，确保建筑对环境的影响降到最低点。

建议提交材料

建议提交物业管理公司的资质证书复印件，以及 ISO 14001 环境管理体系认证证书复印件。

> 关注点
>
> 1. 应与 ISO 9000 系列标准、ISO 18000 系列标准共同构成管理体系。
>
> 2. 取得 ISO 14001 环境管理体系认证后，应严格按照环境管理体系的要求工作。

第 4.6.10 条　垃圾分类收集率（实行垃圾分类收集的住户占总住户数的比例）达 90%以上。(一般项)

评价要点

本条在设计阶段评价时不参评。

运行阶段评价时，审核物业管理公司提交的垃圾管理制度，并进行现场核实和住户抽样调查。

实施途径

垃圾分类收集应在源头将垃圾分类投放，并通过分类的清运和回收使之分类处理，重新变成资源。

建议提交材料

1. 物业管理公司的垃圾管理制度和垃圾处理记录。

2. 住宅小区垃圾分类收集设施分布图表。

> 关注点
>
> 垃圾分类是一项需要长期坚持的系统工作，需通过切实有效的管理才能实现垃圾的减量化，运营过程中应将垃圾的分类收集、分类存放、分类运输、分类处理逐一落实。

第 4.6.11 条　设备、管道的设置便于维修、改造和更换。(一般项)

评价要点

1. 设计阶段评价时，审核设计单位提供的各专业设计图纸及说明（电气、暖气、给水排水等专业），关注设施设置的可维护性和合理性。

2. 运行阶段评价时，审核施工单位提供的各专业施工图纸（电气、暖通、给水排水等专业）、设计图及竣工图以及相应设备、管道设置的详细说明，并进行现场核实。评价时主要内容包括：

（1）电气、暖通、给水排水等相关图纸和施工文件是否完备，设计安装位置与现场是否相符。

（2）是否合理设置了设备、管道的检修空间和维护通道。

实施途径

1. 应通过将公共使用功能的设备、管道、管井设置在公共部位等措施，尽量在减少对住户干扰的前提下，便于日常维修与更换。

2. 设计设备和管道时应考虑以下因素：

（1）设备机房功能完善、规模布局合理；

（2）各管井（电气间、设备间）应设置在公共部位且方便检修；

（3）管道、桥架的布置合理方便；

（4）避免公共设备管道设在住户室内。

3. 施工单位必须在施工图上详细注明设备和管道的安装位置，以便于后期检修和更新改造。

建议提交材料

设计阶段评价时，建议提交设计单位提供的各专业设计图纸及说明（电气、暖通、给水排水等专业）。

运行阶段评价时，建议提交施工单位提供的各专业施工图纸（电气、暖通、给水排水等专业），设计图及竣工图应有相应设备、管道设置的详细说明。

> 关注点
>
> 在设备管道的设计和施工过程中，避免将电气管道平行铺设于水管的正下方和热力管的正上方，并且应当预留足够的安装和维护空间。

第 4.6.12 条　对可生物降解垃圾进行单独收集或设置可生物降解垃圾处理房。垃圾收集或垃圾处理房设有风道或排风、冲洗和排水设施，处理过程无二次污染。(优选项)

评价要点

本条在设计阶段不参评。

运行阶段评价时，查阅有关垃圾处理间的设计文件，并进行现场核实，重点评价住宅小区对有机厨余垃圾、可降解垃圾的收集和处理能力。

实施途径

1. 对可生物降解垃圾、有机厨余垃圾采用生物降解、生物处理的技术方法，并通过实行垃圾分类以提高生物处理垃圾中有机物含量。有机厨余垃圾生物降解是多种微生物共同协同作用的结果，将筛选到的有效微生物菌群，接种到可生物降解垃圾中，通过好氧与厌氧联合处理工艺降解生活垃圾。

2. 垃圾收集或垃圾处理房应配备风道或排风装置、冲洗和排水设施，确保在垃圾处理过程不对环境造成二次污染。

建议提交材料

1. 物业管理公司的垃圾管理制度。

2. 设计单位和施工单位提供的垃圾处理房的设计说明、竣工图纸和详细说明。

8.3 公共建筑评价

第 5.6.1 条　制定并实施节能、节水、节材与绿化管理制度。(控制项)

评价要点、实施途径、建议提交材料及关注点参见第 4.6.1 条。

第 5.6.2 条　建筑运行过程中无不达标废气、废水排放。(控制项)

评价要点

本条在设计阶段评价时不参评。

运行阶段评价时，审核项目的环评报告和排放处理记录，并进行现场核实。

实施途径

通过选用先进的设备和材料或采取其他方式，通过合理技术措施和排放管理手段，杜绝建筑运营过程中废水和废气的不达标排放。

建议提交材料

1. 具有资质的第三方提供的环评报告书（表）。

2. 物业管理部门的废气、废水处理和排放记录。

> 关注点
>
> 1. 环评报告中要求包含关于项目运营期间的环境影响分析内容。
>
> 2. 检查设置的废水、废气处理设备是否存在平时不用而仅仅为了应付检查，是否存在设备损坏不及时维修等问题。

第 5.6.3 条　分类收集和处理废弃物，且收集和处理过程中无二次污染。(控制项)

评价要点

参见第 4.6.3 条。

实施途径

在第 4.6.3 条的基础上，增加以下内容：

对于建筑运行过程中产生的大量垃圾（包括建筑装修、维护过程中出现的渣土、砂浆、混凝土、砖石和混凝土碎块，以及金属、竹木材、装饰装修产生的废料、各种包装材料、废旧纸张等），对于宾馆类建筑产生的厨余垃圾等，根据建筑垃圾的来源、可否回用性质、处理难易度等进行分类，将其中可再利用或可再生的材料进行有效回收处理，重新用于生产，避免对周围环境造成影响。

建议提交材料

参见第4.6.3条。

第5.6.4条 建筑施工兼顾土方平衡和施工道路等设施在运营过程中的使用。(一般项)

评价要点

本条在设计阶段评价时不参评。

运行阶段评价时，审核施工单位提交的施工组织设计资料、施工报告等，并进行现场核实。评价时的主要内容包括：

(1) 对土壤环境未造成不良影响。

(2) 无土方流失并采取回填措施。

(3) 施工道路能实现延续利用。

实施途径

1. 对施工场地所在地区的土壤环境现状进行调查，并提出场地规划使用对策，防止土壤侵蚀和退化。施工所需占用的场地，应首先考虑利用荒地、劣地和废地。

2. 施工中挖出的弃土堆置时，应避免流失，并应回填利用，做到土方量挖填平衡；有条件时应考虑邻近施工场地间的土方资源调配。此外，对于施工场地内良好的表面耕植土，应进行收集和利用。

3. 规划中考虑施工道路和建成后运营道路系统的延续性，考虑临时设施在建筑运营中的应用，避免重复建设。

建议提交材料

建议提交施工单位的施工组织设计资料以及施工报告。

> 关注点
>
> 施工文件中应包含土方平衡以及临建设施、施工道路等设施在运营过程中的使用情况等相关说明，且在施工过程中应注意节约土地资源。

第5.6.5条 物业管理部门通过ISO 14001环境管理体系认证。(一般项)

评价要点、实施途径、建议提交材料及关注点参见第4.6.9条。

第5.6.6条 设备、管道的设置便于维修、改造和更换。(优选项)

评价要点、实施途径、建议提交材料及关注点参见第4.6.11条。

第 5.6.7 条　对空调通风系统按照国家标准《空调通风系统清洗规范》GB 19210 规定进行定期检查和清洗。(一般项)

评价要点

本条在设计阶段评价时不参评。

运行阶段评价时，审核物业管理公司提交的对空调通风系统的管理措施和维护记录，并进行现场核实。评价时的主要内容包括：

(1) 公共建筑空调通风系统长期运行后无对室内环境造成污染的情况。

(2) 空调运营中能做到定期清洗和消毒，长期未开的空调设备开启前能做好清洁工作。

实施途径

空调系统开启前，应对系统的过滤器、表冷器、加热器、加湿器、冷凝水盘进行全面检查、清洗或更换，保证空调送风风质符合《室内空气中细菌总数卫生标准》GB 17093 的要求。

空调系统清洗的具体方法和要求应符合《空调通风系统清洗规范》GB 19210 的相关规定；空调系统中的冷却塔应具备杀灭军团菌的能力，并应定期进行检验；在通风空调系统的运行过程中，定期进行卫生检查和部件清洁，并存留记录。

建议提交材料

建议提交物业管理公司对空调通风系统的管理措施，以及维护保养、清洁记录。

> 关注点
>
> 1. 对于中央空调要定期进行清洗，对于分体空调同样要进行定期检查和清洗。
>
> 2. 物业公司应具有对空调定期检查和清洗的完善规定和完整记录。
>
> 3. 清洗过程中要注意管道的保温及系统的节能，并要在清洗后恢复系统的原运行状态和运行效率。

第 5.6.8 条　建筑智能化系统定位合理，信息网络系统功能完善。(一般项)

评价要点

1. 设计阶段评价时检查智能化系统方案、设计功能的详细说明及设计图纸，关注公共建筑智能化系统的设计和配备情况。

2. 运行阶段评价时，检查施工单位（含监理单位）提供的建筑智能化系统竣工图、设计变更文件、施工过程控制文件、评价报告（相关管理部门出具）、检测报告（第三方检测机构出具）、竣工验收资料、物业管理公司提供的建筑智能化系统运行数据的记录及分析，并进行现场核实和抽样检查。

3. 申报项目需同时满足下列要求，方可判定本条达标：

(1) 公共建筑的智能化系统应符合《智能建筑设计标准》GB 50314—2006 对

公共建筑智能化系统“节能、环保”的要求，以增强建筑物的科技功能和提升建筑物的应用价值为目标。

（2）公共建筑智能化系统应具备的智能化子系统包括：智能化集成系统、信息设施系统、信息化应用系统、建筑设备管理系统、公共安全系统、机房工程、建筑环境等设计要素。

（3）智能化系统的设计应符合《智能建筑设计标准》GB/T 50314—2006、《智能建筑工程质量验收规范》BG 50339—2003 等相关标准和规范的要求。

实施途径

根据国家标准《智能建筑设计标准》GB/T 50314 和《智能建筑工程质量验收规范》GB 50339 的要求设计智能化系统，使其能够支持通信和计算机网络的应用，并保证运行的安全可靠。

建议提交材料

参见第 4.6.6 条。

第 5.6.9 条　建筑通风、空调、照明等设备自动监控系统技术合理，系统高效运营。(一般项)

评价要点

1. 设计阶段评价时检查智能化系统方案、设计功能的详细说明及设计图纸，关注公共建筑智能化系统的设计和配备情况。

2. 运行阶段评价时，检查施工单位（含监理单位）提供的建筑智能化系统竣工图、设计变更文件、施工过程控制文件、评价报告（相关管理部门出具）、检测报告（第三方检测机构出具）、竣工验收资料、物业管理公司提供的建筑智能化系统运行数据的记录及分析，并进行现场核实和抽样检查。

3. 申报项目需同时满足下列要求时，方可判定本条达标：

（1）公共建筑设备自动监控系统的功能、定位和应用满足要求，且具有通风、空调、照明等设备自动监控系统。

（2）通过建筑设备管理系统的合理监控，实现降低建筑能耗，保证建筑节能、环保和绿色运营。

实施途径

1. 设备自动监控系统应对公共建筑内的空调通风系统冷热源、风机、水泵、空调等设备进行有效监测，对关键数据进行实时采集并记录，对上述设备系统按照设计要求进行可靠的自动化控制。对于照明系统，除了在保证照明质量的前提下尽量减小照明功率度设计外，还可采用感应式或延时的自动控制方式实现建筑的照明节能运行。

2. 建筑设备管理系统的功能应符合下列要求：

（1）应具有对建筑中热力系统、制冷系统、空调系统、给水排水系统、电力系统、照明控制系统和电梯管理系统等机电设备的测量、监视和控制功能，确保各类设备系统运行稳定、安全可靠，并达到节能环保的管理要求。

（2）宜采用集散式或分布智能控制系统。

（3）应具有对建筑物环境参数的监测功能。

（4）应满足对建筑物的物业管理需要，实现数据共享，以生成节能及优化管理所需的各种相关信息的分析和统计报表。

（5）应具有良好的人机交互界面。

（6）应共享所需的公共安全等相关系统的信息资源。

建议提交材料

参见第4.6.6条。

关注点

1. 建筑设备管理系统应提供安全、健康、舒适、温馨的生活环境与高效的工作环境，并能提高系统运行的经济性和管理的智能化。

2. 建筑设备管理系统的主要优点为：

（1）节省能源。

（2）节省管理费用。

（3）延长设备使用寿命。

（4）提高管理可靠性。

（5）使用管理规范化。

（6）提供舒适宜人的环境。

3. 建筑中的暖通空调设备（空调主机、冷冻冷却水泵、冷却塔、风机等）是主要耗能设备，其能源消耗占总能源消耗的50%左右，因此建筑设备管理系统应具备暖通空调系统的联动调控模式以节约能源。

4. 设备管理系统应体现在设计图纸和施工文件中，并应注意：

（1）设计图纸中要有系统的点表图。

（2）应符合“设计是灵魂，管理是保证，面向功能、面向设备”的设计思想。

（3）系统的设置应高效、安全、合理。

5. 应避免系统设计不完善、检测不充分、通信不兼容等问题。

第5.6.10条　办公、商场类建筑耗电、冷热量等实行计量收费。（一般项）

评价要点

本条在设计阶段评价时不参评。

运行阶段评价时，审核包含空调、照明、输配电及其他动力用能、冷热量分项计量情况的管理措施和数据记录，审查物业管理合同，并对分项计量设备的运行进行现场核查。评价时的主要内容包括：

（1）是否具有电能计量和热计量的分级装置；

（2）是否根据耗电量和冷热量的分项计量进行收费。

实施途径

1. 建筑物照明插座用电、空调用电、动力用电和特殊用电分别设置用能计量装置。

2. 空调系统的冷热源、水泵风机输配系统等分别设置用能计量装置并正常运行。

3. 建筑物内分区域设置用能计量装置，并根据计量结果进行收费。

建议提交材料

1. 物业管理公司提供的空调、照明、输配电及其他动力用能系统等分项计量的管理制度（物业管理公司盖章生效）、能耗记录数据以及分项能耗分析报告。

2. 具有分项计量收费规定的物业管理合同。

> 关注点
>
> 在公共建筑物业管理制度和合同中应包含分项计量收费的内容和说明，并按不同用途（照明插座用电、空调用电、动力用电和特殊用电）、不同能源资源类型（如电、燃气、燃油、水等），分别设置计量仪表实施分项计量；应做到对新建公共建筑实行全面计量、分类管理、指标核定、全额收费。

第 5.6.11 条　具有并实施资源管理激励机制，管理业绩与节约资源、提高经济效益挂钩。（优选项）

评价要点

本条在设计阶段评价时不参评。

运行阶段重点评价公共建筑运营中实行资源管理激励机制的措施和效果。审核物业管理部门提交的资源能源管理制度，以及与业主之间具有资源节约激励机制内容的合同。

实施途径

物业管理部门制定管理制度时，应含有资源节约管理的激励机制内容。如，在保证建筑使用性能要求、且投诉率低于规定值的前提下，采用合同能源管理、绩效考核等方式，使物业的经济效益与建筑用能效率、耗水量等情况直接挂钩。

建议提交材料

1. 物业管理部门与业主之间具有资源节约管理激励机制的合同。

2. 物业管理部门的资源、能源管理制度。

> 关注点
>
> 通过实施资源管理激励机制，要做到多用资源多付费、少用资源少付费、少用资源有奖励，从而实现绿色建筑节能减排、绿色运营的目标。

第9章 绿色建筑评价标识案例分析

9.1 深圳万科城四期

9.1.1 项目介绍

深圳万科城项目位于深圳市龙岗区坂雪岗大道旁，属于住宅类项目，其开发单位为深圳市万科房地产有限公司，设计单位为深圳市筑博工程设计有限公司，项目于2003年7月立项，2009年1月竣工。项目共分四期开发，其中万科城四期于2005年6月开始前期设计，2009年1月竣工，占地面积约9.6万 m^2，由高层及低层住宅、小区配套设施和幼儿园组成，总建筑面积约12.6万 m^2，住区绿地率38.1%。万科城四期从前期设计即关注绿色建筑的研发实践，逐步建立起“因地制宜”、“被动式设计优先”、“全生命周期”的原则，在节地、节能、节水、节材、室内环境质量及运营管理六个层面进行了系统的创新。该项目参加了2008年度第二批“绿色建筑设计评价标识”的评价，获得三星级“绿色建筑设计评价标识”。

深圳万科城四期外观图

9.1.2 节地与室外环境评价

该项目场地的选址安全范围内无洪涝灾害、泥石流及含氡土壤的威胁，环境安全可靠，规划布局尊重原始地形，且住宅日照、绿化指标、公共服务配套等均符合规范的要求。住区的绿化布局在满足绿地率的前提下，采用了乔、灌、草相结合的复层种植方式，并种植了乡土植物，不仅有助于创造良好的室外环境，而且在一定程度上节约了灌溉用水。此外，建筑设计中能够合理利用地下空间作为停车场、设备用房、储藏间等，在一定程度上提高了土地使用率，节约了土地资源。

项目提交了较为完整的环评报告和场址检测报告，通过对原始地形图与规划图进行比较分析，判断该场地规划符合上层规划，所处原始地貌单元为低台地，没有破坏自然水系、湿地、基本农田、森林和其他保护区，原始场地内有自然台地、浅沟（见图 9-1），且在规划时利用浅沟做水系，并依据地形布局建筑（见图 9-2），故判定满足第 4.1.1 条的要求。

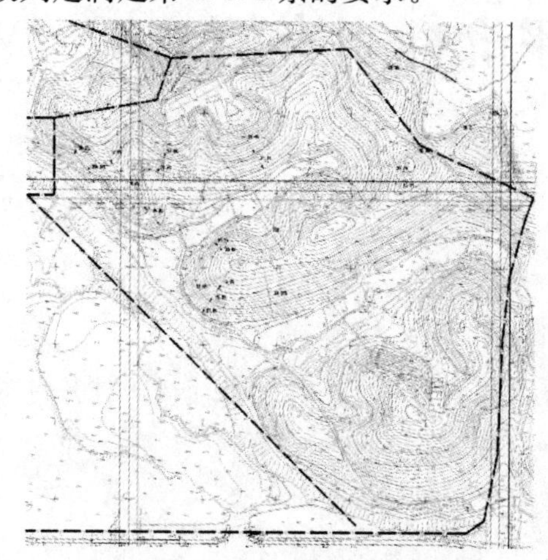

图 9-1　原始场地内有自然台地、浅沟

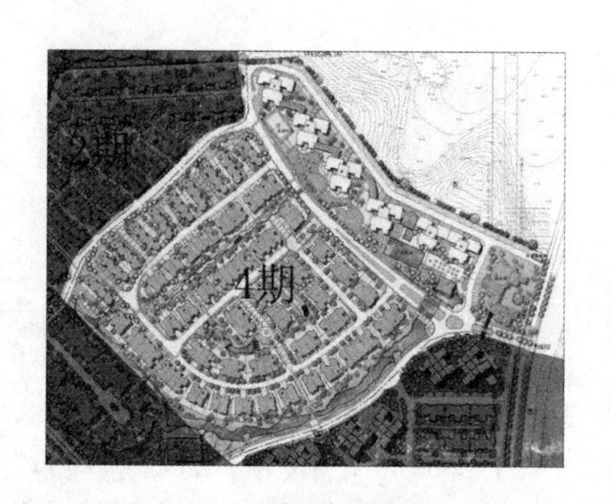

图 9-2　规划时依据地形布局建筑

通过查看环评报告中有关场址周边环境及污染源的相关内容，综合地形图及其周边环境现状图，以及环境评估报告结论，判断此场地安全范围内无明显危险源，场地无洪涝灾害、泥石流及含氡土壤的威胁，满足第 4.1.2 条的要求。同时，通过查看环评报告，确定该住区内无排放超标的污染源，满足第 4.1.7 条的要求。此外，通过查看原始地形图，确定该场地内无旧建筑，故不参评第 4.1.10 条。

由于该项目为 2003 年通过拍卖获取土地，按深圳市规定不需执行“国六条”，因此判定此项目可不参评第 4.1.3 条。

该项目初次提供的日照模拟报告仅针对参评范围内的建筑进行了日照模拟分析（见图 9-3），而其南侧高层建筑对参评范围内建筑的影响并没有在模拟报告中显示。后通过审查申报单位补充提交的完整日照分析报告，判断其满足第 4.1.4 条的要求。

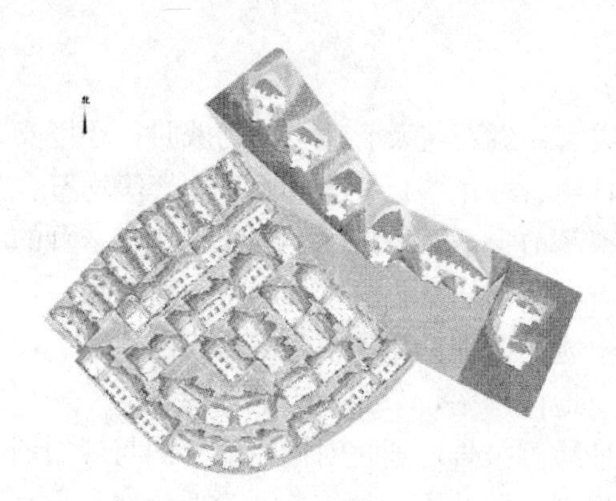

图 9-3　日照分析图

该项目提交了较为完整的景观（园林）总平面图、设计说明、种植图和苗木表，通过核实可见，种植图与苗木表能够对应，且场地内种植了凤凰木、香樟等乡土植物，故判定满足第 4.1.5 条要求。

该项目提交了较为完整的景观（园林）施工图及设计说明，经过核实确定该住区的绿地面积、用地面积等基础数据与提交的自评估报告一致，计算得到该住区的绿地率为 38.1%，人均公共绿地面积为 1.51m²，满足第 4.1.6 条的要求。

该项目对住区内各类公共设施进行了分析，提交了较为详细的图纸，标明了住区内各类公共设施的分布（见图 9-4）。由此可知，社区内建有幼儿园，并配有文化体育设施、教育设施、金融设施、邮电设施、社区服务设施、医疗卫生设施等公共设施，符合第 4.1.9 条的要求。

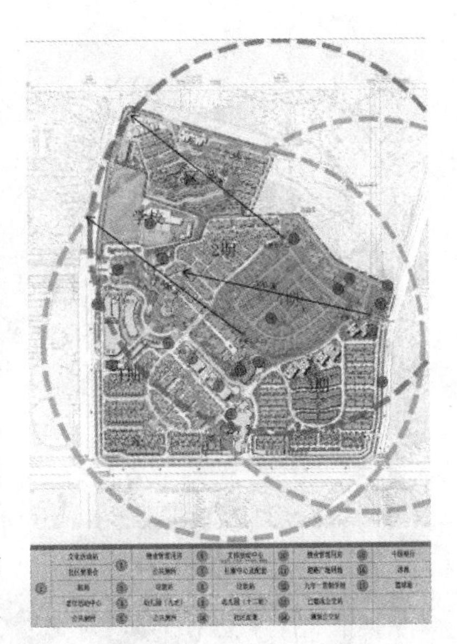

图 9-4　公共设施分布

该项目明确提出了噪声环境分析的结论（见图 9-5），通过查看模拟报告及图纸，判定满足第 4.1.11 条的要求。此外，通过提交的对室外热岛进行的模拟分析报告（见图 9-6），查看模拟过程、分析结论及相关图纸，判定满足第 4.1.12 条的要求。

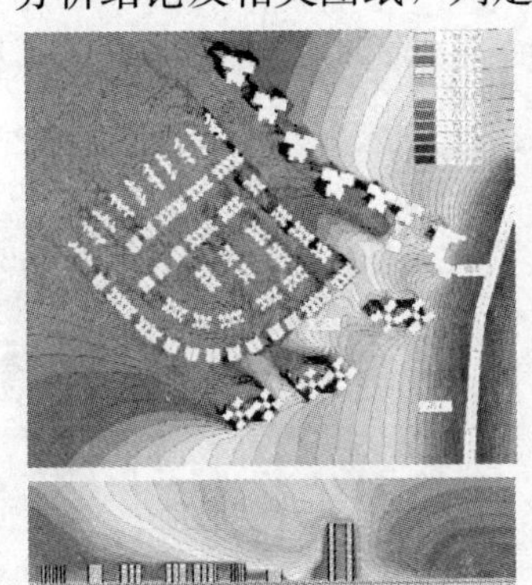

小区噪声平面分布图(白天)

小区噪声平面分布图(夜间)

结论：受交通噪声影响最大的是东北角上临路的高层住宅。其环境噪声白天为50~55dB(A)，夜间为40~45dB(A),满足住宅环境噪声要求的白天不大于60dB(A),夜间不大于50dB(A)。

图 9-5　噪声环境分析及结论

该项目提交的室外风环境模拟分析报告中不仅对典型气象条件下的风环境进行了分析（见图 9-7），而且对方案进行了优化，经过分析表明：该住区夏季风速基本在 2.5m/s，小区活动基本舒适，冬季住区风速大部分在 1.5m/s，满足第 4.1.13 条的要求。

通过查看种植图得知，该住区内采用了乔、灌、草相结合的复层种植方式，且没有大面积纯草坪，满足第 4.1.14 条的要求。该项目提交的周边公共交通线路图

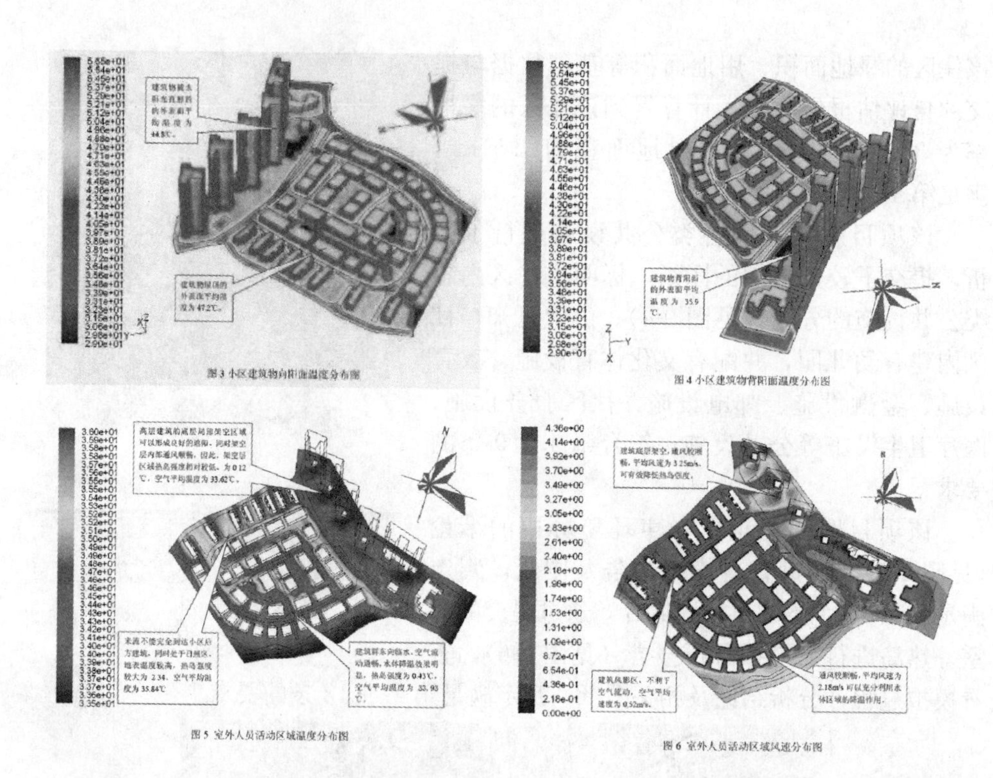

图 9-6 室外热岛模拟分析

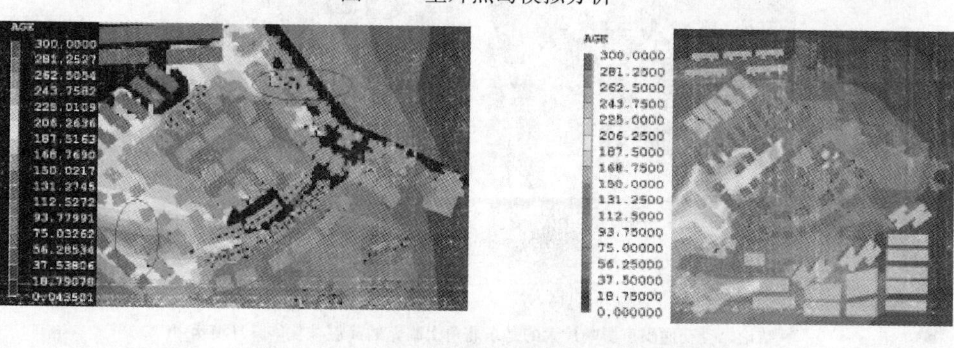

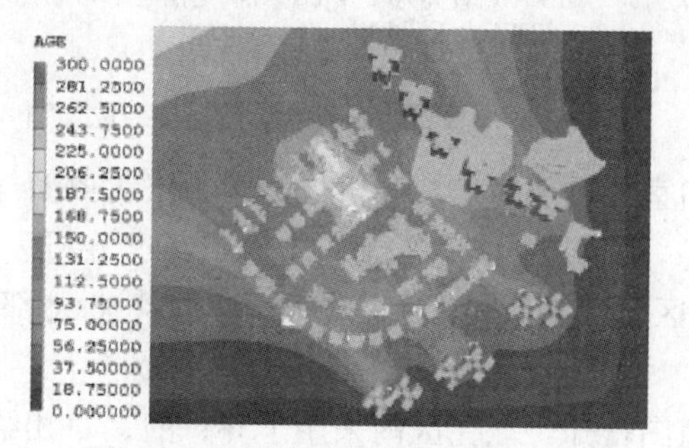

图 9-7 室外风环境模拟分析

表明了公共交通站点及距离（见图 9-8 所示），经过核实判断符合第 4.1.15 条的要求。

图 9-8 周边公共交通线路图

该项目提交了较为详细的室外透水地面面积比等相关计算数据，通过核实，室外透水地面面积为绿地面积、停车场植草砖面积、生态水景面积总计 44803.72m²，占室外地面总面积的 46.57%，满足第 4.1.16 条的要求。通过查看建筑地下室平面图，了解到该项目的地下空间主要用于停车场、设备用房、储藏间等，其地下建筑面积为 28172.3m²，地下建筑面积与建筑占地面积之比为 122.02%，满足第 4.1.17 条的要求。

综上所述，在节地与室外环境评价方面，该项目的控制项除 1 项不参评外全部达标，一般项达标 7 项，优选项达标 1 项，就其一般项达标数量而言，满足绿色建筑设计评价标识三星级要求。

9.1.3 节能与能源利用评价

该项目的热工设计符合国家居住建筑节能标准的规定，利用数值模拟技术进行了自然通风和采光模拟的优化设计，并采取了照明节能控制措施，通过采用太阳能热水系统使可再生能源使用率大于 5%。

该项目合理控制窗墙面积比，充分利用遮阳，采用 LOW－E 玻璃。高层建筑采用加气混凝土砌块加无机保温砂浆，低层建筑采用加气混凝土砌块，实现节能 60%以上。项目提交了建筑围护结构热工设计施工图纸和节能计算书，表明高层围护结构节能 61.1%～63.46%，低层围护结构节能 62.06%～63.24%，故判定满足控制项第 4.2.1 条的要求，并同时达到了优选项第 4.2.10 条的要求。

由于该项目未采用集中空调系统，故第 4.2.2 条、第 4.2.3 条、第 4.2.5 条、第 4.2.6 条和第 4.2.8 条不参评。

尽管该项目的体形系数和部分朝向窗墙比超标，但在设计阶段利用数值模拟技术进行了自然通风、采光模拟优化设计。提交的室外风环境和自然通风模拟分析报告显示，该项目在全年平均风压差作用下，各户型的空气龄均小于 180s，室内通风性能优异，自然通风节能贡献率可达 6.6%～16%；通过查阅提交的室内采光分析计算报告，综合判定满足第 4.2.4 条的要求。

该项目的照明功率密度符合现行值要求，公共部位的照明采用高效光源、高效灯具，其节能措施包括：地下室采用 T5 节能灯，直管式荧光灯采用电子镇流器；电梯间采用光感声控开关控制，楼梯间采用红外线感应开关控制，其他场所采用跷板开关控制；电梯间与室外联通，利用自然采光；高层住宅地下车库及低层住宅地下储藏间开设天井，直接利用自然采光；小区路灯及庭院灯采用节能照明。综合考虑以上因素，判定满足第 4.2.7 条的要求。

深圳位于亚热带地区，日照条件好，全年总辐射量为 5225.1MJ/m^2，全年约 300 天具有采集太阳能的条件，尤其适合推广应用太阳能热水系统。该项目采用太阳能热水系统，其中高层住宅（共 678 户）中有 70 户采用 150L/户的直插式太阳能真空管热水系统，低层住宅（共 157 户）则全部采用 400L/户的太阳能平板热水系统。全部住宅合计 227 户使用太阳能光热系统，占总户数（836 户，含 1 栋零能耗实验楼）的 27%（热水比例占到 44.7%），其可再生能源使用率大于 5%，满足第 4.2.9 条的要求。

综上所述，在节能与能源利用评价方面，该项目的控制项除 2 项不参评外全部达标，一般项除 3 项不参评外达标 3 项，优选项达标 1 项，就其一般项达标数量而言，满足绿色建筑设计评价标识三星级要求。

9.1.4 节水与水资源利用评价

该项目进行了详细的水系统规划设计，室内采用节水器具，绿色浇灌、道路喷洒、车库冲洗、垃圾房冲洗和水景补水等非饮用水全部采用非传统水源，非传统水源利用以中水为主，雨水为辅，且自建处理设施，以生活污水作为中水水源。

该项目具有较为完善的水系统规划方案，包括：用水定额的确定、用水量估算、水量平衡、给水排水系统设置、污水处理、雨水蓄积利用、再生水利用等各方面内容，故判定满足第 4.3.1 条的要求。

该项目采取的避免管网漏损措施包括：使用符合现行产品行业标准要求的耐腐蚀、耐久性能好的 PPR 给水塑料管，干管采用衬塑钢管，室内热水管材采用专用热水 PPR 管，消火栓管采用内外热镀锌钢管，污水管采用 UPVC 管；选用了密闭性能好的截止阀，闸阀设备；在供水系统优化设计中避免供水压力过高和压力骤变，根据水平衡测试标准安装分级计量水表，安装率达到 100%，并对管道基础和埋深进行了控制。综合考虑上述因素，判定满足第 4.3.2 条的要求。此外，该项目采用了节水龙头、节水花洒和节水坐便器等节水器具，满足第 4.3.3 条的要求。

深圳市为缺水城市，该项目景观水景约 10000m^2，补水量为 17950m^3/a，采用达标的中水及雨水补充。中水处理采用格栅＋A^2/O＋絮凝沉淀工艺作为前处理，通过一级人工湿地进行再处理，出水经次氯酸钠杀菌消毒后进入清水池，一部分作为绿化及道路用水，一部分进入二级人工湿地进行深度处理，以用于景观水景补水，满足第 4.3.4 条的要求。

该项目以生活污水为中水水源，中水前处理池设在地下，实行定期加次氯酸钠消毒以保证再生水的消毒，水景则通过二级人工湿地进行循环、处理，并始终保障地表四类水质标准；此外，通过种植水生植物和放养鱼类，及时消除了富营养化以及水体腐败的潜在因素，满足第 4.3.5 条的要求。

该项目为增加雨水渗透量而采取了增加绿地面积率、部分人行路面采用渗水路面、室外停车场地铺装采用植草砖、设计生态水渠及旱溪并对两侧多层坡屋面的干净雨水进行收集渗透等措施，满足第 4.3.6 条的要求。此外，小区中水一部分用于绿化浇灌及道路、地下车库、垃圾房的冲洗，一部分则进入二级人工湿地进行深度处理，以供水景补水，出水水质达到《城市污水再生利用景观环境用水水质》的要求，故判定满足第 4.3.7 条的要求。

深圳市尚无城市再生水厂，该项目在进行了技术经济比较及效果分析的基础上，采用生物接触氧化法＋人工湿地的工艺。该工艺以生活污水为中水水源，采用格栅＋A^2/O＋絮凝沉淀的地埋式生物接触氧化法作为前处理。格栅主要拦截较大漂浮物，水解酸化池去除部分有机物，接触氧化池进一步去除有机物，好氧菌高效去除氨氮；接触氧化池内废水回流至兼氧池，在反硝化细菌作用下完成脱氮过程，絮凝剂采用 PAC；沉淀池出水通过提升进入一级湿地配水系统，出水经过次氯酸钠杀菌消毒后进入清水池。上述工艺满足第 4.3.9 条的要求。

深圳地区常年降雨量约 1924.7mm，蒸发量约 1759.8mm，降雨集中在 5～9 月且无规律。若采用钢筋混凝土的蓄水池，则建造代价高、收益低，且水质不易维护。该项目所在地为低台地，最大高差为 16.81m，场址中有 2 条自然形成的冲沟，项目结合地形的自然冲沟设计生态水渠及旱溪，收集两侧多层坡屋面及绿地的干净雨水进入生态水渠及旱溪，生态水渠面积约 3000m^2，并通过人工湿地（面积约 500m^2）收集部分雨水进入清水池，满足第 4.3.10 条的要求。此外，该项目在绿化浇灌、道路喷洒、景观补水、地下车库冲洗、垃圾房冲洗等方面利用了非传统水源，其利用率为 35.6%，满足第 4.3.11 条和第 4.3.12 条的要求。

综上所述，在节水与水资源利用评价方面，该项目的控制项全部达标，一般项达标 5 项，优选项达标 1 项，就其一般项达标数量而言，满足绿色建筑设计评价标识三星级要求。

9.1.5 节材与材料资源利用评价

该项目分为高层住宅和多层住宅两种住宅类型，造型简约，无大量装饰性构件，施工过程中现浇混凝土采用预拌混凝土，可再循环材料使用比例为 13.3%，采用菜单式装修方案，实现了土建与装修一体化设计和施工。

通过审核该项目提交的结构专业施工图和设计说明、装饰性构件造价比例计算书，该项目造型要素简约（见图 9-9），无大量的装饰性构件，装饰性构件造价占工程总造价的 0.42%，且女儿墙最大高度为 1.2m，未使用双层外墙（含幕墙），故判定满足第 5.4.2 条的要求。

(a)

(b)

图 9-9 项目实景图

(a) 多层住宅；(b) 高层住宅

从提交的结构设计说明和预拌混凝土证明材料可见，该项目设计时要求现浇混凝土全部采用预拌混凝土，满足第 5.4.4 条的要求。此外，通过审核可再循环材料使用比例计算书，该项目的可再循环材料用量为 30188.13t，占该项目建筑材料总用量（227189.98t）的 13.3%，满足第 5.4.7 条的要求。

通过审核提交的结构专业施工图和装修方案，确定该项目采用菜单式装修方案，土建与装修采用一体化设计和施工，装修后交房，未破坏和拆除已有的建筑构件及设施，故判定满足第 4.4.8 条的要求。

综上所述，在节材与材料资源利用方面，该项目的控制项全部达标，一般项达标 3 项，不达标 1 项，就其一般项达标数量而言，满足绿色建筑设计评价标识三星级要求。

9.1.6 室内环境评价

该项目对区域内的日照情况、典型户型的采光情况、小区室外风环境以及室内自然通风效果进行了模拟分析，其居住空间日照及采光满足相关标准的要求，可开启窗地面积比均大于 8%，且具备良好的通风效果。此外，该项目的各套住宅均设有明卫，自然通风条件下房间的屋顶和东、西外墙内表面的最高温度均满足要求，东、南、西各朝向均设置外遮阳，部分区域设置多形式可调节活动百叶遮阳，外遮阳与建筑一体化设计，且室内背景噪声情况符合标准要求。

在考虑周边建筑影响的情况下，该项目对整个区域内的日照情况进行了模拟计算，给出大寒日底层窗台面高度处的日照时数分析图（见图9-10），并以户为单位对每套住宅内所有窗户满足日照标准的情况进行了列表说明。经计算分析，其3个居住空间的户型至少有1个居住空间满足日照标准，4个居住空间的户型至少有2个居住空间满足日照标准，故判定满足第4.5.1条的要求。

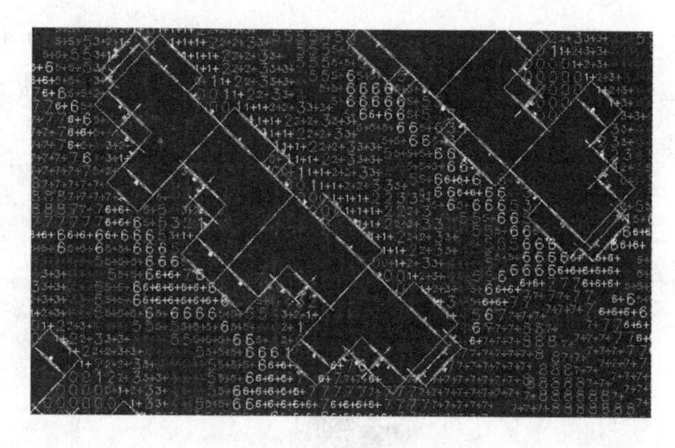

图9-10 日照时数图

根据门窗表等建筑施工图，该项目对各户型主要功能房间的窗地面积比和可开启窗地面积比进行了核算（见表9-1），与《建筑采光设计标准》对窗地面积比的要求进行了对比，满足标准要求，但该项目初次提供的材料未对厨房窗地面积比进行核算，后经补充核算满足要求，故判定第4.5.2条达标；因可开启窗地面积比均大于8%，故判定第4.5.4条达标。此外，该项目还对典型户型进行了采光模拟分析（见图9-11），其采光系数满足标准要求；通过对小区室外风环境以及室内自然通风效果进行CFD模拟和分析（见图9-12）显示，该项目的通风状况良好。

窗地面积比和可开启窗地面积比计算表 **表9-1**

户型	功能房间	功能居间面积（m^2）	窗号	窗洞面积（m^2）	窗地比	可开启面积（m^2）	可开启扇与地面积比
TA	客厅	42.99	LC4×3、LC18、TLM4	20.92	48.66%	5.15	11.98%
	餐厅	23.1	LC2a×3、LC16	11.475	49.68%	3.22	13.94%
	卧室1	17.48	TLM3、LC13a	8.79	50.29%	4.54	25.97%
	卧室2	16.2	TLM3、LC13a	8.79	54.26%	4.54	28.02%
	书房	14.26	LC10、M7	4.525	31.73%	2.71	19.00%
	主卧室	27.62	TLM3、LC14	8.79	31.82%	4.54	16.44%
TB	客厅	34.77	LC6×2、LC18、TLM4	15.96	45.9%	4.07	11.71%
	餐厅	21.41	LC2a×3、LC15	8.16	38.11%	2.8	13.08%
	卧室1	14.72	TLM1a、LC10	6.135	41.68%	3.68	25.00%
	卧室2	16.85	TLM1	4.23	25.10%	2.97	17.63%
	书房	12.88	LC10、M7a	4.375	33.97%	2.59	20.11%
	主卧室	24.37	LC11a、LC13b	7.305	29.98%	2.82	11.57%

该项目外围护结构采用200mm厚钢筋混凝土剪力墙+200mm厚加气混凝土砌块填充墙，窗户采用铝合金中空LOW-E玻璃窗，分户墙采用200mm厚加气混凝土砌块，户间楼板采用隔声楼板+复合木地板。对于门、窗等产品，根据厂家提供的产品隔声性能检测报告，对于其他围护结构，根据送第三方检测机构检测结果或参照类似构造做法的已有检测结果，对该项目围护结构的隔声性能进行了分析，结

果满足要求。根据该项目所在区域的环境噪声情况，通过声环境模拟分析，选定其最不利楼栋，根据围护结构隔声性能计算其降噪量，得到室内背景噪声情况，结果满足要求，故判定第 4.5.3 条达标。

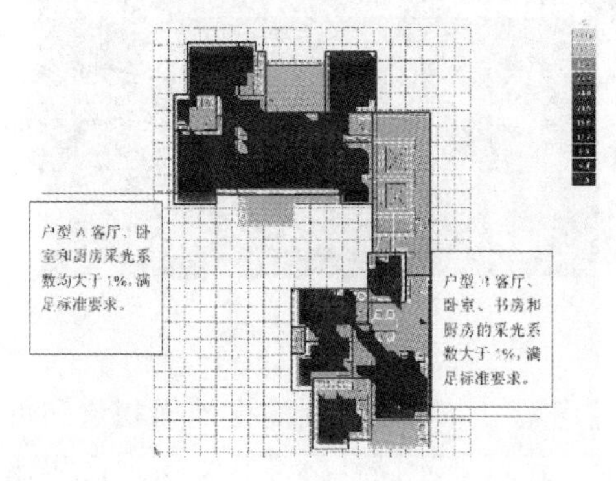

图 9-11　典型房间采光系数计算结果

图 9-12　典型房间通风空气龄计算结果

通过查阅该项目的建筑施工图纸，两住宅楼居住空间的水平视线距离最小为 9.8m，无明显视线干扰，且各套住宅均设有明卫，故满足第 4.5.6 条的要求。鉴于该项目处于夏热冬暖地区，非采暖、空调建筑，故不参评第 4.5.7 条和第 4.5.9 条。

此外，根据该项目提交的围护结构内表面温度计算书，其在自然通风条件下房间的屋顶和东、西外墙内表面的最高温度均满足《民用建筑热工设计规范》的要求，故判定第 4.5.8 条达标。

根据提交的建筑图纸以及遮阳百叶施工图，东、南、西各朝向均设置外遮阳，部分区域设置多形式可调节活动百叶遮阳，包括平开可调百叶遮阳、平开折叠可调百叶遮阳、阳台门滑动折叠可调百叶遮阳、上旋可调百叶遮阳窗、固定可调百叶遮阳等，如图 9-13 所示，外遮阳与建筑一体化设计，满足第 4.5.10 条的要求。此

图 9-13　遮阳设置图

外，因该项目未设置通风换气装置或室内空气质量监测装置，故判定第 4.5.11 条不达标。

综上所述，该项目在室内环境质量方面的控制项全部达标，6 项一般项中有 3 项达标，1 项不达标，2 项不参评，一般项达标数满足绿色建筑设计评价标识三星级要求。

9.1.7 运营管理评价

该项目的建筑智能化系统包括：闭路电视监控系统及视频报警系统、周界防范报警系统、楼宇可视对讲系统、居家防盗报警系统、一卡通门禁管理系统、停车场自动管理系统、背景音乐紧急广播系统、防雷接地系统等，系统从项目总体规划的智能化功能要求出发，实现了“智能居住小区”为居民服务和“以人为本”的理念。

该项目的系统设计满足国家和地方的标准和规范性文件，考虑了技术的先进性、可靠性、开发性和可扩性，节能、生态环保可持续发展原则的建筑理念贯穿于智能化系统实施的全过程，满足第 4.6.6 条的要求。

根据提交的设计图纸可见，该项目的水、电、燃气等表具设置齐全，且能够实现分户、分类计量与收费，满足第 4.6.2 条的要求。此外，该项目的设备、管道布置合理，公共设备管道设置在公共部位以便于日常维修和更换，故判定满足第 4.6.11 条的要求。

综上所述，在经营管理评价方面，该项目在设计阶段应参评的 3 项全部达标，满足绿色建筑设计评价标识三星级要求。

9.1.8 评价结论

根据《绿色建筑评价标准》对住宅建筑项目——深圳万科城四期进行了“绿色建筑设计评价标识”评价，其达标总情况见表 9-2。其中控制项除 3 项不参评外，其他 18 项全部达标；一般项达标 23 项，不达标 3 项，6 项不参评；优选项达标 3 项，不达标 3 项，达标总情况达到了“绿色建筑设计评价标识”三星级要求。

深圳万科城四期设计阶段达标总情况 **表 9-2**

	等级	节地与室外环境	节能与能源利用	节水与水资源利用	节材与材料资源利用	室内环境质量	运营管理
控制项共 21 项	总项数	**7**	**3**	**5**	**1**	**4**	**1**
	达标	6	1	5	1	4	1
	不达标	0	0	0	0	0	0
	不参评	1	2	0	0	0	0
一般项共 32 项	总项数	**8**	**6**	**6**	**4**	**6**	**2**
	达标	7	3	5	3	3	2
	不达标	0	0	1	1	1	0
	不参评	1	3	0	0	2	0

续表

等级		节地与室外环境	节能与能源利用	节水与水资源利用	节材与材料资源利用	室内环境质量	运营管理
优选项共6项	总项数	**2**	**2**	**1**	**1**	**0**	**0**
	达标	1	1	1	0	0	0
	不达标	1	1	0	1	0	0
	不参评	0	0	0	0	0	0

9.2 无锡万达广场C、D区住宅

9.2.1 项目介绍

无锡万达广场位于无锡滨湖区河埒正中心，总用地面积约18万m^2，是融商业、办公、居住于一体的约70万m^2的中心国际商业生活城，其开发单位为无锡万达商业广场投资有限公司，设计单位为无锡市民用建筑设计院和无锡市建筑设计院，项目于2006年12月立项，预计2010年7月竣工。该项目中的C、D区住宅（图9-14）以10～33层的高层住宅建筑为主体，用地面积约9万m^2，总建筑面积约37.8万m^2，地下建筑面积近9万m^2，住区绿地率大于30%。该项目定位为绿色生态住宅，按照绿色建筑一星级标准设计，充分采用相关绿色生态节能技术，在2008年度第二批“绿色建筑设计评价标识”评价中获得一星级“绿色建筑设计评价标识”。

图9-14　无锡万达广场C、D区住宅外观图

9.2.2 节地与室外环境评价

该项目的场地选址总体上符合环境规划的要求，住宅日照、绿化指标、公共服务配套等满足相关规范要求，住区的绿化布局在满足绿地率的前提下，采用了乔、灌、草相结合的复层种植方式，并种植了乡土植物。此外，该项目的建筑设计中能够合理利用地下空间作为停车场、设备用房等，在一定程度上提高了土地的使用率，节约了土地资源。

该项目提交了较为完整的环评报告和地质勘察报告，通过对原始地形图与规划图进行比较分析，判断该场地的规划符合上层规划，且没有破坏自然水系、湿地、基本农田、森林和其他保护区，故判定满足第 4.1.1 条的要求。

通过查看环评报告中有关场址周边环境及污染源的相关内容，综合地形图、周边环境现状图以及环境评估报告结论，判断此场地安全范围内无明显危险源，且不存在洪涝灾害、泥石流及含氡土壤的威胁，满足第 4.1.2 条的要求。通过查看环评报告，确定该住区内无排放超标的污染源，满足第 4.1.7 条的要求。此外，通过查看原始地形图（见图 9-15），确定该场地内的旧建筑在规划时并没有加以利用，故判定第 4.1.10 条不达标。

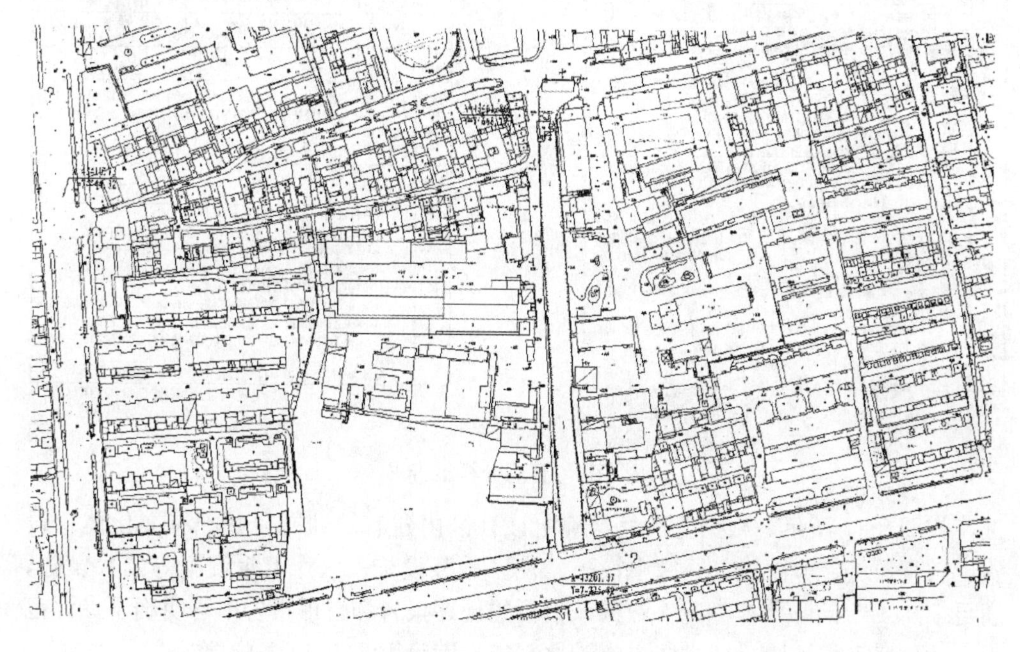

图 9-15　原始地形图

该项目参评范围内均为高层住宅，经核算，人均居住用地面积为 12.98m²，满足第 4.1.3 条的要求。此外，该项目提供的日照分析图和日照分析报告（见图 9-15）中给出了明确的分析方法、过程及结论，确定本方案未对现有住宅在大寒日累计日照两小时造成影响，故判定满足第 4.1.4 条的要求。

该项目提交了较为完整的景观（园林）总平面图、设计说明、种植图和苗木表，通过核实可见，种植图与苗木表能够对应，且场地内种植了香樟、广玉兰、乐昌含笑等乡土植物，满足第 4.1.5 条的要求。

该项目自评报告中显示的人均公共绿地面积将居住区内所有绿地面积均计入公共绿地面积，其计算方法不符合现行国家标准《城市居住区规划设计规范》GB 50180中有关要求，判定其数据有误。后经过申报单位更正，重新计算了人均公共绿地指标，经核实后判定满足第 4.1.6 条的要求。

该项目对住区内各类公共设施进行了分析，提交了较为详细的说明文件和图

日照分析报告书

委托单位	无锡万达商业方场投资有限公司				
委托项目名称	无锡万达商业广场				
项目地点(方位)	南侧梁青路、西侧悬溪路				
委托事项	无锡万边商业广场D地块大寒日日照情况分析以及对东侧锦明西苑现状住宅日照影响分析				
所属城市	无锡	经度	120° 18°	纬度	31° 35°
分析日	2007年1月20日	节气	大寒日		
有效日照时间(北京时间)	8：00--16：00	控制标准	分析采样时间间隔	5分钟	
分析高度(米)	见说明		分析采样间距	1米	
分析方案	多点沿线分析(沿建筑物外轮廓线)、多点沿线比较分析				
分析结论	1、在本方案影响下锦明西苑底层住宅现状能达到大寒日连续日照两小时部分仍能达到两小时，本方案对锦明西苑底层住宅现状达不到大寒日连续日照两小时部分的影响在3#楼112~114点位，影响时间约为5~10分钟，详见附件比较分析。 2.本方案1#、4#楼各有两户达不到大寒日连续日照两小时。详见附图二。				
附件	图一 无锡万达商业广场大寒日日照分析图（现状） 图二 无锡万达商业广场大寒日日照分析图（方案） 图三 无锡万达商业广场大寒日比较分析编号图（方案） 现状2#、3#、4#沿线比较分析表				
说明	1、分析高度：锦明西苑2~5＃楼2.1米(底层车库，已考虑小区间高差1米)；方案1＃楼9.3米，3＃楼6.4米(架空)和9.3米(商业)，1＃楼0.9米和9.3米(商业)。 2、分析依据 (1)《城市居住区规划设计规范》有关住宅日照标准的规定。 (2)建设部冬运发展促进中心评估论证及江苏省建设厅推广应用的"SUN日照分析软件" 3.分析采用的数据资料由委托单位提供，由于资料不实或方案变更等原因导致的分析差错，责任由委托方承担。 4、本报告仅作为创造中所指定范围内的技术依据，不作为其它用途。 5、本报告的图纸表及相关结论盖章后生效，涂改无效。 6、本报告不作为日照纠纷的法律依据。 7、本报告的解释权归无锡市城市规划信息中心。				

无锡市城市规划信息中心
2007年01月29日

日照分析报告书

委托单位	无锡万达商业广场投资有限公司				
委托项目名称	无锡万达商业广场				
项目地点(方位)	南侧梁青路、西侧摇溪路				
委托事项	无锡万达商业广场C地块大寒日日照情况分析以及对西侧境状住宅日照影响分析				
所属城市	无锡	经度	120° 18′	纬度	31° 35′
分析日	2008年1月21日	节气	大寒日		
有效日期时间(北京时间)	8:00--16:00	控制标准	分析采样时间间隔	1分钟	
分析高度(米)	C地块内部分别是6M、8.9M 用地西侧现状分别是以9M、8.9M		分析采样间距	1米	
分析方案	多点分析				
分析结论	本项目每套住宅至少有一个居住空间满足大寒日满窗日照两小时，当一套住宅中居住空间总数超过四个及四个以上时，其中有两个居住空间满足大寒日满窗日照两小时。 本方案未对现有住宅大寒日累计日照两小时造成影响。				
附件					
说明	1、分析依据 (1)《城市居住区规划设计规范》有关住宅日照标准的规定。 (2)计算软件：清华大学建筑学院建筑日照软件V2.0 2、分析采用的数据资料由委托单位提供，由于资料不实或方案变更等原因导致的分析差错，责任由委托方承担。 3、本报告仅作为报告中所指定范围内的技术依据，不作为其它用途。 4、本报告的图纸报表及相关结论盖章后生效，涂改无效。 5、本报告如作为日照纠纷的法律依据，我可对其真实性及法律后果负责。 6。本报告的解释权归中信建筑设计（深圳）研究院有限公司。				

中信建筑设计(深圳)研究院有限公司
2007年01月23日

图 9-16　日照分析报告书

纸，如图 9-17 所示，根据上述材料确定该社区内建有幼儿园，并配有文化体育设施、教育设施、金融设施、邮电设施、社区服务设施、医疗卫生设施等公共设施，满足第 4.1.9 条的要求。此外，因该项目的环评报告和自评报告中均明确了参评范围内的住区环境不满足四类区要求，故判定不满足第 4.1.12 条的要求。

该项目提交的室外风环境模拟分析报告分别对 C、D 区典型气象条件下的风环

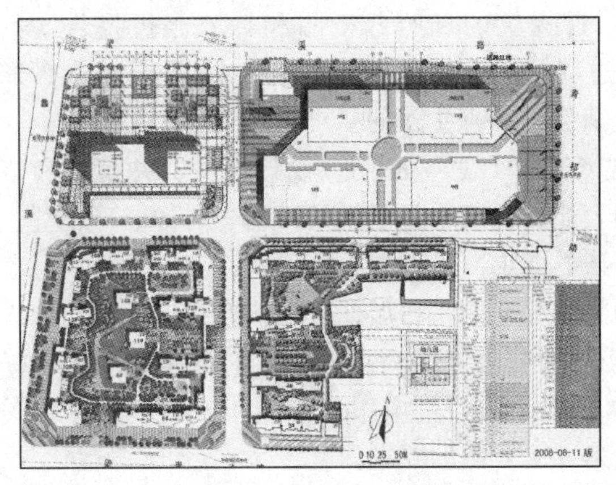

住宅公共服务设施配套说明

无锡万达广场位于无锡市新的发展区域—滨湖区河埒地区核心商务区的最中心区域，是河埒地区改造中重点建设的商业中心所在地，也是无锡市首个以块状商业为概念规划的商务区，建成后将成为无锡市规模最大的组团式块状商务区。

无锡万达广场项目用地（即河埒地区改造中XDG-2006-29号地块）南临梁青路；东接青祁路；西为蠡溪路；北隔梁溪路与河埒市民休闲公园相望，总用地面积为17.93万平方米，用地性质为商业、居住、办公，项目总建筑面积68.5万平方米，其中地上建筑面积约54万平方米。

整个用地分为A、B、C、D、E五个地块，用地被十字交叉的20米城市规划道路分为四个区域，其中A、B、C各为一个独立地块，D、E地块被保留住宅分为两个地块。按照整体规划A地块为超白金五星级酒店和高档写字楼；B地块为大型综合商业广场和精装修公寓；C、D、E地块为商品住宅及其配套公建。

C区建设商品住宅，总用地面积为50373平方米，地上总建筑面积为15.7万平方米，其中住宅约14万平方米，底商约1.7万平方米。地下室部分共5万平方米，设置1220个机动车停车位。

D、E地块总用地面积为4.02万平方米，其中D块为3.61万平米，为住宅用地，E块0.41万平米，为幼儿园用地。

D、E块总建筑面积158373m²，总户数为1019户。

图 9-16　总平面图及公共设施说明文件

境进行了分析，如图 9-18 所示，表明 C、D 区冬季人行区最大风速为 1.5m/s，满足第 4.1.13 条的要求。

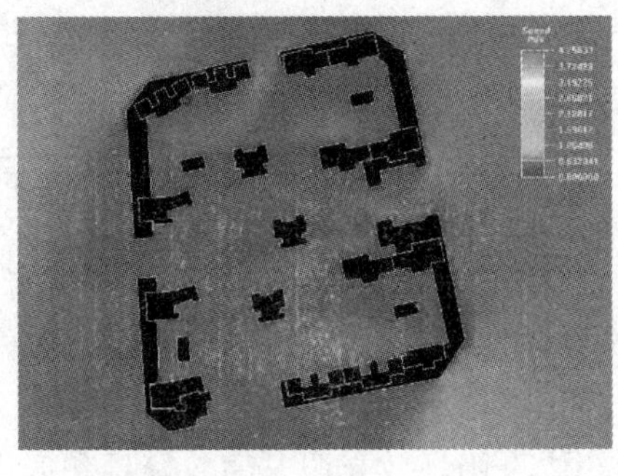

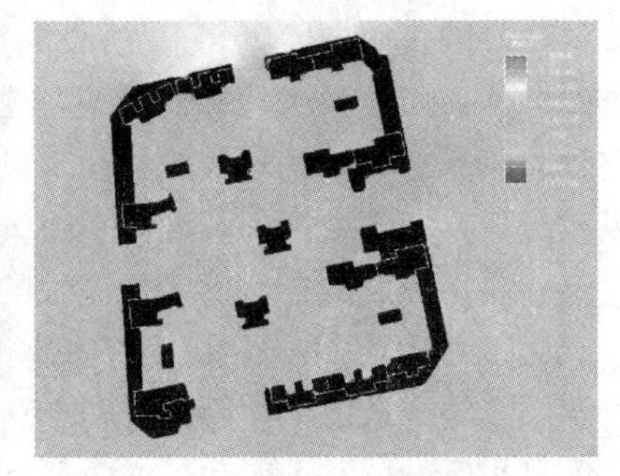

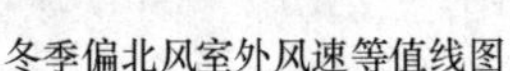

冬季偏北风室外风速等值线图　　冬季偏北风室外风压等值线图

图 9-18　室外风环境模拟分析

通过查看种植图，确定该住区内采用了乔、灌、草相结合的复层种植方式，且没有大面积纯草坪，满足第 4.1.14 条的要求。此外，该项目提交的场地周边公共交通地图和相关图纸显示，该项目基地位于城市较好地段，附近有多路公交线路，符合第 4.1.15 条的要求。

该项目提交了较为详细的室外透水地面面积比等相关计算数据，通过核实，室外透水地面面积（包括绿地面积和停车场植草砖面积）总计 31177m^2，占室外地面总面积的 49.8%，满足第 4.1.16 条的要求。通过查看建筑地下室平面图，确定该项目的地下空间主要用于停车场、设备用房等，其地下建筑面积与建筑占地面积之比为 30.5%，故判定满足第 4.1.17 条的要求。

综上所述，在节地与室外环境评价方面，该项目的控制项全部达标，一般项达标 5 项，优选项达标 1 项，就其一般项达标数量而言，满足绿色建筑设计评价标识二星级要求。

9.2.3　节能与能源利用评价

该项目利用场地自然条件，合理设计了建筑体形、朝向、楼距和窗墙面积比，使住宅获得良好的日照、通风和采光，部分建筑朝东、南、西向外窗设外遮阳设施，其建筑热工设计与暖通空调设计均符合国家和地方居住建筑节能标准的规定。此外，该项目小区的公共场所和住宅内公共部位采用高效光源、高效灯具和低损耗镇流器等附件，并采取了照明声控、光控、定时、感应等节能控制措施。

该项目的建筑热工设计与暖通空调设计均符合国家和地方居住建筑节能标准的规定，通过查阅提交的建筑施工图设计说明、围护结构做法详图、节能计算报告等材料，判定满足第 4.2.1 条的要求。

由于该项目未采用集中空调系统，故第 4.2.2 条、第 4.2.3 条、第 4.2.5 条、第 4.2.6 条和第 4.2.8 条不参评。

该项目利用场地自然条件，合理设计建筑体形、朝向、楼距和窗墙面积比，使住宅获得良好的日照、通风和采光，部分建筑朝东、南、西向外窗设外遮阳设施。通过查阅自然通风效果优化模拟计算报告，表明大部分户型的房间，室内通风良好，整体通风充分，流场较为均匀，窗口附近与局部过道附近风速稍高，在充分开窗通风状况下，室内大部分区域风平均风速可达到 1m/s 左右，通过室内人员自主调节，能够获得较好的自然通风。提供的自然采光模拟报告、日照模拟报告显示，卧室、起居室（厅）、书房、厨房等基本满足国家标准中关于采光系数和室内临界照度的要求。综合考虑上述因素，判定满足第 4.2.4 条的要求。

该项目小区的公共场所和住宅内公共部位采用高效光源、高效灯具和低损耗镇流器等附件，设置了照明声控、光控、定时、感应等自控装置，在有自然采光的区域设定时或光电控制，由楼宇自控系统对室外照明、公共区域照明及立面装饰照明回路按时间段进行自动开关控制。荧光灯均采用细管径直形，配用电子镇流器或节能型电感镇流器（cos>0.9），其效率不低于标准的规定。故判定满足第 4.2.7 条的要求。

综上所述，在节能与能源利用评价方面，该项目的控制项除 2 项不参评外全部达标，一般项除 3 项不参评外达标 2 项，优选项均未达标，就其一般项达标数量而言，满足绿色建筑设计评价标识一星级要求。

9.2.4 节水与水资源利用评价

该项目进行了较为合理的水系统规划设计，室内采用节水坐便器，且通过技术经济比较，确定了屋顶雨水积蓄和处理方案，并将收集后的雨水用于景观补水，通过透水地面和雨水渗透管增加地面雨水渗透量。

该项目对用水定额、用水量估算、排水量估算和雨水的集蓄及利用进行了规划，满足第 4.3.1 条的要求。此外，该项目的给水排水管网采用了符合产品行业标准要求的耐腐蚀、耐久性能好的管材和密闭性能好的阀门，满足第 4.3.2 条的要求；因室内采用了节水坐便器，满足第 4.3.3 条的要求。

尽管该项目临近江湖，水资源量相对丰富，但由于水质状况并不乐观，因此属于水质型缺水地区；此外，西南部太湖沿岸丘陵起伏，属亚热带季风海洋气候，雨量充沛。鉴于上述条件，该项目收集污染相对较轻的屋面雨水，经雨水滤板过滤后主要用于景观补水，满足第 4.3.4 条的要求。

该项目的雨水收集处理系统以市政自来水作为补水水源，保障水量安全，通过设置溢流设备，使雨量超过调蓄池调节容量时，多余的雨水溢流排入小区的雨水管网中。此外，该项目的水质保持采用一体化生物净化器（紫外电子杀菌精密过滤有效去除 N、P 净化水质），并在雨水储存输配过程中设有消毒杀菌设备和措施。综合考虑以上因素，判定满足第 4.3.5 条的要求。

该项目采用了透水地面和雨水渗透管以加强雨水渗透，因地制宜地采取了有效的雨水入渗措施，满足第 4.3.6 条的要求。因其在绿化灌溉中采取了喷灌方式，故满足第 4.3.8 条的要求。此外，该项目对建筑屋面地面雨水直接收集并加以利用，且地面雨水采用渗透方式加以利用，满足第 4.3.10 条的要求。

综上所述，在节水与水资源利用评价方面，该项目的 5 项控制项全部达标，一般项达标 3 项，优选项没有达标项，就其一般项达标数量而言，满足绿色建筑设计评价标识二星级要求。

9.2.5 节材与材料资源利用评价

该项目造型简约，无大量装饰性构件，要求现浇混凝土采用预拌混凝土，且全部砂浆均采用商品砂浆，其可再循环材料使用重量占所有建筑材料总重量的 10.93%。

通过审核提交的建筑设计图纸、建筑工程造价预算表以及装饰性构件造价占工程总造价比例的计算书，确定该项目造型要素简约，无大量的装饰性构件，女儿墙最大高度为 1.1m，且未使用双层外墙（含幕墙），故判定满足第 5.4.2 条的要求。

根据提交的结构设计说明，确定该项目设计时要求现浇混凝土全部采用预拌混凝土；通过审核商品砂浆使用比例证明材料，确定该项目所使用的砂浆全部为商品砂浆；故判定满足第 5.4.4 条的要求。

通过审核可再循环材料使用量占所有建筑材料总重量的比例计算书，确定该项目的可再循环材料使用重量占所有建筑材料总重量的 10.93%，满足第 5.4.7 条的要求。

综上所述，在节材与材料资源利用方面，该项目的控制项全部达标，一般项达标 2 项且 2 项不达标，就其一般项达标数量而言，满足绿色建筑设计评价标识一星级要求。

9.2.6 室内环境评价

该项目在对整个区域内的日照情况进行了模拟计算的基础上，适当调整户型设计和楼间距，使各户均能满足日照要求；通过对典型户型进行采光模拟分析，其采光系数和主要功能房间的窗地面积比满足标准要求。此外，该项目通风开口面积不小于地板面积的 8%，各套住宅均设有明卫，居住空间能够自然通风，且开窗具有良好视野，在自然通风条件下房间的屋顶和东、西外墙内表面的最高温度以及围护结构隔声性能均满足相关标准的要求。

考虑到周边建筑的影响，该项目对整个区域内的日照情况进行了模拟计算，给出大寒日底层窗台面高度处的日照时数分析图，结果显示个别住户由于建筑本体内凹，自遮挡或邻近建筑遮挡而不满足日照标准要求，但经适当调整户型设计和楼间距后，各户均能满足日照要求，故判定第 4.5.1 条达标。

根据门窗表等建筑施工图，该项目对各户型主要功能房间的窗地面积比进行了核算（见表 9-3），满足相关标准对窗地面积比的要求；此外，该项目对典型户型进行了采光模拟分析，如图 9-19 所示，其采光系数满足标准要求，故判定第 4.5.2 条达标。

典型户型窗地面积比和采光系数 **表 9-3**

户 型	房间名称	地板面积 (m^2)	外窗面积 (m^2)	窗地面积比 (%)	最小采光系数 C_{min} (%)	结 论
10 号楼 C 户型	主卧	20.63	6.65	32.23	1.99	满足
	卧室 1	11.89	3	25.23	1.62	满足
	卧室 2	13.22	3	22.69	1.65	满足
	卧室 3	10.77	3	27.86	1.67	满足
	客厅	35.4	10.12	28.59	4.18	满足
	餐厅				3.55	满足
	厨房	34.71	16.15	46.53	1.43	满足

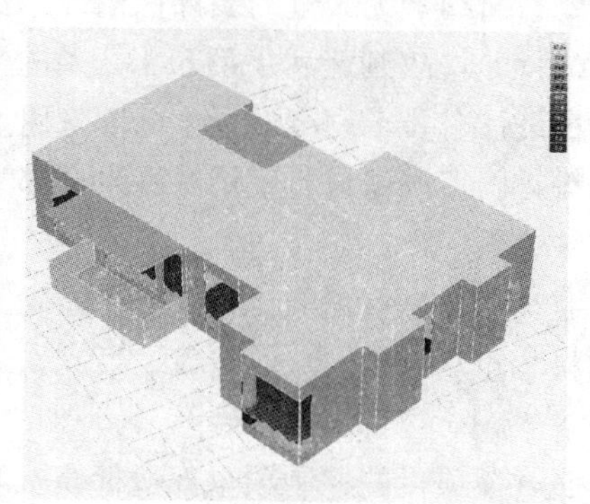
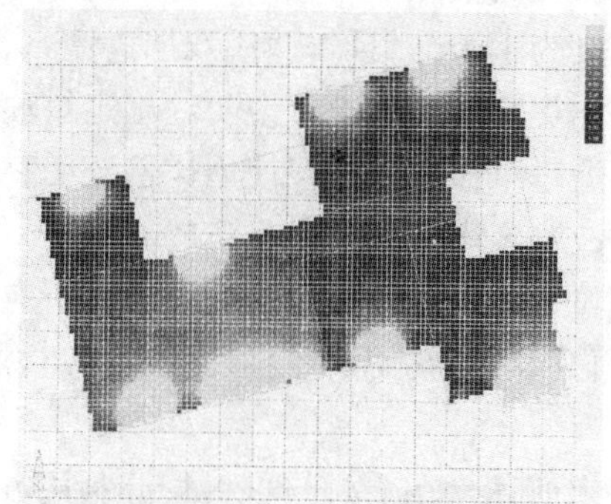

图 9-19　10 号楼 C 户型采光系数模拟计算结果

该项目的外窗采用喷塑断热铝合金中空玻璃窗，分户墙采用 20mm 石灰水泥砂浆＋200mm 加气混凝土砌块＋20mm 石灰水泥砂浆，楼板采用 20mm 水泥砂浆＋200mm 钢筋混凝土＋20mm 水泥砂浆，经与类似构造做法的已有检测结果进行对比，围护结构隔声性能满足相关标准要求。此外，环评报告显示该项目区域内昼间噪声不高于 55dB（A），夜间噪声不高于 50dB（A），在现有围护结构条件下室内背景噪声可以达到标准要求，故判定第 4.5.3 条达标。

该项目提供的门窗表以及主要功能房间通风开口面积与地板面积比计算书显示，其开口面积比例均高于 8%，满足第 4.5.4 条的要求。此外，通过审阅建筑施工图纸，确定该项目两住宅楼居住空间的水平视线距离最小为 26m，且各套住宅均设有明卫，满足第 4.5.6 条的要求。

因该项目处于夏热冬冷地区，为非采暖、空调建筑，故第 4.5.7 条和第 4.5.9 条不参评。根据该项目提交的围护结构内表面温度计算书，表明其在自然通风条件下房间的屋顶和东、西外墙内表面的最高温度均满足相关标准的要求，故判定第 4.5.8 条达标。此外，由于该项目未采用外遮阳，且未设置通风换气装置或室内空气质量监测装置，故判定第 4.5.10 条和第 4.5.11 条不达标。

综上所述，该项目在室内环境质量方面的控制项全部达标，6 项一般项中有 2 项达标，2 项不达标，2 项不参评，一般项达标数满足绿色建筑设计评价标识三星级要求。

9.2.7 运营管理评价

该项目的建筑智能化系统包括：安全防范子系统、管理与监控子系统和信息网络子系统，从总体规划的智能化功能要求出发，有目的、有针对性地满足功能需要，实现了“智能居住小区”为居民服务和“以人为本”的理念。

该项目的智能化系统基本满足国家和地方的标准和规范性文件，考虑了技术的先进性、可靠性、开发性和可扩性，节能、生态环保和可持续发展的原则贯穿于智能化系统实施的全过程，满足第 4.6.6 条的要求。

根据提交的设计图纸可见，该项目的水、电、燃气等表具设置齐全，且能够实现分户、分类计量与收费，满足第 4.6.2 条的要求。此外，该项目的设备、管道布置合理，公共设备管道设置在公共部位以便于日常维修和更换，故判定满足第 4.6.11 条的要求。

综上所述，在经营管理评价方面，该项目在设计阶段应参评的 3 项全部达标，满足绿色建筑设计评价标识三星级要求。

9.2.8 评价总结

根据《绿色建筑评价标准》对住宅建筑项目——无锡万达广场 C、D 区住宅进行了“绿色建筑设计评价标识”评价，其达标总情况见表 9-4。其中控制项除 2 项不参评外，其他 19 项全部达标；一般项达标 16 项，不达标 11 项，5 项不参评；优选项达标 1 项，不达标 5 项，达标总情况达到了“绿色建筑设计评价标识”一星级要求。

无锡万达广场 C、D 区住宅设计阶段达标总情况 表 9-4

	等 级	节地与室外环境	节能与能源利用	节水与水资源利用	节材与材料资源利用	室内环境质量	运营管理
控制项共 21 项	总项数	**7**	**3**	**5**	**1**	**4**	**1**
	达标	7	1	5	1	4	1
	不达标	0	0	0	0	0	0
	不参评	0	2	0	0	0	0

续表

	等　级	节地与室外环境	节能与能源利用	节水与水资源利用	节材与材料资源利用	室内环境质量	运营管理
一般项共32项	总项数	**8**	**6**	**6**	**4**	**6**	**2**
	达标	5	2	3	2	2	2
	不达标	3	1	3	2	2	0
	不参评	0	3	0	0	2	0
优选项共6项	总项数	**2**	**2**	**1**	**1**	**0**	**0**
	达标	1	0	0	0	0	0
	不达标	1	2	1	1	0	0
	不参评	0	0	0	0	0	0

9.3 上海市建筑科学研究院绿色建筑工程研究中心办公楼

9.3.1 项目介绍

上海市建筑科学研究院绿色建筑工程研究中心办公楼（图9-20）位于上海市闵行区申富路568号，上海市莘庄科技发展园区近中春路口，其开发单位为上海市建筑科学研究院（集团）有限公司，设计单位为上海建科建筑设计院有限公司，项目于2003年12月立项，2004年9月竣工，建筑面积约0.2万m^2，南面2层，北面3层。该项目在设计时即以绿色、生态示范建筑为目标，集成了国内外先进的“超低能耗、自然通风、天然采光、健康空调、再生能源、绿色建材、智能控制、生态绿化、资源回用和舒适环境”等十大技术体系，为我国生态建筑关键技术的研究和建筑一体化集成提供了示范和实验平台。该项目于2008年参加了第一批“绿色建筑设计评价标识”评价，获得三星级“绿色建筑设计评价标识”；2009年参加了第一批“绿色建筑评价标识”评价，获得三星级“绿色建筑评价标识”。

图9-20　绿色建筑工程研究中心办公楼外观图

9.3.2 节地与室外环境评价

该项目处于工业园区内，选址安全且符合城市规划的要求，场地内无排放超标的污染源，新建建筑没有影响周边居住建筑的日照。该项目合理地采用了屋顶绿化、垂直绿化的方式辅助建筑节能，场地交通组织合理，适当地采用了透水铺装，并在室外设有生态水池，在一定程度上有利于调节室外环境。

该项目提交了建设项目环境影响登记表，通过查看其结论，并结合场地总平面图，判定该项目场址安全可靠，且内无洪灾、泥石流及含氡土壤的威胁，建筑场地安全范围内无电视广播发射塔、雷达站、通信发射台、变电站，高压电线等电磁辐射危害以及油库、煤气站、有毒物质车间等可能引发火、爆、有毒物质等危险源，不会对周围建筑物带来光污染，故判定满足第 5.1.1 条和第 5.1.3 条的要求。此外，根据以上资料并通过现场核实，该项目为非生产性项目，生活污水经基地内管网汇集后送到开发区指定点接入集中污水处理厂，由此判定该场地内无排放超标的污染源，满足第 5.1.4 条的要求。

通过查阅设计资料并进行现场核实，该项目的建筑仅为 3 层，且无玻璃幕墙，不存在对周边居住建筑的日照和通风等影响；即使 2 层较大面积玻璃窗外也安装有铝合金遮阳百叶，避免了对周边环境造成的光污染，故满足第 5.1.3 条的要求。此外，根据提供的施工过程组织文件及现场照片，如图 9-21 所示，证明该项目在施工过程中采用了围挡，且对出入车辆进行清洗等手段控制扬尘，避免对周围区域造成影响，满足第 5.1.5 条的要求。

图 9-21　施工过程现场图片

该项目提交了有关声环境检测报告，设计阶段评价时对照分析结论核对了建筑周边噪声满足评价标准要求；运行阶段通过实地感受，并结合检测报告结论，判定满足第 5.1.6 条的要求。

该项目对室外风环境进行模拟时，以过渡季节为研究重点，采用商业 CFD 软件和 Phoenics 软件对外界风环境进行了模拟分析，如图 9-22 所示，明确提出了分析结果，通过核对模拟过程、图纸与文字结论的一致性，判定满足第 5.1.7 条的要求。

该项目采用了屋顶绿化、垂直绿化的立体绿化方式，共设计有 8 个屋顶花园，对可绿化屋面全部进行了绿化（见图 9-23），并在建筑西墙设计了垂直绿化，遮挡

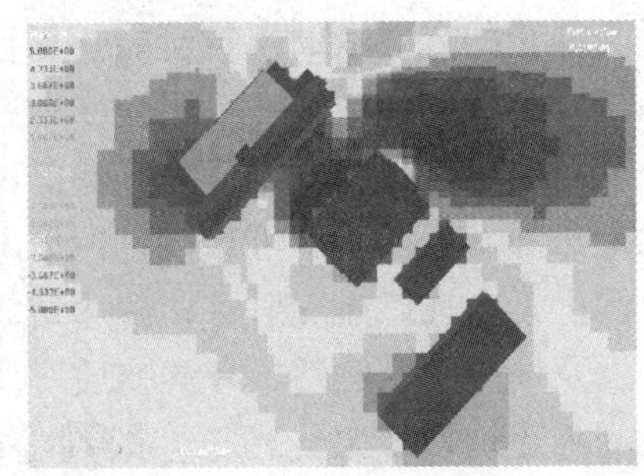

图 9-22　风环境模拟分析

图 9-23　屋顶绿化

西晒，通过审核设计图纸，满足第 5.1.8 条要求。此外，该项目的屋顶花园及建筑周边绿地种植多种乡土植物，并采用了复层绿化的形式，设计阶段评价时通过对照种植苗木表，运行阶段评价时通过现场核实，均判定满足第 5.1.9 条的要求。

该项目提交了场地内部交通组织图和场地周边交通图，由此证明该场地内交通组织合理，距离主入口小于 500m 处有公交站点，满足第 5.1.10 条的要求。因该项目的建筑规模较小，且未开发地下空间，未利用废弃场地及旧建筑，故不满足第 5.1.11 条、第 5.1.12 条和第 5.1.13 条的要求。此外，该项目的室外透水地面主要为绿地，其面积比大于 40%，满足第 5.1.14 条的要求。

综上所述，在节地与室外环境评价方面，该项目的控制项全部达标，一般项达标 5 项，优选项达标 1 项，就其一般项达标数量而言，满足绿色建筑评价标识三星级要求。

9.3.3　节能与能源利用评价

围绕“节约资源、节省资源、保护环境、以人为本”的基本理念，该办公楼达到综合能耗为同类建筑的 25%，再生能源利用率占建筑使用能耗的 20%的设计目标。

该项目应用了多种围护结构节能技术措施，使用了外墙外保温体系、复合墙体、屋面和门窗节能等多种节能技术，且上述墙体体系均通过行业标准所规定的耐候性试验，通过查阅提交的验收资料终稿，判定满足第5.2.1条的要求。

该项目的实施过程中研发并设计应用了热、湿负荷独立控制的新型空调系统，空调夏季利用溶液调湿新风机伴生的冷水和太阳能制冷系统为干式盘管提供冷水，冬季采用太阳能集热板提供热水供盘管和地板采暖，设计工况下的系统综合能效比达到5.2。通过查阅设计归档资料和验收资料，判定满足第5.2.2条的要求。由于未采用电热锅炉、电热水器作为直接采暖和空气调节系统的热源，故可同时判定满足第5.2.3条的要求。

该项目室内节能照明系统现考虑采用T5、T8节能灯，在大开间办公室采用了与自然采光结合的自动调光系统，能够根据室内的照度传感器自动调节灯具亮度，减少电能消耗，提供一种更稳定的照明水平。通过查阅提交材料中的办公室照明功率密度值计算书，判定满足第5.2.4条的要求。

根据实际电力回路的情况，该项目的电力系统划分为测试舱空调、新风除湿空调、测试舱设备系统、照明系统、太阳能空调系统和动力系统六部分，基本包含了整个办公楼的所有电力能耗。此外，管理系统的主要软件功能包括实时监测、历史查询、统计分析三大块内容。通过查阅提交的能源管理系统、生态办公楼设计文件，判定满足第5.2.5条的要求。

该项目基地成东西方向的长矩形，可使大部分房间获得很好的朝向。通过查阅自然通风研究报告，该项目根据上海地区主导风向情况进行设计，采用增大风口有效通风面积的方法强化自然通风效果。三楼中庭的照度在工作时间内始终高于500lx，考虑到一二层获得的天窗照明稍低于三层空间，但同时获得侧窗的天然光，因此公共区域的照度一律大于300lx，无需启动人工照明。综合上述因素，判定满足第5.2.6条的要求；且因照明功率密度达到了目标值要求，故判定满足第5.2.19条的要求。

该项目的建筑外立面无幕墙，外窗可开启面积比例为30%，通过查阅相关设计文件，判定满足第5.2.7条的要求。此外，该项目的外窗气密性设计达到5级标准，通过查阅外窗气密性说明和外窗气密性检测报告，判定满足第5.2.8条的要求。

该项目利用热回收新风除湿机，室内排出的污浊空气和室外送入的新鲜空气通过传热板交换热量，并通过溴化锂浓溶液吸收水分，达到既通风换气又保持室内温、湿度稳定的效果。通过查阅验收资料，判定满足第5.2.10条的要求。由于该项目未采用全空气空调系统，故第5.2.11条不参评。

该项目结合系统特点，分朝向、分区域、分房间设置系统的分支，并设有切断措施，能够利用数据采集系统观察系统变化，改变水泵运行台数。两种冷机都有自身调荷功能，可以改变冷量输出。通过查阅暖通空调节能设计说明，判定满足第5.2.12条的要求。此外，暖通空调节能设计说明显示，该项目采用节能设备与系统，其空调通风系统单位风量耗功以及空调冷水管输送能效比均满足国家标准要求，故第5.2.13条达标。经模拟分析，该项目的建筑设计总能耗为66kWh/m²，低于国家批准或备案的节能标准规定值的80%，满足第5.2.16条的要求。

该项目的可再生能源利用主要包括太阳能光热系统和太阳能光伏发电系统，实现了太阳能光热系统与建筑功能的合理结合，建立了集太阳能空调、辐射采暖、强化自然通风以及全年热水供应功能于一体的太阳能复合能量系统。通过查阅可再生能源利用系统运行报告，确定该系统全年可以承担建筑负荷的60%以上，可再生能源系统利用率达到18.5%，故判定满足第5.2.18条的要求。

综上所述，在节能与能源利用评价方面，该项目的控制项全部达标，一般项除2项不参评外达标6项，优选项达标3项，就其一般项达标数量而言，满足绿色建筑评价标识三星级要求。

9.3.4 节水与水资源利用评价

该项目的水系统规划方案较为完善，采用了耐腐蚀、耐久性能好的管材和密闭性能好的阀门，供水系统采用变频给水系统并进行了分项计量改造，有效地避免了管网漏损，且室内卫生间选用节水器具。该项目对非传统水源进行利用，采取过滤消毒等措施确保用水安全，溢出水进入园区景观水池加以利用；屋面雨水经过设置的屋顶花园进入中水系统，经处理后用于屋顶绿化灌溉和景观补水，并采取喷灌方式。此外，该项目自建中水处理站，采用ICAST技术对雨水及办公楼污水进行有效处理。

该项目具有较为完善的水系统规划方案，包括用水定额的确定、用水量估算、水量平衡、给排水系统设置、污水处理、雨水蓄积利用、再生水利用等各方面内容，满足第5.3.1条的要求。此外，该项目设有给水系统、排水系统和再生水系统，经现场核实确认系统设置合理，满足第5.3.2条的要求。

经现场核实，该项目的给水排水管网采用了符合产品行业标准要求的耐腐蚀、耐久性能好的管材和密闭性能好的阀门，供水系统采用了变频给水系统，有效地采取了避免管网漏损的相应措施，满足第5.3.3条的要求。此外，该项目建筑室内卫生间采用了节水器具，满足第5.3.4条的要求。

该项目利用非传统水源时，采取过滤消毒措施，并采用自动控制及监测系统以确保用水安全。中水系统清水池加氯消毒，并确保在储存、输配等过程中有足够的消毒杀菌能力，中水水箱设有溢流装置，溢出水进入园区景观水池加以利用，满足第5.3.5条的要求。

该项目所设的屋顶花园对屋面污水的排放起到了削减洪峰排量的作用，屋面雨水经过屋顶花园的初步净化通过雨水管道进入中水系统，以此作为中水系统的水源，经处理后回用，满足第5.3.6条要求。此外，该项目的屋顶绿化灌溉和景观补水均采用中水，满足第5.3.7条要求；且通过现场核实，确定该项目的绿化灌溉采用喷灌方式，满足第5.3.8条的要求。

该项目在园区内自建中水处理站，采用ICAST技术处理雨水及办公楼污水，现场核实显示其运行稳定，且出水水质能够达到城市杂用水水质标准，故判定满足第5.3.9条的要求。此外，该项目在运营中根据实际情况对整个供水系统进行了分项计量改造，按用途分别设置了水表（包括中水用量计量表、洗车用水计量、冲厕用水计量、绿化以及水景用水计量等），满足第5.3.10条的要求。

综上所述，在节水与水资源利用评价方面，该项目的控制项5项全部达标，一般项达标5项，1项不达标，优选项均不达标，就其一般项达标数量而言，满足绿色建筑评价标识三星级要求。

9.3.5 节材与材料资源利用评价

该项目采用了环保的绿色建材，且主要使用本地生产的建筑材料；其建筑造型简约，无大量装饰性构件，施工过程中的现浇混凝土采用了预拌混凝土，注重了可再循环材料和可再利用材料的回收和利用，实现土建与装修一体化完成，并使用了大量灵活隔断。此外，该建筑采用了以再生混凝土为主要材料的钢筋混凝土结构体系，在节约材料的同时，减少了对环境的影响。

该项目的装修材料全部选用绿色装饰装修材料，100%采用环保低毒产品，材料中有害物质含量符合现行国家标准的要求，通过查阅环境检测报告，判定满足第5.4.1条的要求。

通过查看建筑效果图和设计文件并进行现场核实，该项目的造型要素简约，无大量装饰性构件，女儿墙最大高度为1.35m，满足第5.4.2条的要求。

通过查阅提交的主要材料生产厂家清单，该项目施工现场500km以内生产的建筑材料重量占建筑材料总重量的84.45%，满足了第5.4.3条“施工现场500km以内生产的建筑材料须占建筑材料总重量的60%以上”的要求。此外，上海市强制使用预拌混凝土，该项目所有的现浇混凝土均采用了预拌混凝土，故满足第5.4.4条的要求。

通过查看设计图纸，由于该项目为6层以下建筑，故不参评第5.4.5条。该项目对旧建筑拆除和场地清理时的固体废弃物进行了分类处理，并对可再利用材料和可再循环材料进行了回收和再利用，满足第5.4.6条的要求。此外，通过查阅提供的概算材料清单，该项目的可再循环材料用量占全部材料用量的11.08%，满足第5.4.7条的要求。

通过审核提交的土建图纸和装修图纸，确定该项目的土建设计和装修设计为一家设计单位完成，且土建施工和装修施工系一体化完成，未产生构件的破坏和材料的浪费，故判定满足第 5.4.8 条的要求。此外，通过审核提交的设计图纸和灵活隔断比例计算说明，同时经过现场核实，确定该项目的可变换功能空间大量使用了灵活隔断的隔断方式，其比例达到了 51.8%，满足第 5.4.9 条的要求。

通过审查提供的再生混凝土的配合比设计报告单和再生混凝土供货证明，确定该项目大量使用了再生骨料混凝土、绿色混凝土和大粉煤灰掺量商品砂浆，其中废弃物的掺量超过了 20%，且以废弃物为生产原料的建筑材料超过了同类建筑材料用量的 30%，同时再生骨料混凝土中再生骨料的用量大于项目所用建筑材料重量的 5%，故判定满足第 5.4.10 条和第 5.4.12 条的要求。此外，尽管该建筑的结构体系采用钢筋混凝土结构，但其混凝土多采用再生混凝土，通过对其提供的论证报告进行分析与核实，确定该体系为资源消耗和环境影响小的建筑结构体系，故判定满足第 5.4.11 条的要求。

综上所述，在节材与材料资源利用方面，该项目的控制项全部达标，一般项达标 6 项，1 项不参评，1 项不达标，优选项达标 2 项。就其一般项达标数量而言，满足绿色建筑评价标识三星级要求。

9.3.6 室内环境评价

该项目中央空调系统房间的室内温度、湿度、新风量均满足标准要求，建筑平面布局和空间功能安排合理，其围护结构内表面无结露、发霉现象，并采取降噪和隔声措施；选择了屋顶斜坡设计大面积排风道的基本方案，并利用屋顶斜拔风风道背面的太阳能辐射板加强自然通风效果。该项目 94%以上的主要功能空间室内采光系数大于 2.2%，采用了屋顶采光天窗、采光井等措施以改善室内采光。通过多种遮阳技术改善室内热环境，并通过对楼内气窗、外遮阳百叶、遮阳板、顶棚遮阳进行控制，以及采用可独立调节温湿度的末端，确保了室内环境的舒适性。此外，该项目的主要入口处设有无障碍坡道，底层设有无障碍厕所。

根据提交的暖通空调设计说明，该项目的中央空调系统房间的室内温度、湿度、新风量均满足标准要求，通过核查有 CMA 认证的检测公司出具的室内环境检测报告（见图 9-24），测试结果符合相关标准要求，故判定满足第 5.5.1 条、第 5.5.3 条和第 5.5.4 条的要求。

根据建筑设计说明和图纸，该项目采用了 4 种复合墙体保温体系，3 种屋面保温体系和双玻中空 LOW-E 窗以及多种遮阳技术，外墙传热系数 0.3W/(m^2·K)，屋面传热系数 0.6W/(m^2·K)，外窗传热系数 2.5W/(m^2·K)；通过现场核查，建筑围护结构内表面无结露、发霉现象，故判定满足第 5.5.2 条的要求。

该项目噪声主要来源于附近的交通噪声及临近的幕墙检测实验室，因此在其边界修建隔声屏障以衰减马路噪声，同时采用多层复合板墙体以减弱板的共振和在吻

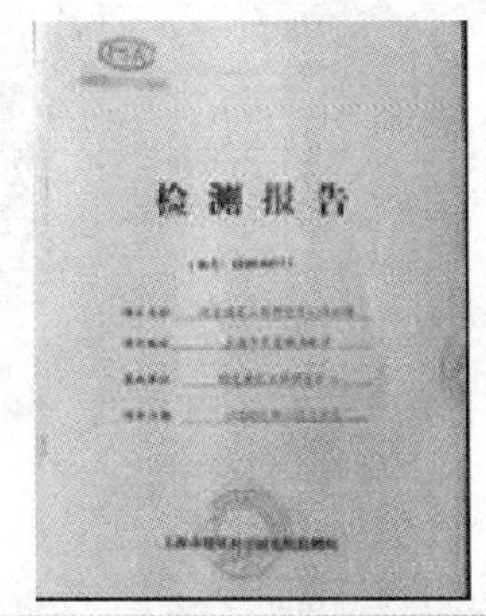

第 2 页 共 3 页

检验结果

序号	测点位置	甲醛(mg/m³) 测试值	平均值	氨(mg/m³) 测试值	平均值	苯(mg/m³) 测试值	平均值	TVOC(mg/m³) 测试值	平均值	氡(Bq/m³) 测试值	平均值
1	一楼办公区1	0.06	0.06	0.1	0.1	0.03	0.03	0.1	0.01	62	61
2	一楼办公区2	0.07		0.1		0.03		0.1		38	
3	一楼办公区3	0.05		0.0		0.04		0.2		60	
4	一楼办公区4	0.06		0.0		0.02		0.1		61	
5	一楼会议室	0.06	—	0.0	—	0.04	—	0.2	—	58	—
6	103室	0.09	—	0.0	—	0.03	—	0.3	—	56	—
7	208室1	0.08	0.09	0.1	0.1	0.03	0.04	0.2	0.2	62	54
8	208室2	0.09		0.0		0.05		0.2		56	
9	210室	0.08	—	0.0	—	0.05	—	0.3	—	48	—
10	203室	0.08	—	0.0	—	0.04	—	0.3	—	52	—
标准值(≤)		0.12		0.2		0.09		0.6		400	

检验结果

序号	测点位置	温度(℃) 测试值	平均值	湿度(%) 测试值	平均值	室内空气流速(m/s) 测试值	平均值	新风量(m³/h·人) 测试值	平均值
1	一楼办公区1	20.4	20.7	45	[illegible]	0.0	0.0	—	—
2	一楼办公区2	20.8		46		0.1			
3	一楼办公区3	21.0		47		0.0			
4	一楼办公区4	20.6		43		0.0			
5	一楼会议室	20.4	—	44	—	0.0	—	34.2	—
6	103室	20.2	—	52	—	0.0	—	34.5	—
7	208室1	21.4	21.5	58	[illegible]	0.1	0.1	44.7	—
8	208室2	21.8		58		0.0			
9	210室	21.8	—	34	—	0.0	—	35.8	—
10	203室	21.2	—	32	—	0.1	—	46.5	—
标准值(≤)		16~24		30~60		0.2		30	

检验结果

测点/指标	北1	北2	西1	西2	南1	南2	东1	东2
室外空气流速(m/s)	3.9	3.6	3.0	3.4	3.9	4.0	3.8	3.6
标准值(≤)	5m/s							

主要仪器设备

仪器名称	型号	仪器编号
气相色谱质谱联用仪	Trace 2000	[illegible]
紫外分光光度计	Genesys 11	[illegible]
大气采样器	SQC-1000	[illegible]
大气采样器	SQC-1000	[illegible]
大气采样器	SQC-1000	[illegible]
大气采样器	SQC-1000	[illegible]
环境氡测量仪	[illegible]	[illegible]
备注	一楼办公区和208室布点位置详见布点图	

图 9-24　室内环境检测报告

合临界频率区的声能辐射。此外，屋顶设备层利用浮筑楼板构造作为下层对实验室内噪声与振动控制的主要措施，并采取措施减少孔洞和缝隙传声，提高窗户的隔声性能。通过其提交的室内主要功能空间噪声检测报告，判定其室内测试点噪声均符合相关标准的限值要求，故满足第 5.5.5 条的要求。

该项目主要使用 T5、T8 两种节能荧光灯，选用眩光小、蝙蝠翼型配光曲线的灯具减少眩光的发生几率，其产品性能参数满足相关标准的要求。通过对提交的由 CMA 认证检测公司出具的室内照度、统一眩光值等照明指标的检测报告进行核查，确定其室内照明指标满足标准要求，故判定第 5.5.6 条达标。

根据提交的自然通风研究报告，确定采用自然通风模拟计算技术和风洞实验对通风方案设计进行了优化（见图 9-25），通过方案比较，选择了屋顶斜坡设计大面积排风道的基本方案，并利用屋顶斜拔风风道背面的太阳能辐射板加强自然通风效果，满足第 5.5.7 条的要求。

通过查阅暖通空调设计说明和图纸并进行现场核实，该项目室内采用可独立调节温湿度的末端，满足第 5.5.8 条要求。此外，由于该项目非宾馆类建筑，故不参评第 5.5.9 条。

根据建筑设计说明和图纸，该项目的设备用房位于顶层，与办公区域相隔较远；电梯井、管道等集中布置，与办公区域分开；屋顶设备层利用浮筑楼板构造作

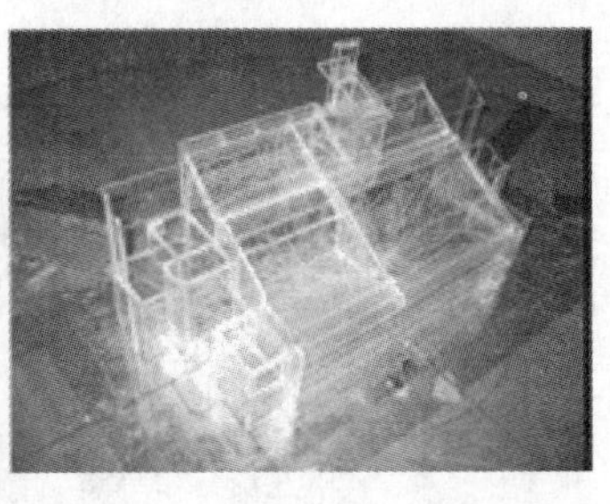

图 9-25　自然通风模拟与风洞实验

为下层实验室内噪声与振动控制的主要措施，并减少孔洞和缝隙传声。经过现场核查，判定满足第 5.5.10 条要求。

根据提交的室内采光模拟分析报告（见图 9-26），该项目 94%以上的主要功能空间室内采光系数大于 2.2%，满足第 5.5.11 条的要求。此外，根据建筑设计说明和图纸，并经现场核查，确定该项目的主要入口处设有无障碍坡道，底层设有无障碍厕所，故判定满足第 5.5.12 条的要求。

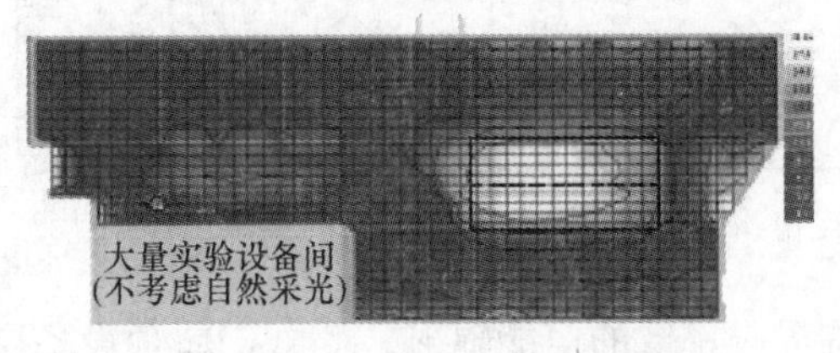

图 9-26　采光模拟分析模型与一层采光系数模拟结果

根据建筑设计相关说明和图纸并通过现场核查，确定该项目采用了多种遮阳技术，其天窗采用智能控制外遮阳，南立面采用水平可调铝合金百叶外遮阳技术，西立面主要采用垂直可调铝合金百叶遮阳技术，东南向露台采用电动软遮阳（见图 9-27），满足第 5.5.13 条的要求。

图 9-27　建筑南立面、西立面、天窗遮阳设置

根据建筑设计、电气设计相关说明和图纸，并通过现场核查，确定该项目对楼内气窗、外遮阳百叶、遮阳板、顶棚遮阳进行了控制，能够对环境舒适性进行调

节；当楼内 CO_2 浓度超过能源集成管理系统的最高限定值时，气窗将自动打开进行通风，以确保室内环境的舒适性，故判定第 5.5.14 条达标。

根据建筑设计相关说明和图纸并通过现场核查，确定该项目采用了屋顶采光天窗、采光井等措施以加强室内采光，并通过在屋顶天窗设置软帘遮阳篷、在南立面设置外遮阳百叶等措施改善室内采光均匀度，满足第 5.5.15 条的要求。

综上所述，该项目在室内环境质量方面的控制项全部达标，6 项一般项中有 5 项达标，1 项不参评，一般项达标数满足绿色建筑评价标识三星级要求。

9.3.7 运营管理评价

该项目制定并实施了节能、节水等资源节约与绿化管理制度，运行过程中无不达标废弃、废水排放，废弃物分类收集，施工过程中兼顾了土方平衡和施工道路等设施在运营过程中的使用，设备和管道的设置便于维修、改造和更换，空调通风系统能够进行定期检查和清洗。此外，该项目采用了智能集成控制管理系统，其定位合理，功能完善，运营高效，建筑耗电、冷热量等实行了计量收费。

通过查阅提供的相关规章制度并进行现场核实，该项目的物业管理公司制定了较为完善的规章制度，有一支适应现代物业管理的优秀管理服务队伍，建立了办公楼建筑设备、设施管理账册和重要设备设施的技术档案，具备智能化系统运行管理的操作规程、标准和制度，满足第 5.6.1 条的要求。此外，该项目在物业管理方面制定并实施了资源管理激励机制，符合第 5.6.11 条的要求。

通过查阅环评报告并进行现场核实，该项目为非生产性项目，生活污水经基地内管网汇集后送到该建筑的处理构筑物处理，运行过程中无不达标废气、废水排放，满足第 5.6.2 条的要求。此外，该项目在源头将垃圾分类收集，确定了“分类回收、集中保管、统一处理”的原则，对废电池进行了单独收集后运出，满足第 5.6.3 条的要求。

通过查阅施工组织设计资料，该项目在施工过程中弃土回填利用，尽量收集利用表面耕植土，实现了土方平衡，且其施工现场道路按照永久道路和临时道路相结合的原则布置，保持了延续性，符合第 5.6.4 条的要求。但因物业管理部门未通过 ISO14001 环境管理体系认证，故第 5.6.5 条不达标。

通过查阅各专业的主要竣工资料，确定该项目的设备层北侧设有检查口，便于设备更换和维护，且室内大部分空间无吊顶设计，设备易于维修，满足第 5.6.6 条的要求。通过查阅提供的空调通风系统管理措施及维护记录报告，确定该项目的通风、空调系统能够定期检查和清洗，测试结果满足卫生标准要求，判定第 5.6.7 条达标。

该项目借鉴国内外先进技术，提供了包括室内环境调控、建筑节能实时监控、信息网络及安全保障和低能耗、高可靠性的智能集成控制管理系统（见图 9-28），

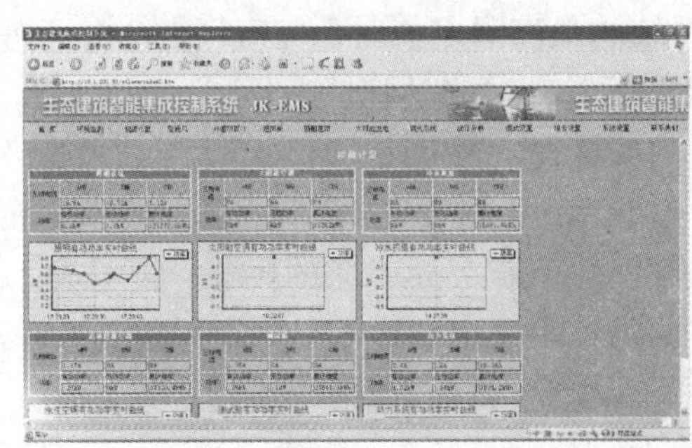

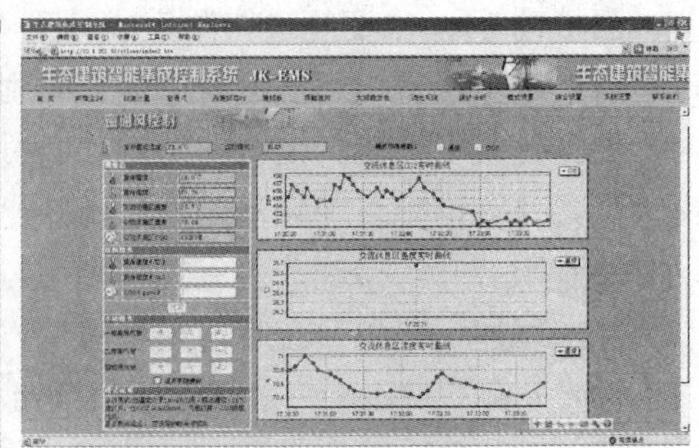

图 9-28　智能化集成管理系统

其智能化系统还包括：楼宇设备监控系统、多媒体信息发布、多媒体会议、公共安全、有线电视、信息网络、信息应用、背景音乐及紧急广播、消防报警系统、智能化集成管理和分项计量等系统，是一套技术先进，功能合理、投资优化的应用方案，达到了高度集中、高效运转、高新实用的标准，实现了动态调节建筑室内外环境，并最终实现了“生态、节能、可持续发展”的目标，满足第 5.6.8 条和第 5.6.9 条的要求。此外，该项目为自用办公楼，其空调、照明用能系统进行分项计量，并按照计量结果与物业结算，故判定第 5.6.10 条达标。

综上所述，该项目在运营管理方面的控制项全部达标，一般项 6 项达标，1 项不达标，优选项达标 1 项，就其一般项达标数量而言，满足绿色建筑评价标识三星级要求。

9.3.8　评价结论

根据《绿色建筑评价标准》对公共建筑项目——上海市建筑科学研究院绿色建筑工程研究中心办公楼进行了“绿色建筑设计评价标识”评价，其达标总情况见表 9-5。其中 20 项控制项全部达标；一般项达标 28 项，不达标 4 项，4 项不参评；优选项达标 8 项，不达标 4 项，达标总情况达到了“绿色建筑设计评价标识”三星级要求。

上海市建筑科学研究院绿色建筑工程研究中心办公楼设计阶段达标总情况

表 9-5

等级		节地与室外环境	节能与能源利用	节水与水资源利用	节材与材料资源利用	室内环境质量	运营管理
控制项共 20 项	总项数	**4**	**5**	**5**	**1**	**5**	**0**
	达标	4	5	5	1	5	0
	不达标	0	0	0	0	0	0
	不参评	0	0	0	0	0	0
一般项共 36 项	总项数	**6**	**10**	**6**	**5**	**6**	**3**
	达标	5	6	5	4	5	3
	不达标	1	2	1	0	0	0
	不参评	0	2	0	1	1	0

续表

	等级	节地与室外环境	节能与能源利用	节水与水资源利用	节材与材料资源利用	室内环境质量	运营管理
优选项共12项	总项数	**3**	**4**	**1**	**1**	**3**	**0**
	达标	1	3	0	1	3	0
	不达标	2	1	1	0	0	0
	不参评	0	0	0	0	0	0

此外，根据《绿色建筑评价标准》对公共建筑项目——上海市建筑科学研究院绿色建筑工程研究中心办公楼进行了“绿色建筑评价标识”评价，其达标总情况见表9-6。其中26项控制项全部达标；一般项达标33项，不达标6项，4项不参评；优选项达标10项，不达标4项，达标总情况达到了“绿色建筑评价标识”三星级要求。

上海市建筑科学研究院绿色建筑工程研究中心办公楼运行阶段达标总情况　　表9-6

	等级	节地与室外环境	节能与能源利用	节水与水资源利用	节材与材料资源利用	室内环境质量	运营管理
控制项共26项	总项数	**5**	**5**	**5**	**2**	**6**	**3**
	达标	5	5	5	2	6	3
	不达标	0	0	0	0	0	0
	不参评	0	0	0	0	0	0
一般项共43项	总项数	**6**	**10**	**6**	**8**	**6**	**7**
	达标	5	6	5	6	5	6
	不达标	1	2	1	1	0	1
	不参评	0	2	0	1	1	0
优选项共14项	总项数	**3**	**4**	**1**	**2**	**3**	**1**
	达标	1	3	0	2	3	1
	不达标	2	1	1	0	0	0
	不参评	0	0	0	0	0	0

9.4 山东交通学院图书馆

9.4.1 项目介绍

山东交通学院图书馆（图9-29）位于山东省济南市山东交通学院内，其开发单位为山东交通学院，设计单位为清华大学建筑学院，项目于2000年下半年至2002

年进行设计和建设，2003年5月竣工投入使用。该建筑总建筑面积约1.6万m^2，地下1层，地上5层，包括阅览室、藏书室、报告厅、办公室、检索大厅等。作为国内较早探索绿色生态技术策略并得以实施的项目之一，该项目开发利用废弃场地，综合运用了遮阳、自然采光、中庭和边庭自然通风、围护结构高性能保温、水池替代冷却塔、地道风等多项普通适宜的生态设计策略，大幅降低了建设资源消耗和运行能耗。该项目于2009年参加了第一批“绿色建筑评价标识”评价，并获得二星级“绿色建筑评价标识”。

图9-29 山东交通学院图书馆外观图

9.4.2 节地与室外环境评价

该项目将原有被污染的垃圾场改造为建设用地，新建图书馆，并充分结合场地地形，采用复层绿化和屋顶绿化，充分合理地利用地下空间，利用水塘改善周围环境，营造了良好的室外环境。

通过查阅项目资料得知，该项目所处的原始场地为垃圾场，经过改造形成良好的建设用地（见图9-30），且没有破坏当地文物、自然水系、湿地、基本农田、森

图9-30 将被污染的垃圾场改造为建设用地

林和其他保护区，满足第 5.1.1 条的要求。此外，该场地位于学校内部，场地周边无危险源，且没有对周边建筑产生光污染，场地内无厨房、垃圾站等污染源，故满足第 5.1.2 条、第 5.1.3 条和第 5.1.4 条的要求。

通过查阅施工过程的相关文件，确定该项目在施工过程中制定并实施了保护环境的相关措施，满足第 5.1.5 条的要求。此外，该项目室外较为安静，噪声测试显示其室外场地噪声比标准值低 3dB（A）以上，满足第 5.1.6 条的要求。通过对其室外的风环境进行模拟分析，结果表明其建筑周边风速最大 4.8m/s，满足第 5.1.7 条的要求。

该项目室外种植了乡土植物，采用乔、灌木的复层绿化，并在建筑屋顶采用了屋顶绿化的形式，如图 9-31 所示，对于建筑节能起到辅助作用，满足第 5.1.8 条和第 5.1.9 条的要求。此外，该项目位于学校内部，周边以人行道路为主，场地内交通组织合理，校外公交站点距离图书馆出入口距离小于 500m，满足第 5.1.10 条的要求。

图 9-31　屋顶绿化和建筑周边绿化

该项目利用地下空间作为平战结合的人防工程地下室，并用作设备用房、密集书库、录像厅、视听阅览室、管理室、配电室和库房等，充分合理地利用了地下空间，故判定满足第 5.1.11 条的要求。

通过查阅提交的相关资料，该项目在对垃圾进行彻底清理后，回填自然土壤，保持土壤渗透率，充分利用水塘改善周围环境，不仅开辟出面积为 7000 多 m^2 的建设用地，而且将臭水塘也改造成校园水景（见图 9-32），其环境指标达到相关标准要求，故判定第 5.1.12 条达标。此外，该项目室外存在大面积绿地，且改造后的水池采用生态池底，有利于雨水渗透，其室外透水面积比约 65%，满足第 5.1.14 条的要求。

综上所述，在节地与室外环境评价方面，该项目的控制项全部达标，一般项达标 6 项，优选项达标 2 项，就其一般项达标数量而言，满足绿色建筑评价标识三星级要求。

图 9-32 图书馆与其周边水池

9.4.3 节能与能源利用评价

该项目的空调系统采用室外人工湖水作为冷却水天然冷却，冷机可变负荷调节及台数调节，节约了通风空调系统能耗，其围护结构热工性能指标符合相关建筑节能标准的规定。通过设计地道风蓄能构件，实现了新风预冷预热，实测蓄冷能力约90kW。此外，该项目的建筑总平面设计有利于自然通风，部分区域采用全空气系统，外窗可开启面积比例达到30%，并结合自然采光，合理降低了照明功率。

该项目的围护结构热工性能指标符合现行国家和地方公共建筑节能标准的规定，折合冷负荷指标为 $59W/m^2$，低于普通图书馆冷负荷指标（约 $80\sim100W/m^2$），热负荷指标为 $14W/m^2$，远低于济南地区冬季采暖期无新风时的国家规定采暖指标（$20.4W/m^2$），故判定满足第5.2.1条的要求。

通过查阅设计图纸，确定该项目的空调系统采用2台螺杆冷水机组，每台制冷量为471kW，且不设冷却塔，采用室外人工湖水作为冷却水天然冷却。此外，该项目的地上部分主要采用内、外区分区的空调系统，外区为立式明装风机盘管系统，内区则采用一次回风的全空气系统。采暖由校区原有锅炉房提供冬季采暖热水，与空调系统共用水系统，冬、夏季切换，满足第5.2.2条的要求。此外，该项目未采用电热锅炉、电热水器作为直接采暖和空气调节系统的热源，故判定同时满足第5.2.3条的要求。

该项目的实际照明设计总负荷为170kW，按照1.57万 m^2 计算，照明密度为 $10.8W/m^2$，主要结合自然采光，合理降低了照明功率，荧光灯采用电子镇流器，满足第5.2.4条的要求。此外，该项目照明、冷机、水泵、空调机房、电梯分别安装计量电表，对各类用电分别进行计量，通过现场核实，判定满足第5.2.5条的要求。

该项目的建筑布局正南正北，合理利用了中庭、边庭以及地道组织过渡季以及夏季夜间的自然通风降温，中庭空间上方设置可关闭的拔风烟囱，充分利用热压原理、烟囱效应，加强室内外空气交流，形成良好的自然通风。在天然采光方面，通过电子检索大厅的玻璃顶棚，将自然光引入中心区，形成中心区的顶光光照；边缘区通过合理的窗户设计，使自然光分布均匀；珍本阅览室也充分利用了顶光的光照，遮光光栅使顶光散射成均布光。通过查阅提交的自然通风模拟分析报告、设计图纸和实测报告，判定满足第 5.2.6 条的要求。此外，通过查阅建筑设计图纸及门窗个数及窗墙比、窗地比计算表，确定该项目外窗可开启面积比例为 30%，故判定第 5.2.7 条达标。

通过查阅地道风模拟报告、实测报告及设计图纸并进行现场核实，该项目设计了 3 条 45m 长、截面尺寸为 2.5m×2m、埋深 1.5m 的地道风蓄能构件，实现了新风预冷预热，实测蓄冷能力约 90kW，满足第 5.2.9 条的要求。

通过查阅空调系统设计说明并现场核实新风机组和运行管理制度，该项目部分区域采用全空气系统，报告厅、录像厅、地下阅览室及密集书库等空间过渡季可全新风模式运行，空调季采用地道风预冷新风，判定第 5.2.11 条达标。

通过查阅设计资料并进行现场核实，该项目的冷机可变负荷调节及台数调节，过渡季可全新风运行，按照内外区设置空调系统，外区为风机盘管，冷机 *IPLV* 值达到 4.64，满足第 5.2.12 条的要求。此外，该项目的空调系统利用地表水源热泵，通过查阅地表水源热泵系统图及冷机性能实测分析报告，判定第 5.2.18 条达标。

综上所述，在节能与能源利用评价方面，该项目的控制项全部达标，一般项除 1 项不参评外达标 5 项，优选项达标 1 项，就其一般项达标数量而言，满足绿色建筑评价标识二星级要求。

9.4.4 节水与水资源利用评价

该项目进行了较为合理的水系统规划设计，建筑室内卫生间采用节水器具，同时利用景观湖积蓄雨水，并将其用于室外绿化灌溉、道路浇洒和空调冷却水。

通过查阅提供的包括用水定额确定、用水量估算和给水排水系统设置等内容的水系统规划方案，判定满足第 5.3.1 条的要求。通过查阅设计文档并进行现场核实，确定该项目的给水排水系统设置合理，满足第 5.3.2 条的要求。此外，通过查阅图纸、设计说明并进行现场核实，确定该项目的给水排水管网采用了符合产品行业标准要求的耐腐蚀、耐久性能好的管材和密闭性能好的阀门，供水系统采用了变频给水系统，有效地采取了避免管网漏损的相应措施，满足第 5.3.3 条的要求。

通过查阅相关设计文档、产品说明并进行现场核实，确定该项目的建筑室内卫生间采用了节水便器等节水器具，满足第 5.3.4 条的要求。但由于该项目并未使用非传统水源，故第 5.3.5 条不参评。

通过查阅相关设计图纸并进行现场核实，确定该项目采取了屋顶绿化、场地绿化等提高绿化率的措施，以加强雨水渗透，满足第 5.3.6 条的要求。此外，该项目的部分绿化与道路浇洒使用室外水塘积蓄雨水，景观湖和空调用水采用雨水，满足第 5.3.7 条的要求。通过现场核实，确定该项目采用喷灌方式进行绿化灌溉，满足第 5.3.8 条的要求。

通过审阅相关设计图纸并进行现场核实，确定该项目对卫生间给水、开水器、绿化灌溉等，按用途分项设置水表，满足第 5.3.10 条的要求。

由于该项目的非饮用水没有采用再生水，且该项目为非办公楼、商场和旅馆类建筑，故第 5.3.9 条、第 5.3.11 条和第 5.3.12 条不参评。

综上所述，在节水与水资源利用评价方面，该项目的控制项 5 项除 1 项不参评外全部达标，一般项达标 3 项，不参评 3 项，优选项不参评，就其一般项达标数量而言，满足绿色建筑评价标识二星级要求。

9.4.5 节材与材料资源利用评价

该项目造型简约，无大量装饰性构件，合理采用绿色建材，尽量直接利用柱子及地下室混凝土墙的素混凝土表面作为装饰，部分内墙采用外墙砖贴面，减少对装饰材料的耗费。施工过程中的现浇混凝土采用预拌混凝土，利用现场发掘和废弃的石材作为挡土墙和铺路材料，实现了土建与装修一体化设计和施工，合理利用了可再循环材料和可再利用材料，为读者提供了简洁、高效、灵活的室内空间。

通过审核提交的管理测试分析报告，室内污染物测试结果显示该项目所采用的建筑材料中，有害物质的含量符合现行国家标准的要求，故判定满足第 5.4.1 条的要求。

通过查阅建筑效果图并进行现场考察，确定该项目的造型要素简约，无大量的装饰性构件，且女儿墙高度未超过规范要求的 2 倍，满足第 5.4.2 条的要求。

通过审核提交的建材用量汇总表和相关施工监理文件，确定该项目所采用的 500km 以内生产的建筑材料用量超过 60%，故判定满足 5.4.3 的要求。此外，该项目在施工过程中全部采用预拌混凝土，满足第 5.4.4 条的要求。因该项目为 6 层以下建筑，故第 5.4.5 条不参评。

通过审核提交的施工过程照片资料，确定该项目利用现场发掘和废弃的石材作为挡土墙和铺路材料，满足第 5.4.6 条的要求。此外，根据提交的建材用量汇总表计算得到，该项目采用的可再循环材料使用重量占所有建筑材料总重量的 10.9%，满足第 5.4.7 条的要求；采用的可再利用材料使用重量占所有建筑材料总重量的比例为 9.4%，满足第 5.4.12 条的要求。

通过审核建筑设计和室内装修设计合同，同时经过现场审核，该项目实现了土建与装修一体化设计和施工，且不破坏和拆除已有的建筑构件及设施，未出现重复装修的现象，故判定满足第 5.4.8 条的要求。但由于该项目属于非办公、商场类建筑，故第 5.4.9 条不参评。由于该项目未采用以废弃物为原料生产的建筑材料，且其建筑结构体系采用钢筋混凝土结构，故不符合第 5.4.10 条和第 5.4.11 条的要求。

综上所述，在节材与材料资源利用方面，该项目的控制项全部达标，一般项达标 4 项，不参评 2 项，不达标 2 项，优选项达标 1 项，就其一般项达标数量而言，满足绿色建筑评价标识二星级要求。

9.4.6 室内环境评价

该项目的集中空调系统房间室内温度、湿度、风速、新风量参数均满足相关标准要求，其建筑平面布局和空间功能安排合理，背景噪声水平满足要求，围护结构内表面无结露、发霉现象。该项目中庭和边庭进行了自然通风设计，且与地道风相结合，采用落地风机盘管，可独立开启并进行温湿度调节。此外，该项目的室内照明指标和窗地面积比均满足标准要求，且由于对地下室边缘区进行了合理的侧光井及窗户设计，保障了地下室自然光照度适宜、分布均匀。

根据提交的暖通设计说明和经过 CMA 认证的检测公司出具相关检测报告，该项目的集中空调系统房间室内温度、湿度、风速、新风量参数均满足相关标准要求，故判定第 5.5.1 条、第 5.5.3 条和第 5.5.4 条达标。

根据建筑设计说明和相关图纸，该项目外墙采用 240mm 混凝土砖＋50mm 膨胀珍珠岩保温，屋顶采用 355mm 加气混凝土保温屋面，外窗采用中空塑钢窗，现场核查建筑围护结构内表面无结露、发霉现象，满足第 5.5.2 条的要求。

根据环境噪声测试结果，该项目区域内昼间噪声不高于 50dB（A），夜间噪声不高于 41dB（A），环境噪声较小，且室内主要功能空间的背景噪声检测报告表明其背景噪声水平满足要求，故判定第 5.5.5 条达标。

该项目的照明设计参数满足标准要求，运行过程中将一批破损灯具更换成更节能灯具，通过其提交的由检测公司出具的室内照度、统一眩光值等照明指标检测报告，确定其室内照明指标满足标准要求，故判定第 5.5.6 条达标。

根据提交的地道风、自然通风测试报告和模拟报告，该项目中庭和边庭进行了自然通风设计，且与地道风相结合，运行过程中加强中庭通风和自然通风设计（见图 9-33），所有窗户的开启面积及开启方向都经过计算设置；在中庭空间上方设置可关闭的拔风烟囱；在过渡季开启窗户，利用拔风烟囱引入室外新风，达到良好的自然通风效果；在夏季白天关闭窗户，将温度较低的地道风送入室内，并利用拔风烟囱将中庭顶部热空气导出；夜间打开窗户引入温度较低的室外空气；冬季关闭通风口，积蓄太阳辐射热。充分考虑上述因素，判定第 5.5.7 条达标。

根据暖通空调设计说明和图纸并通过现场核实，该建筑外区采用落地风机盘

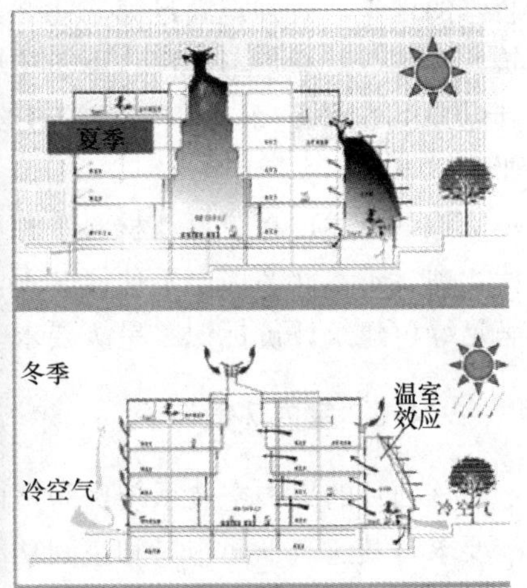

图 9-33　自然通风设计

管，可独立开启并进行温湿度调节，满足第 5.5.8 条要求。因该项目为非宾馆类建筑，故第 5.5.9 条不参评。

根据建筑设计说明和图纸并通过现场核实，该项目机房布置于地下室和五层，并具有良好的隔声、隔振措施，阅览室、自习室和办公室布置合理，保证噪声干扰降到最小，满足第 5.5.10 条要求。此外，根据提供的门窗表和窗地面积比计算表，该项目的窗地面积比满足标准要求，故判定第 5.5.11 条不达标。但因该项目设计时间较早，未设置无障碍设施，不能满足第 5.5.12 条的要求。

根据建筑设计相关说明和图纸，尽管该项目设有西向外墙遮阳、南向百叶遮阳、边庭内卷帘遮阳，但其形式较为简单，且无可调节外遮阳，故判定第 5.5.13 条不达标。此外，该项目未设置室内空气质量监测装置，判定第 5.5.14 条不达标。

根据建筑设计相关说明和图纸并通过现场核实，该项目地下室边缘区通过合理的侧光井及窗户设计，能够保障地下室自然光照度适宜、分布均匀，满足第 5.5.15 条的要求。

综上所述，该项目在室内环境质量方面的控制项全部达标，6 项一般项中有 3 项达标，2 项不达标，1 项不参评，优选项中有 1 项达标，一般项达标数满足绿色建筑评价标识二星级要求。

9.4.7　运营管理评价

该项目制定并实施了节能、节水等资源节约与绿化管理制度，运行过程中无不达标废弃、废水排放，废弃物分类收集，施工过程中兼顾了土方平衡和施工道路等设施在运营过程中的使用，设备和管道的设置便于维修、改造和更换，空调通风系统能够进行定期检查和清洗。此外，该项目采用了智能集成控制管理系统，其定位合理，功能完善，运营高效。

该项目提供了详细的节能、节水和绿化管理制度，其中空调和照明运行节能主要针对学生，并由勤工俭学的学生进行督促，故判定满足第 5.6.1 条的要求。此外，该项目的节约资源业绩与绩效挂钩，符合第 5.6.11 条的要求。

通过查阅环评报告并进行现场核实，确定该项目无废气废水排放，生活污水排向污水系统集中处理，满足第 5.6.2 条的要求。此外，该项目的主要垃圾为纸张等，通过现场核实，学校在学生自习区设立了垃圾桶，可分别收集“可回收”和“不可回收”垃圾，故判定满足第 5.6.3 条的要求。

通过查阅施工组织设计资料，该项目的建筑位于校园内，施工道路即为现有道路，无场地内部道路；由于建筑场地原为垃圾场，故无可回收利用耕植土；场地内土方基本平衡，土方用于回填人工湖，垃圾开挖导致的土方量补充，由学校其他场地平整中调配，符合第 5.6.4 条的要求。此外，图书馆主要由少数后勤教师，电、水、暖工人以及学生勤工俭学完成管理工作，且未通过 ISO14001 环境管理体系认证，故第 5.6.5 条不达标。

通过查阅各专业的主要竣工资料，该项目的设备管道位于公共管井，消防等公用设备设置在走廊、大厅，便于维修、改造和更换，满足第 5.6.6 条的要求。此外，通过查阅提供的空调通风系统管理措施及维护记录，确定该项目的通风、空调系统能够定期检查和清洗，卫生满足标准要求，判定第 5.6.7 条达标。

该项目针对图书馆的图书管理防盗、防火及资料查阅等主要要求，采用了智能化系统，图书馆内安装了完善的摄像头自动监视系统，在监控室屏幕集中进行监测和观察；消防火灾自动监视，对各种火灾实施全时监督；完善的计算机网络布线系统等，方便学生访问互联网及查阅图书信息；故判定满足第 5.6.8 条的要求。此外，由于该项目无通风、空调、照明等设备自动监控系统，故判定第 5.6.9 条不达标。由于该项目为非办公、商场类建筑，故不参评第 5.6.10 条。

综上所述，该项目在运营管理方面的控制项全部达标，一般项达标 4 项，2 项不达标，1 项不参评，优选项达标 1 项，就其一般项达标数量而言，满足绿色建筑评价标识二星级要求。

9.4.8 评价结果

根据《绿色建筑评价标准》对公共建筑项目——山东交通学院图书馆进行了“绿色建筑评价标识”评价，其达标总情况见表 9-7。其中 26 项控制项除 1 项不参评外，其他 25 项全部达标；一般项达标 25 项，不达标 10 项，8 项不参评；优选项达标 6 项，不达标 7 项，1 项不参评，达标总情况达到了“绿色建筑评价标识”二星级要求。

山东交通学院图书馆运行阶段达标总情况 表 9-7

	等级	节地与室外环境	节能与能源利用	节水与水资源利用	节材与材料资源利用	室内环境质量	运营管理
控制项共 26 项	总项数	**5**	**5**	**5**	**2**	**6**	**3**
	达标	5	5	4	2	6	3
	不达标	0	0	0	0	0	0
	不参评	0	0	1	0	0	0
一般项共 43 项	总项数	**6**	**10**	**6**	**8**	**6**	**7**
	达标	6	5	3	4	3	4
	不达标	0	4	0	2	2	2
	不参评	0	1	3	2	1	1
优选项共 14 项	总项数	**3**	**4**	**1**	**2**	**3**	**1**
	达标	2	1	0	1	1	1
	不达标	1	3	0	1	2	0
	不参评	0	0	1	0	0	0

附录1　住房和城乡建设部科技发展促进中心已评绿色建筑评价标识项目名单（截至2009年12月）

标识类别	建筑类别	项目名称	完成单位	标识星级	评标批次
绿色建筑设计评价标识	公共建筑	上海市建筑科学研究院绿色建筑工程研究中心办公楼	上海市建筑科学研究院（集团）有限公司	★★★	2008年第一批
	公共建筑	华侨城体育中心扩建工程	深圳华侨城房地产有限公司	★★★	2008年第一批
	公共建筑	中国2010年上海世博会世博中心	上海世博（集团）有限公司	★★★	2008年第一批
	公共建筑	绿地汇创国际广场准甲办公楼	上海绿地杨浦置业有限公司	★★	2008年第一批
	住宅建筑	金都·汉宫	武汉市浙金都房地产开发有限公司	★	2008年第一批
	住宅建筑	金都·城市芯宇（1号、2号、3号、5号、6号）	杭州启德置业有限公司	★	2008年第一批
	住宅建筑	深圳万科城四期	深圳市万科房地产有限公司	★★★	2008年第二批
	住宅建筑	无锡万达广场C、D区住宅	无锡万达商业广场投资有限公司	★	2008年第二批
	公共建筑	奉贤绿地翡翠国际广场3号楼	上海绿地汇置业有限公司	★★	2008年第二批
	公共建筑	中国银行总行大厦	中国银行总务部	★	2008年第二批

续表

标识类别	建筑类别	项目名称	完成单位	标识星级	评标批次
绿色建筑设计评价标识	公共建筑	城市动力联盟（6号商铺办公楼）	佛山市智联投资有限公司	★★★	2009年第一批
	公共建筑	南市发电厂主厂房和烟囱改建工程（未来探索馆）	上海世博土地控股有限公司	★★★	2009年第一批
	公共建筑	上海世博演艺中心	上海世博演艺中心有限公司	★★★	2009年第一批
	公共建筑	苏州工业园区青少年活动中心	苏州工业园区商业旅游发展有限公司	★	2009年第一批
	住宅建筑	绿地逸湾苑（1～8号）	上海三友置业有限公司	★	2009年第一批
绿色建筑评价标识	公共建筑	山东交通学院图书馆	山东交通学院	★★	2009年第一批
	公共建筑	上海市建筑科学研究院绿色建筑工程研究中心办公楼	上海市建筑科学研究院（集团）有限公司	★★★	2009年第一批

附录2　住房和城乡建设部科技发展促进中心绿色建筑评价标识管理办公室绿色建筑评价标识申报流程（2009年版）

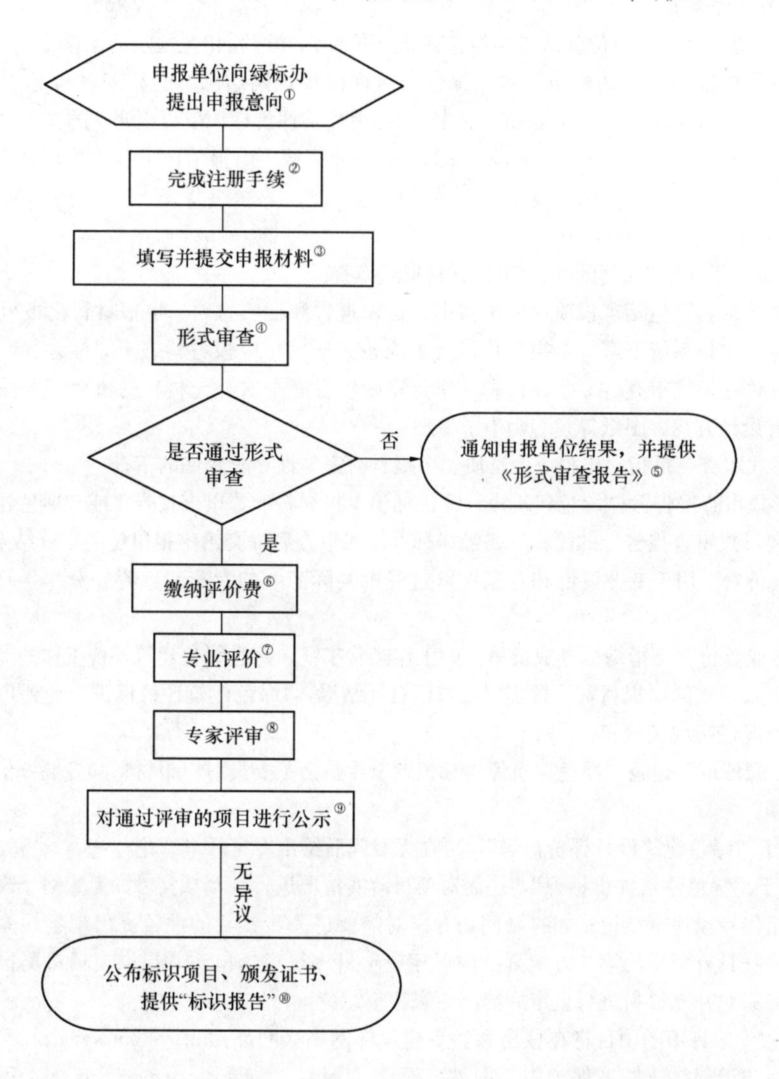

注：

①“申报意向”可由申报单位通过电话、传真或电子邮件的方式向绿标办提出，绿标办确认申报项目是否满足申报条件，并采用电话、传真或电子邮件的方式答复申报单位。

绿标办联系方式：

地址：北京市海淀区三里河路 9 号建设部南配楼住房和城乡建设部科技发展促进中心 204 室（100835）

电话：010-58933924 58933183 58933934

传真：010-58933924

电子邮箱：cngb@mail.cin.gov.cn

② 注册手续包括：

a. 签署申报声明

“申报声明”为申报单位确认参与绿色建筑评价标识并遵循相关规定的承诺书。“绿色建筑设计评价标识申报声明”的模板可进入绿色建筑评价标识网站的绿色建筑评价标识申报系统（网址：http://shenbao.cngb.org.cn）下载；“绿色建筑评价标识申报声明”的模板可从绿色建筑评价标识网站（网址：http://www.cngb.org.cn）下载。申报单位下载、填写、打印、盖章后，寄至绿标办。

b. 缴纳注册费

“注册费”用于申报信息管理及申报材料形式审查。

③“申报材料”包括申报项目的申报书、自评报告和证明材料。申报材料模板可进入绿色建筑评价标识申报系统下载。申报单位按要求准备完毕后将申报材料寄至绿标办。申报材料提交后，仅允许在形式审查、专业评价和专家评审阶段各有一次补充材料的机会，且补充材料不得改变原有设计方案、图纸等，否则不予受理。

④“形式审查”是指对申报单位资质、申报材料完整性和有效性的审查。

⑤“形式审查报告”（“绿色建筑设计评价标识申报材料形式审查报告”或“绿色建筑评价标识申报材料形式审查报告”的简称）是经绿标办形式审查后提交给申报单位的审查结果报告。

⑥“评价费”用于专业评价和专家评审过程中实际产生的专家费、劳务费、会务费、材料费等。

⑦“专业评价”是指绿标办成员单位中工作经验丰富、熟悉绿色建筑评价工作的专业人员根据已通过形式审查的申报材料，核实申报单位自评结果，“绿色建筑评价标识专业评价”还需对项目落实情况进行现场核实。

⑧“专家评审”是指“绿色建筑评价标识专家委员会”委员对申报材料和专业评价结果进行核实和确认。

a. 对于“绿色建筑设计评价标识”，可在无疑问后给出专家评审结论；

b. 对于“绿色建筑评价标识”，还需对项目落实情况进行现场核实。如专家对于现场情况无疑问，则给出专家评审结论；如有疑问，专家对需要进一步核实的项目提出现场检测要求，由申报单位委托具有资质的第三方检测机构对相应项目进行现场检测并提供现场检测报告等补充材料，由专家对补充材料进行重审后给出专家评审结论。

⑨ 通过专家评审的项目将在住房和城乡建设部网站（网址：http://www.mohurd.gov.cn）、住房和城乡建设部科技发展促进中心网站（网址：http://www.cstcmoc.org.cn）和绿色建筑评价标识网站上进行公示，公示期 30 天。任何其他单位或个人对公示的项目持有异议，均可在公示期内向住房和城乡建设部科技发展促进中心提供署实名的书面材料。

⑩“标识报告”是指绿标办向参与绿色建筑评价的单位提供的“绿色建筑评价　标识报告”，报告包含对项目的评价意见和达标情况。

附录3　绿色建筑评价标识管理办法（试行）

关于印发《绿色建筑评价标识管理办法》（试行）的通知

（建科［2007］206号）

各省、自治区建设厅，直辖市建委及有关部门，计划单列市建委（建设局），新疆生产建设兵团建设局：

为规范绿色建筑评价标识工作，引导绿色建筑健康发展，我部制定了《绿色建筑评价标识管理办法》（试行）。现印发你们，请遵照执行。

中华人民共和国建设部
二〇〇七年八月二十一日

绿色建筑评价标识管理办法（试行）

第一章　总　　则

第一条　为规范绿色建筑评价标识工作，引导绿色建筑健康发展，制定本办法。

第二条　本办法所称的绿色建筑评价标识（以下简称“评价标识”），是指对申请进行绿色建筑等级评定的建筑物，依据《绿色建筑评价标准》和《绿色建筑评价技术细则（试行）》，按照本办法确定的程序和要求，确认其等级并进行信息性标识的一种评价活动。标识包括证书和标志。

第三条　本办法适用于已竣工并投入使用的住宅建筑和公共建筑评价标识的组织实施与管理。

第四条　评价标识的申请遵循自愿原则，评价标识工作遵循科学、公开、公平和公正的原则。

第五条　绿色建筑等级由低至高分为一星级、二星级和三星级三个等级。

第二章　组　织　管　理

第六条　建设部负责指导和管理绿色建筑评价标识工作，制定管理办法，监督实施，审定通过评审的项目。

第七条 对审定的项目由建设部公布，并颁发证书和标志。

第八条 建设部委托建设部科技发展促进中心负责绿色建筑评价标识的具体组织实施等日常管理工作，并接受建设部的监督与管理。

第九条 建设部科技发展促进中心负责对申请的项目组织评审、公示，建立并管理评审工作档案，受理查询事务。

第三章 申请条件及程序

第十条 评价标识的申请应由业主单位、房地产开发单位提出，鼓励设计单位、施工单位和物业管理单位等相关单位共同参与申请。

第十一条 申请评价标识的住宅建筑和公共建筑应当通过工程质量验收并投入使用一年以上，未发生重大质量安全事故，无拖欠工资和工程款。

第十二条 申请单位应当提供真实、完整的申报材料，填写评价标识申报书，提供工程立项批件、申报单位的资质证书，工程用材料、产品、设备的合格证书、检测报告等材料，以及必须的规划、设计、施工、验收和运营管理资料。

第十三条 评价标识申请在通过申请材料的形式审查后，由组成的评审专家委员会对其进行评审，并对通过评审的项目进行公示，公示期为30天。

第十四条 经公示后无异议或有异议但已协调解决的项目，由建设部审定。

第十五条 对有异议而且无法协调解决的项目，将不予进行审定并向申请单位说明情况，退还申请资料。

第四章 监 督 检 查

第十六条 标识持有单位应规范使用证书和标志，并制定相应的管理制度。

第十七条 任何单位和个人不得利用标识进行虚假宣传，不得转让、伪造或冒用标识。

第十八条 凡有下列情况之一者，暂停使用标识：

（一）建筑物的个别指标与申请评价标识的要求不符；

（二）证书或标志的使用不符合规定的要求。

凡有下列情况之一者，撤销标识：

（一）建筑物的技术指标与申请评价标识的要求有多项（三项以上）不符的；

（二）标识持有单位暂停使用标识超过一年的；

（三）转让标识或违反有关规定、损害标识信誉的；

（四）以不真实的申请材料通过评价获得标识的；

（五）无正当理由拒绝监督检查的。

被撤销标识的建筑物和有关单位，自撤销之日起三年内不得再次提出评价标识申请。

第十九条 标识持有单位有第十七条、第十八条情况之一时，知情单位或个人可向建设部举报。

第五章 附 则

第二十条 处于规划设计阶段和施工阶段的住宅建筑和公共建筑，可比照本办法对其规划设计进行评价。

《绿色建筑评价标准》未规定的其他类型建筑，可参照本办法开展评价标识工作。

第二十一条 建设部科技发展促进中心应根据本办法制定实施细则。

第二十二条 本办法由建设部科学技术司负责解释。

第二十三条 本办法自发布之日起施行。

附录4　一二星级绿色建筑评价标识管理办法（试行）

关于推进一二星级绿色建筑评价标识工作的通知

（建科［2009］109号）

各省、自治区建设厅，直辖市、计划单列市建委（建设局），新疆生产建设兵团建设局，有关单位：

为贯彻落实《国务院关于印发节能减排综合性工作方案的通知》精神，充分发挥和调动各地发展绿色建筑的积极性，促进绿色建筑全面、快速发展，提高我国绿色建筑整体水平，现将大力推进一二星级绿色建筑评价标识工作有关事项通知如下：

一、有一定的发展绿色建筑工作基础，依据《绿色建筑评价标准》制定出台了当地绿色建筑评价相关标准的省、自治区、直辖市、计划单列市，均可开展本地区一、二星级绿色建筑评价标识工作。

二、开展绿色建筑评价标识工作的省（区、市）要有能够具体承担绿色建筑评价标识管理工作的机构，有绿色建筑评价标识的技术支撑单位，并成立开展绿色建筑评价标识评审的专家委员会。

三、我部委托住房和城乡建设部科技发展促进中心承担全国绿色建筑评价标识的日常管理和三星级绿色建筑评价标识的评审组织工作。各省（区、市）住房城乡建设主管部门负责本地区一、二星级绿色建筑评价标识工作，并选择确定绿色建筑评价标识的日常管理机构、技术依托单位，组建评价专家委员会，加强对评价标识机构、组织和评价标识工作的监督管理。

四、绿色建筑评价标识的标志和证书，由我部监制，规定统一格式和内容。各省（区、市）评定的一、二星级绿色建筑评价标识应报我部备案，由我部对标志和证书统一编号管理。部科技发展促进中心负责提供标志和证书的统一式样。

五、拟开展绿色建筑评价标识工作的省（区、市）住房城乡建设主管部门，可根据《一二星级绿色建筑评价标识管理办法（试行）》（见附件4）的要求提出申请，并提交承担绿色建筑评价标识日常工作的管理机构、技术依托单位和专家委员会构成等基本情况。经我部确认后开展绿色建筑评价标识工作。

联系方式：

住房和城乡建设部建筑节能与科技司　高雪峰

电话：010-58933823
住房和城乡建设部科技发展促进中心　宋凌　马欣伯
电话：010-58933934、58933183，58933924

中华人民共和国住房和城乡建设部
二〇〇九年六月十八日

一二星级绿色建筑评价标识管理办法（试行）

为充分发挥和调动各地发展绿色建筑事业的积极性，鼓励各地开展绿色建筑评价标识工作，促进绿色建筑在全国范围内快速健康发展，根据《绿色建筑评价标识管理办法（试行）》，制定本办法。

第一条　住房和城乡建设部负责指导全国绿色建筑评价标识工作和组织三星级绿色建筑评价标识的评审，研究制定管理制度，监制和统一规定标识证书、标志的格式、内容，统一管理各星级的标志和证书；指导和监督各地开展一星级和二星级绿色建筑评价标识工作。

第二条　住房和城乡建设部选择确定具备条件的地区，开展所辖区域一星级和二星级绿色建筑评价标识工作。各地绿色建筑评价标识工作由当地住房和城乡建设主管部门负责。

第三条　拟开展地方绿色建筑评价标识的地区，需由当地住房和城乡建设主管部门向住房和城乡建设部提出申请，经同意后开展绿色建筑评价标识工作。

第四条　地方住房和城乡建设主管部门可委托中国城市科学研究会在当地设立的绿色建筑专委会或当地成立的绿色建筑学协会承担绿色建筑评价标识工作。

第五条　申请开展绿色建筑评价标识工作的地区应具备以下条件：

（一）省、自治区、直辖市和计划单列城市；

（二）依据《绿色建筑评价标准》制定出台了当地的绿色建筑评价标准；

（三）明确了开展地方绿色建筑评价标识日常管理机构，并根据《绿色建筑评价标识管理办法（试行）》制定了工作方案或实施细则；

（四）成立了符合要求的绿色建筑评价标识专家委员会，承担评价标识的评审。

第六条　各地绿色建筑评价标识工作的技术依托单位应满足以下条件：

（一）具有一定从事绿色建筑设计与研究的实力，具有进行绿色建筑评价标识工作所涉及专业的技术人员，副高级以上职称的人员比例不低于30%；

（二）科研类单位应拥有通过国家实验室认可（CNAS）或计量认证（CMA）的实验室及测评能力；

（三）设计类单位应具有甲级资质。

第七条 组建的绿色建筑评价标识专家委员会应满足以下条件：

（一）专家委员会应包括规划与建筑、结构、暖通、给排水、电气、建材、建筑物理等七个专业组，每一专业组至少由三名专家组成；

（二）专家委员会设一名主任委员、七名分别负责七个专业组的副主任委员；

（三）专家委员会专家应具有本专业高级专业技术职称，并具有比较丰富的绿色建筑理论知识和实践经验，熟悉绿色建筑评价标识的管理规定和技术标准，具有良好的职业道德；

（四）专家委员会委员实行聘任制。

第八条 具备条件的地区申请开展绿色建筑评价标识工作，应提交申请报告，包括负责绿色建筑评价标识日常管理工作的机构和技术依托单位的基本情况，专家委员会组成名单及相关工作经历，开展绿色建筑评价标识工作实施方案等材料。

第九条 住房和城乡建设部对拟开展绿色建筑评价标识工作的申请进行审查。

第十条 经同意开展绿色建筑评价标识工作的地区，在住房和城乡建设部的指导下，按照《绿色建筑评价标识管理办法（试行）》结合当地情况制定实施细则，组织和指导绿色建筑评价标识管理机构、技术依托单位、专家委员会，开展所辖区域一、二星级绿色建筑评价标识工作。

第十一条 开展绿色建筑评价标识工作应按照规定的程序，科学、公正、公开、公平进行。

第十二条 申请绿色建筑评价标识遵循自愿的原则，申请单位提出申请并由评价标识管理机构受理后应承担相应的义务。组织评审过程中，严禁以各种名义乱收费。

第十三条 各地住房和城乡建设行政主管部门对评价标识的科学性、公正性、公平性负责，通过评审的项目要进行公示。

第十四条 省级住房和城乡建设主管部门应将项目评审情况及经公示无异议或有异议经核实通过评定、拟颁发标识的项目名单、项目简介、专家评审意见复印件、有异议项目处理情况等相关资料一并报住房和城乡建设部备案。通过评审的项目由住房和城乡建设部统一编号，省级住房和城乡建设主管部门按照编号和统一规定的内容、格式，制作颁发证书和标志（样式见附件），并进行公告。

第十五条 绿色建筑评价分为规划设计阶段和竣工投入使用阶段标识。规划设计阶段绿色建筑标识有效期限为一年，竣工投入使用阶段绿色建筑标识有效期限为三年。

第十六条 住房和城乡建设部委托住房和城乡建设部科技发展促进中心组织开展地方相关管理和评审人员的培训考核工作，负责与各地绿色建筑评价标识相关单位进行沟通与联系。

第十七条 住房和城乡建设部对各地绿色建筑评价标识工作进行监督检查，不定期对各地审定的绿色建筑评价标识项目进行抽查，同时接受社会的监督。

第十八条 对监督检查中和经举报发现未按规定程序进行评价，评审过程中存在不科学、不公正、不公平等问题的，责令整改直至取消评审资格。被取消评审资格的地区自取消之日起 1 年内不得开展绿色建筑评价标识工作。

第十九条 各地要加强对本地区绿色建筑评价标识工作的监督管理，对通过审定标识的项目进行检查，及时总结工作经验，并将有关情况报住房和城乡建设部。

第二十条 本办法由住房和城乡建设部负责解释。

附录 5　绿色建筑评价标识实施细则

关于印发《绿色建筑评价标识实施细则（试行修订）》等文件的通知

（建科综［2008］61 号）

有关单位：

为规范和加强对绿色建筑评价标识工作的管理，根据原建设部《绿色建筑评价标识管理办法（试行）》（建科［2007］206 号），我中心修订了《绿色建筑评价标识实施细则（试行）》，并编制了《绿色建筑评价标识使用规定（试行）》和《绿色建筑评价标识专家委员会工作规程（试行）》。现印发给你们，请参照执行。

住房和城乡建设部科技发展促进中心

二〇〇八年十月十日

绿色建筑评价标识实施细则（试行修订）

第一章　总　　则

第一条　为加强绿色建筑评价标识的管理，根据《绿色建筑评价标识管理办法（试行）》（以下简称《管理办法》）、《绿色建筑评价标准》（以下简称《标准》）和《绿色建筑评价技术细则（试行）》（以下简称《技术细则》），修订《绿色建筑评价标识实施细则（试行）》。

第二条　绿色建筑评价标识分为“绿色建筑设计评价标识”和“绿色建筑评价标识”。

“绿色建筑设计评价标识”是依据《标准》、《技术细则》和《绿色建筑评价技术细则补充说明（规划设计部分）》，对处于规划设计阶段和施工阶段的住宅建筑和公共建筑，按照《管理办法》对其进行评价标识。标识有效期为 2 年。

“绿色建筑评价标识”是依据《标准》、《技术细则》和《绿色建筑评价技术细则补充说明（运行使用部分）》，对已竣工并投入使用的住宅建筑和公共建筑，按照《管理办法》对其进行评价标识。标识有效期为 3 年。

第二章 组 织 管 理

第三条 住房和城乡建设部委托住房和城乡建设部科技发展促进中心负责绿色建筑评价标识的具体组织实施等管理工作和三星级绿色建筑的评价工作，并成立绿色建筑评价标识管理办公室（以下简称绿标办），接受住房和城乡建设部的监督与管理。

第四条 绿标办依据《绿色建筑评价标识专家委员会工作规程（试行）》组成绿色建筑评价标识专家委员会，提供绿色建筑评价标识的技术支持。

第五条 住房和城乡建设部委托具备条件的地方住房和城乡建设管理部门开展所辖地区一星级和二星级绿色建筑评价标识工作。

受委托的地方住房和城乡建设管理部门组成地方绿色建筑评价标识管理机构具体负责所辖地区一星级和二星级绿色建筑评价标识工作。

地方绿色建筑评价标识管理机构的职责包括：组织一星级和二星级绿色建筑评价标识的申报、专业评价和专家评审工作，并将评价标识工作情况及相关材料报绿标办备案，接受绿标办的监督和管理。

第六条 地方绿色建筑评价标识管理机构应聘请工作经验丰富、熟悉绿色建筑评价标识相关管理规定和技术标准的专业人员进行一星级和二星级绿色建筑评价标识的专业评价工作。

第七条 地方绿色建筑评价标识管理机构应依据《绿色建筑评价标识专家委员会工作规程（试行）》组成地方绿色建筑评价标识专家委员会，并将委员会名单报绿标办备案。地方绿色建筑评价标识专家委员会委员负责所辖地区一星级和二星级绿色建筑评价标识的专家评审工作。

地方绿色建筑评价标识管理机构组织专家评审时，各专业至少有1名绿标办绿色建筑评价标识专家委员会委员。

第三章 工 作 程 序

第八条 绿标办在住房和城乡建设部网站（http：//www.mohurd.gov.cn）上发布绿色建筑评价标识申报通知。申报单位根据通知要求进行申报。

第九条 绿标办或地方绿色建筑评价标识管理机构负责对申报材料进行形式审查，审查合格后进行专业评价及专家评审，评审完成后由住房和城乡建设部对评审结果进行审定和公示，并公布获得星级的项目。

第十条 住房和城乡建设部向获得三星级“绿色建筑评价标识”的建筑和单位颁发绿色建筑评价标识证书和标志（挂牌）；向获得三星级“绿色建筑设计评价标识”的建筑和单位颁发绿色建筑设计评价标识证书。受委托的地方住房和城乡建设管理部门向获得一星级和二星级的“绿色建筑评价标识”的建筑和单位颁发绿色建筑评价标识证书和标志（挂牌）；向获得一星级和二星级“绿色建筑设计评价标识”的建筑和单位颁发绿色建筑设计评价标识证书。

第十一条 绿标办和地方绿色建筑评价标识管理机构每年不定期、分批开展评价标识活动。

第四章 监 督 检 查

第十二条 绿色建筑评价标识证书和标志（挂牌）由绿标办负责监制，统一编号，并监督使用。

第十三条 证书和标志（挂牌）应按《绿色建筑评价标识使用规定（试行）》使用，如出现违规行为，将视情节轻重进行处理。

第五章 附 则

第十四条 地方绿色建筑评价标识管理机构应根据本细则制定地方实施细则，并报绿标办备案。

第十五条 本办法由住房和城乡建设部科技发展促进中心绿标办负责解释。

第十六条 本办法自发布之日起施行，原《绿色建筑评价标识实施细则（试行）》同时废止。

绿色建筑评价标识专家委员会工作规程（试行）

第一条 为充分发挥绿色建筑评价标识专家委员会的作用，规范绿色建筑评价标识评价工作，提高评价标识评审质量，根据《绿色建筑评价标识管理办法（试行）》及有关规定，制定本规程。

第二条 绿色建筑评价标识专家委员会（以下简称专家委员会）由住房和城乡建设部科技发展促进中心绿色建筑评价标识管理办公室（以下简称绿标办）组建并管理，主要负责对绿色建筑评价标识评价工作提供技术支持，并对技术问题和管理问题进行专题研讨。

第三条 专家委员会的组成：

（一）专家委员会分为规划与建筑、结构、暖通、给排水、电气、建材、建筑物理七个专业组。

（二）专家委员会设主任委员一名、副主任委员七名（分别负责七个专业组）。

第四条 专家委员会委员应具备以下资格：

（一）本科以上文化程度，具有本专业高级专业技术职称；

（二）长期从事本专业工作，具有丰富的理论知识和实践经验，在本专业领域有一定的学术影响；

（三）熟悉绿色建筑评价标识的管理规定和技术标准，能够积极参与绿色建筑评价标识工作；

（四）具有良好的职业道德，作风正派，有较强的语言文字表达能力和工作协调能力；

（五）身体健康，年龄一般不超过60岁。

第五条 专家委员会的主要职责是：

（一）开展绿色建筑评价标识技术咨询服务，为评价标识工作提供技术支持；

（二）承担评价标识评审工作；

（三）参与评价标识发展规划和相关技术文件的制定工作。

第六条 专家委员会委员按以下程序聘任：

（一）单位或个人推荐，本人愿意，填写《绿色建筑评价标识专家委员会专家登记表》，并提供相应的证明材料，经所在单位同意，报绿标办审核。

（二）绿标办审核通过后，由绿标办向受聘专家颁发《绿色建筑评价标识专家聘用证书》。

第七条 专家委员会的日常管理：

（一）专家委员会委员实行聘任制，聘期为2年。期满后根据本人工作情况和工作需要，决定是否续聘。

（二）专家委员会的工作经费由绿标办筹措，主要用于专题研讨、工作交流、日常管理等。

（三）建立绿色建筑评价标识专家委员会专家档案，由绿标办负责管理。

第八条 专家委员会的委员应认真履行职责，严格遵守职业道德和有关规定，积极协助绿标办开展工作，维护评价标识工作的科学性、公正性和权威性。

第九条 本规程自发布之日起施行。

绿色建筑评价标识使用规定（试行）

第一条 为加强绿色建筑评价标识的管理，规范评价标识的使用，维护评价标识的信誉和权威性，依据《绿色建筑评价标识管理办法（试行）》，制定本规定。

第二条 绿色建筑评价标识分为“绿色建筑评价标识”和“绿色建筑设计评价标识”。“绿色建筑评价标识”包括证书和标志（挂牌），“绿色建筑设计评价标识”仅有证书。

第三条 “绿色建筑评价标识”和“绿色建筑设计评价标识”证书和标志（挂牌）的使用应当遵循本规定。

第四条 绿色建筑评价标识用于获得绿色建筑评价标识的建筑及其单位；未获得评价标识的，不得使用绿色建筑评价标识。

第五条 住房和城乡建设部委托住房和城乡建设部科技发展促进中心绿色建筑评价标识管理办公室（以下简称绿标办）负责统一制做绿色建筑评价标识证书和标志（挂牌），并统一管理。

第六条 三星级绿色建筑评价标识证书和标志（挂牌）由住房和城乡建设部颁发并监督使用；一、二星级绿色建筑评价标识证书和标志（挂牌）由受委托的地方住房和城乡建设管理部门颁发并监督使用。

第七条 绿色建筑的标志（挂牌）应挂置在获得绿色建筑标识的建筑的适宜位置，并妥善维护。

第八条 绿色建筑评价标识的证书不得复制，不得用于不实的宣传报道。如发生此类现象应及时纠正，造成不良后果的将追究当事人责任，情节严重的收回标识，撤销资格。

第九条 撤销绿色建筑评价标识资格的建筑及其单位，自取消之日起，停止使用证书和标志（挂牌），并由绿标办或有关机构收回。

第十条 绿色建筑评价标识的标识信息如发生变更，持有者须于10日内向绿标办或有关机构报告，说明情况，由绿标办或有关机构进行处理。

第十一条 本规定由绿标办负责解释。

第十二条 本规定自发布之日起实施。

附录 6　关于开展一二星级绿色建筑评价标识培训考核工作的通知

（建科综［2009］31 号）

有关单位：

为促进绿色建筑在全国范围内快速健康发展，指导各省（自治区）、市科学、公平、规范地开展所辖地区一二星级绿色建筑评价标识工作，加强地方绿色建筑评价标识能力建设，确保标识项目质量，根据《一二星级绿色建筑评价标识管理办法(试行)》（建科［2009］109 号），住房和城乡建设部科技发展促进中心绿色建筑评价标识管理办公室（以下简称“绿标办”）受住房和城乡建设部委托，拟组织开展针对地方相关管理和评审人员的培训考核工作。现就开展培训考核工作提出以下意见：

一、培训考核对象

地方绿色建筑评价标识管理机构成员（包括地方负责一二星级绿色建筑评价标识工作的住房和城乡建设主管部门工作人员）、地方绿色建筑评价标识专家委员会成员（包括符合评审专家条件的各专业评审专家）和专业评价人员。

二、培训考核工作程序

地方住房和城乡建设主管部门根据当地绿色建筑的发展状况，在对培训需求进行调研的基础上，与绿标办商讨确定培训对象、人数、时间、地点等基本情况。

绿标办根据商讨结果，研究和制定符合当地情况的培训考核方案（包括具体的培训方法、使用教材、培训内容、授课教师及考核办法等)，并在地方住房和城乡建设主管部门的协助下开展培训考核工作。待培训考核工作结束后，绿标办将进行培训评估，并对培训考核情况进行备案。

拟开展一二星级绿色建筑评价标识培训考核工作的地方住房城乡建设主管部门或绿色建筑评价标识管理机构，可与绿标办联系并商讨开展培训考核工作的具体事宜。

三、培训方式

针对地方绿色建筑评价标识的管理人员、评审专家和专业评价人员，拟采用不同的培训方式：

1. 对地方绿色建筑评价标识管理机构人员进行培训时，通过邀请住房和城乡建设部绿标办管理人员对绿色建筑评价标识工作的相关政策和评价程序进行讲解、召开绿标办人员或专家委员会成员与地方管理机构人员间的讨论会、邀请地方管理机构人员观摩三星级绿色建筑评价标识的评审过程等方式，深化管理人员对绿色建筑及绿色建筑评价标识工作相关政策的理解，规范标识评价工作程序，了解标识评价工作中的主要问题和解决方法。

2. 对地方绿色建筑评价标识评审专家进行培训时，通过邀请专家进行集中授课、召开授课专家与地方专家间的讨论会、邀请当地评审专家观摩三星级绿色建筑评价标识的评审过程等方式，详细解读绿色建筑评价标准，规范专家评审的要求和程序，交流评审经验，增强地方专家对评价标准的把握程度以及对特殊问题的解决能力。

3. 对地方绿色建筑评价标识专业评价人员进行培训时，通过邀请专家对不同专业的评价人员进行集中授课并现场解答疑问等方式，介绍绿色建筑评价标准中各条文的实施途径和关注点，规范专业评价的要求和程序，提高专业评价人员从事绿色建筑评价工作的专业水平。

四、考核办法

针对地方绿色建筑评价标识的管理人员、评审专家和专业评价人员，拟采取不同的考核办法：

1. 对地方绿色建筑评价标识管理机构人员进行考核时，在培训过程中检验管理人员对政策的理解程度以及开展标识评价工作的基础和能力；培训结束后，参加培训人员提交总结报告作为考核的主要内容，总结报告结合当地绿色建筑发展的实际情况，对地方绿色建筑评价标识管理工作提出意见和建议；此外，绿标办通过协助当地开展第一批标识评价工作，间接对管理机构成员的管理能力进行考核。

2. 对地方绿色建筑评价标识评审专家进行考核时，在培训过程中检验评审专家对绿色建筑评价标准的理解程度；培训结束后，参加培训人员提交专业报告作为考核的主要内容，专业报告结合地域特点，从专业角度对绿色建筑评价标识的评价方法和标准提出意见和建议；此外，绿标办通过协助当地开展第一批标识评价工作，检验评审专家对条文的把握程度及对特殊问题的处理能力，进而对评审专家的实际评价能力进行考核。

3. 对地方绿色建筑评价标识专业评价人员进行考核时，邀请授课专家编写不同专业的试卷，专业评价人员经过培训后，分专业进行笔试，绿标办负责对试卷进行评阅。

培训考核工作结束后，绿标办将对考核成绩合格的一二星级绿色建筑评价标识管理人员、评审专家和专业评价人员颁发统一编号的培训证书。

五、不定期的全国性培训与考核

除对地方绿色建筑评价标识工作人员进行因地制宜的培训考核工作外，绿标办将不定期地组织和开展全国性的培训工作，宣传和解读有关绿色建筑评价标识方面的最新政策，总结和交流各地开展评价标识工作的经验，及时解决标识评价工作中的普遍性和地域性问题。地方一二星级绿色建筑评价标识管理机构成员、评审专家应参加全国性培训，同时鼓励专业评价人员积极参加，以此作为对工作人员进行继续教育以及对地方一二星级绿色建筑评价标识工作进行综合考核的重要内容。

六、联系方式

住房和城乡建设部科技发展促进中心

绿色建筑评价标识管理办公室

联系人：马欣伯、宋凌

电话：010-58933183，58933934

传真：010-58933183，58933924

住房和城乡建设部科技发展促进中心

二〇〇九年十月十三日

附录7 住房和城乡建设部科技发展促进中心绿色建筑评价标识管理办公室标识评价证明材料要求及清单

绿色建筑设计评价标识证明材料要求及清单（住宅建筑） 附表7-1

材料属性	材料分类	材料名称	要求说明
基本材料	项目审批文件	土地使用证	
		立项批复文件	
		规划许可证	
		施工许可证	
	建设单位文件	建设单位简介	
		建设单位法人证书	
		开发资质证明	
		银行出具的固定资产、年产值、负债证明材料	
	设计单位文件	设计单位简介	
		设计单位资质证书	
		设计实例介绍	
	其他补充材料		

续表

材料属性	材料分类	材料名称	要求说明
必交材料	规划设计	规划图纸	须标有清晰的红线、绿线，以及提供能反映本地块与周边居住类地块的空间相邻关系的数据（距离、高度等）
		环评报告书（表）	应包含的信息点： 1. 场地建设不破坏当地文物、自然水系、湿地、基本农田、森林和其他保护区； 2. 建筑场地选址无洪灾、泥石流及含氡土壤的威胁，建筑场地安全范围内无电磁辐射危害和火、爆、有毒物质等危险源； 3. 场地内无排放超标的污染源； 4. 场地环境噪声
		场址检测报告或项目立项书	
	建筑设计	场地地形图	
		建筑专业施工图纸、设计说明	1. 建筑总平面图（标明技术经济指标：人均居住用地指标；绿地率、人均公共绿地面积等）； 2. 绿地面积、人均公共绿地面积计算图纸：圈出各块范围并注明面积，注明计算依据及计算过程； 3. 各层平面图，其中地下室各层平面图需标明地下室空间使用功能； 4. 绿化层建筑平面； 5. 户型设计图； 6. 窗墙比、体形系数、最终装修施工图及设计说明； 7. 建筑立面图； 8. 围护结构做法详图； 9. 门窗表
		面积比例计算书	1. 双层外墙面积占外墙总面积比例的计算书； 2. 房间窗地面积比计算书； 3. 房间通风可开口面积与地板面积比计算书
		建筑效果图	
		日照模拟分析报告	对各栋建筑的日照时间进行模拟计算，提供详细的计算说明书
		项目所在地交通地图	须是正规交通地图，并标出项目所在地，项目主要出入口、公共交通线路站点并明确有几条公交线路

续表

材料属性	材料分类	材料名称	要求说明
必交材料	景观设计	景观施工图纸和说明	包含总平面图
		种植施工图	应标明具体的植物名称及数量
		苗木表	应与种植图对应，并统计各种植物的数量
	暖通设计	建筑围护结构的热工设计施工图纸和相关设计计算书	1. 围护结构热工性能、窗户气密性； 2. 防结露措施的详细说明及构造做法详图
		暖通施工图纸、设计说明	1. 暖通设计说明（室内外设计参数、系统形式）； 2. 设备列表及性能参数计算说明书（机组额定工况能效比）； 3. 机房图纸； 4. 暖通平面图纸； 5. 集中采暖空调系统的热量分户计量系统图及说明； 6. 户式新风系统的新风量说明文字
		节能计算书	该节能计算书应以国家批准或备案的建筑节能标准中的参照建筑作为比较对象。说明书中应明确说明能耗模拟中的详细设定，包括热工参数、人员作息、设备作息、室内热扰等的设定
	给排水设计	水系统规划方案及说明、非传统水源利用方案	
		给排水施工图、设计说明（包含设置防止管网漏损措施的设计说明）	1. 给排水系统施工图及设计说明（包含室内外给排水系统，须写明管材、管件、接口、阀门、水表、节水器具等的选用，管道敷设、试压等工程措施）； 2. 雨水/中水系统施工图及设计说明（包含系统图、水量平衡和雨水/中水系统室外总图，须在总平面图上标注雨水/中水系统位置）
		景观用水设计说明	
	结构建材	结构施工图	结构设计总说明、各层结构平面图
		建筑工程造价预算表及装饰性构件造价比例计算书	如无装饰性构件可不必提供

续表

材料属性	材料分类	材料名称	要求说明
必交材料	电气设计	电气施工图纸及设计说明	
		照明施工图纸及设计说明	需详细说明各功能房间的照度设计值、照明功率密度设计值
	其他材料	室内背景噪声计算文件	
		建筑构件隔声性能分析计算报告	
		室内采光分析计算报告	对不同朝向、不同楼层的典型户型室内自然采光效果进行模拟计算，提供照度、采光系数的计算说明文档
自选材料	规划设计	规划图纸	住区公共服务设施配套说明
		热岛分析计算报告	测试报告需在典型气候条件下（所谓典型气候条件应与当地气象部门提供的过去几十年的风速、风向进行对比）进行
		废弃场地利用资料	场地地形图、相应的环评报告书（表）、检测评估报告、处理方案等
		旧建筑评价分析资料	场地地形图、旧建筑相关图纸或照片、旧建筑改造方案及施工资料（图纸和说明）、旧建筑结构检测报告等。 如未利用旧建筑，可免
	景观设计	场地铺装图	应包含的信息点：透水地面位置、面积、铺装材料
	暖通设计	暖通设计施工图纸、文件	1. 风机单位风量耗功率、冷热源系统的输送能效比； 2. 热回收系统设计说明、效益分析、系统施工图； 3. 末端系统的调控说明； 4. 遮阳系统设计施工图纸及说明
		室外风环境模拟分析报告	对不同造型、不同布局建筑的室外风环境进行模拟计算，并提出最优设计方案
		自然通风模拟分析报告	对于利用风压、热压进行自然通风的建筑，需要对其自然通风效果进行模拟计算，提供诸如自然通风换气次数等计算说明文档

续表

材料属性	材料分类	材料名称	要求说明
自选材料	暖通设计	可再生能源（风能、太阳能、水能、生物质能、地热能、海洋能等等）设计文件	可再生能源利用系统设计说明、能够提供的电量或者提供的热水量、可再生能源利用率
		围护结构内表面温度计算书	包含自然通风条件下的房间的屋顶和东、西外墙内表面的最高温度的计算结果
	给排水设计	给排水施工图、设计说明	1. 绿化灌溉方式及设施等说明； 2. 再生水利用方案，包含水源选择的技术经济分析
		雨水系统方案及技术经济分析	技术经济分析中应包括系统设计容量的分析计算
		非传统水源利用率计算说明书	
	结构建材	土建和装修设计施工的设计书、施工图	1. 明确是否采用土建与装修一体化设计施工，采用了几套方案； 2. 工厂化预制的装修材料或部件重量占装饰装修材料总重量的比例计算书
		高性能混凝土、高强度钢使用情况资料	高性能混凝土、高强度钢使用说明文件及比例计算书，关于所采用的混凝土、钢材合理性论证材料
		结构体系设计资料	建筑结构体系（包括各水平、竖向分体系，基坑支护方案）优化论证资料
		本项目全部使用预拌混凝土的相关证明及使用商品砂浆比例证明材料	
		材料用量比例计算书	可再循环材料使用比例、工厂化预制的装修材料或部件重量占装饰装修材料总重量的比例计算书
	电气设计	电气施工图纸及设计说明	包含建筑智能化设计
		室内空气质量监控系统设计文件	包括 CO_2 参数的监控和通风系统的联动

续表

材料属性	材料分类	材料名称	要求说明
自选材料	其他材料	场地环境噪声分析计算报告	
		水、电、燃气分户、分类计量与收费相关的施工图纸及说明	如非分户、分类计量与收费，可免

说明：

1. 所有的文件都必须提交签字盖章的有效纸质文件，图纸应是经过审查的签字盖章的施工图蓝图，相关证明文件须加盖完成单位公章；除特别规定外，相关的设计内容应有设计施工图作为证明，单独文本说明文件一般不能起到证明作用；

2. 括号中的内容必须包含但不限于此类材料应提供的信息；

3. 清单中涉及的分析、计算、模拟报告均指根据项目实际条件进行的分析计算模拟报告，需提供相应的图纸等支持文件，并加盖完成单位公章；

对于模拟报告，其中应有对所使用软件类型、版本的简要说明，以及对模型简化方法、主要参数设置的介绍。另外，模拟报告除需提供打印版本之外，还应提供模拟过程中的相关电子文件（光盘版）；

4. 清单中涉及的检测报告、检验报告、评价报告指由相关管理机构或通过国家计量认证（CMA）及国家实验室认可（CNAS）的第三方检测机构提供的正式报告复印件，由第三方检测机构提供的证明材料中应包括该机构相关资质证明文件复印件；

5. 上述要求的设计文件、图纸、技术书、施工图等，在明确参评范围后，只需提供与绿色建筑评价内容相关的资料；

6. 所有证明材料按“基本材料”、“规划设计”、“建筑设计”、“景观设计”、“暖通设计”、“给排水设计”、“结构建材”、“电气设计”和“其他材料”分类整理并编号；电子版资料与纸质版资料必须一致，并在申报书的相应材料列表中注明（图纸材料仅需归类列出类别名称，注明图号范围，无需详单）；电子版材料分类归入不同文件夹，纸质版材料分类装订成册并装盒；

7. 在打包或装订的各类材料的首页附此类材料的清单及图纸详单。

绿色建筑设计评价标识证明材料要求及清单（公共建筑）　　附表 7-2

材料属性	材料分类	材料名称	要求说明
基本材料	项目审批文件	土地使用证	
		立项批复文件	
		规划许可证	
		施工许可证	
	建设单位文件	建设单位简介	
		建设单位法人证书	
		开发资质证明	
		银行出具的固定资产、年产值、负债证明材料	
	设计单位文件	设计单位简介	
		设计单位资质证书	
		设计实例介绍	
	其他补充材料		

续表

材料属性	材料分类	材料名称	要求说明
必交材料	规划设计	规划图纸	须标有清晰的红线、绿线，以及提供能反映本地块与周边居住类地块的空间相邻关系的数据（距离、高度等）
		环评报告书（表）	应包含的信息点： 1. 场地建设不破坏当地文物、自然水系、湿地、基本农田、森林和其他保护区； 2. 建筑场地选址无洪灾、泥石流及含氡土壤的威胁，建筑场地安全范围内无电磁辐射危害和火、爆、有毒物质等危险源； 3. 场地内无排放超标的污染源； 4. 场地环境噪声
		日照分析报告	
		场址检测报告或项目立项书	
	建筑设计	场地地形图	
		建筑专业施工图纸、设计说明	1. 总平面图（标明技术经济指标）； 2. 各层平面图，其中地下室各层平面图中需标明地下室空间使用功能； 3. 绿化层建筑平面图； 4. 窗墙比、体形系数、最终装修施工图及设计说明、设备房的位置、地下室或室内空间有否增强自然采光的措施； 5. 建筑立面图； 6. 围护结构做法详图
		建筑效果图	
		项目所在地交通地图	须是正规交通地图，并标出项目所在地，项目主要出入口、公共交通线路站点并明确有几条公交线路
	景观设计	种植施工图	应标明具体的植物名称及数量
		苗木表	应与种植图对应，并统计各种植物的数量

续表

<table>
<tr><th>材料属性</th><th>材料分类</th><th>材料名称</th><th>要求说明</th></tr>
<tr><td rowspan="9">必交材料</td><td rowspan="4">暖通设计</td><td>建筑围护结构的热工设计施工图纸和相关设计计算书</td><td>1. 围护结构热工性能、窗户气密性；
2. 防结露措施的详细说明及构造做法详图</td></tr>
<tr><td>暖通施工图纸、设计说明</td><td>1. 暖通设计说明（室内外设计参数、系统形式）；
2. 设备列表及性能参数计算说明书（机组额定工况能效比、机组部分负荷工况能效比）；
3. 机房图纸；
4. 暖通平面图纸；
5. 特殊空间气流组织设计说明；
6. 户式新风系统的新风量说明文字</td></tr>
<tr><td>节能计算书</td><td>该节能计算书应以《公共建筑节能设计标准》中的参考建筑作为比较对象。说明书中应明确说明能耗模拟中的详细设定，包括人员作息、设备作息、室内热扰等的设定</td></tr>
<tr><td>幕墙设计施工文件</td><td>需包含光污染分析说明</td></tr>
<tr><td rowspan="4">给排水设计</td><td>水系统规划方案及说明、非传统水源利用方案</td><td></td></tr>
<tr><td>给排水施工图、设计说明（包含设置防止管网漏损措施的设计说明）</td><td>1. 给排水系统施工图及设计说明（包含室内外给排水系统，须写明管材、管件、接口、阀门、水表、节水器具等的选用，管道敷设、试压等工程措施）；
2. 雨水/中水系统施工图及设计说明（包含系统图、水量平衡和雨水/中水系统室外总图，须在总平面图上标注雨水/中水系统位置）</td></tr>
<tr><td>景观水体设计说明</td><td>如无景观水体，可免</td></tr>
<tr><td>给排水管网防漏损相关产品、节水器具产品说明</td><td>如尚未选型，可免</td></tr>
</table>

续表

材料属性	材料分类	材料名称	要求说明
必交材料	结构建材	结构施工图	结构设计总说明、各层结构平面图
		建筑工程造价预算表及装饰性构件造价比例计算书	如无装饰性构件可不必提供
	电气设计	分项计量图纸	冷热源、输配系统和照明等各部分分项计量配电系统图
		照明施工图纸及设计说明	需详细说明各功能房间的照度设计值、照明功率密度设计值
		景观照明设计施工文件	
	其他材料	室内背景噪声计算文件	
自选材料	规划设计	废弃场地利用资料	场地地形图、相应的环评报告书（表）、检测评估报告、处理方案等
		旧建筑评价分析资料	场地地形图、旧建筑相关图纸或照片、旧建筑改造方案及施工资料（图纸和说明）、旧建筑结构检测报告等。 如未利用旧建筑，可免
	建筑设计	建筑施工图纸、文件	1. 无障碍设计的说明文字或总平面图和建筑各层平面图中无障碍设施的设计； 2. 可变换功能的室内空间采用灵活隔断的计算书及说明［可变换功能的室内空间为总建筑面积减去不可改变功能的室内空间（如走廊、楼梯、电梯井、卫生间、设备机房、公共管井等）的建筑面积］； 3. 门窗表
	景观设计	景观设计施工图纸和说明	
		场地铺装图	应包含的信息点：透水地面位置、面积、铺装材料
		屋顶绿化设计施工图纸	应包含的信息点：屋顶绿化方式、绿化面积、屋顶可绿化面积、种植苗木表
		垂直绿化设计	此处的垂直绿化主要指建筑墙面绿化，应包含的信息点：垂直绿化的方案、位置、苗木表

续表

材料属性	材料分类	材料名称	要求说明
自选材料	暖通设计	暖通设计施工图纸、文件	1. 蓄冷、蓄热技术设计说明及计算报告； 2. 排风热回收系统设计说明、效益分析、系统施工图； 3. 余热利用； 4. 风机单位风量耗功率、冷热源系统的输送能效比； 5. 分布式热电冷联供系统设计说明； 6. 末端系统的调控说明； 7. 遮阳系统设计施工图纸及说明
		室外风环境模拟分析报告	对不同造型、不同布局建筑的室外风环境进行模拟计算，并提出最优设计方案
		自然通风模拟分析报告	对于利用风压、热压进行自然通风的建筑，需要对其自然通风效果进行模拟计算，提供自然通风换气次数计算说明文档
		可再生能源（风能、太阳能、水能、生物质能、地热能、海洋能等等）设计文件	可再生能源利用系统设计说明、能够提供的电量或者提供的热水量、可再生能源利用率
	给排水设计	给排水施工图、设计说明	1. 绿化灌溉方式及设施等说明； 2. 再生水利用方案，包含水源选择的技术经济分析
		雨水系统方案及技术经济分析	技术经济分析中应包括系统设计容量的分析计算
		非传统水源利用率计算说明书	
	结构建材	土建与装修一体化设计施工证明材料或避免重复装修的证明材料	
		高性能混凝土、高强度钢使用情况资料	高性能混凝土、高强度钢使用说明文件及比例计算书，关于所采用的混凝土、钢材合理性论证材料
		结构体系设计资料	建筑结构体系（包括各水平、竖向分体系，基坑支护方案）优化论证资料

续表

材料属性	材料分类	材料名称	要求说明
自选材料	结构建材	现浇混凝土全部采用预拌混凝土的相关证明	
		材料用量比例计算书	可再循环材料使用比例计算书
	电气设计	电气施工图纸及设计说明	包含建筑智能化设计
		室内空气质量监控系统设计文件	包括 CO_2 参数的监控和通风系统的联动
	其他材料	场地环境噪声分析计算报告	
		建筑构件隔声性能分析计算报告	
		采光分析计算报告	对室内自然采光效果进行模拟计算，提供照度、采光系数的计算说明文档，对地下室或室内空间有增强自然采光的措施要进行说明

说明：

1. 所有的文件都必须提交签字盖章的有效纸质文件，图纸应是经过审查的签字盖章的施工图蓝图，相关证明文件须加盖完成单位公章；除特别规定外，相关的设计内容应有设计施工图作为证明，单独文本说明文件一般不能起到证明作用；

2. 括号中的内容必须包含但不限于此类材料应提供的信息；

3. 清单中涉及的分析、计算、模拟报告均指根据项目实际条件进行的分析计算模拟报告，需提供相应的图纸等支持文件，并加盖完成单位公章；

对于模拟报告，其中应有对所使用软件类型、版本的简要说明，以及对模型简化方法、主要参数设置的介绍。另外，模拟报告除需提供打印版本之外，还应提供模拟过程中的相关电子文件（光盘版）；

4. 清单中涉及的检测报告、检验报告、评价报告指由相关管理机构或通过国家计量认证（CMA）及国家实验室认可（CNAS）的第三方检测机构提供的正式报告复印件，由第三方检测机构提供的证明材料中应包括该机构相关资质证明文件复印件；

5. 上述要求的设计文件、图纸、技术书、施工图等，在明确参评范围后，只需提供与绿色建筑评价内容相关的资料；

6. 所有证明材料按“基本材料”、“规划设计”、“建筑设计”、“景观设计”、“暖通设计”、“给排水设计”、“结构建材”、“电气设计”和“其他材料”分类整理并编号；电子版资料与纸质版资料必须一致，并在申报书的相应材料列表中注明（图纸材料仅需归类列出类别名称，注明图号范围，无需详单）；电子版材料分类归入不同文件夹，纸质版材料分类装订成册并装盒；

7. 在打包或装订的各类材料的首页附此类材料的清单及图纸详单。

绿色建筑评价标识证明材料要求及清单（住宅建筑）　　附表 7-3

材料属性	材料分类	材料名称	要求说明
基本材料	项目审批文件	土地使用证	
		立项批复文件	
		规划许可证	
		施工许可证	
	建设单位文件	建设单位简介	
		建设单位法人证书	
		开发资质证明	
		银行出具的固定资产、年产值、负债证明材料	
	设计单位文件	设计单位简介	
		设计单位资质证书	
		设计实例介绍	
	施工单位文件	施工单位简介	
		施工单位资质证书	
	监理单位文件	监理单位简介	
		监理单位资质证书	
	物业单位文件	物业单位简介	
		物业单位资质证书	
	其他补充材料		

续表

材料属性	材料分类	材料名称	要求说明
必交材料	规划设计	规划图纸	标有清晰的红线、绿线，以及提供能反映本地块与周边居住类地块的空间相邻关系的数据（距离、高度等）
		环评报告书（表）	应包含的信息点： 1. 场地建设不破坏当地文物、自然水系、湿地、基本农田、森林和其他保护区； 2. 建筑场地选址无洪灾、泥石流及含氡土壤的威胁，建筑场地安全范围内无电磁辐射危害和火、爆、有毒物质等危险源； 3. 场地内无排放超标的污染源； 4. 场地环境噪声
		场址检测报告或项目立项书	
	建筑设计	场地地形图	
		建筑专业竣工图纸、设计说明	1. 建筑总平面图（标明技术经济指标：绿地率、人均居住用地指标；人均公共绿地面积等）； 2. 绿地面积、人均公共绿地面积计算图纸：圈出各块范围并注明面积，注明计算依据及计算过程； 3. 各层平面图，其中地下室各层平面图需标明地下室空间使用功能； 4. 绿化层建筑平面； 5. 户型设计图； 6. 窗墙比、体形系数、最终装修竣工图及设计说明； 7. 建筑立面图； 8. 围护结构做法详图； 9. 门窗表； 10. 垃圾处理系统、垃圾站（间）竣工图及设计说明
		面积比例计算书	1. 双层外墙面积占外墙总面积比例的计算书； 2. 房间窗地面积比计算书； 3. 房间通风可开口面积与地板面积比计算书
		建筑效果图	
		日照模拟分析报告	对各栋建筑的日照时间进行模拟计算，提供详细的计算说明书
		项目所在地交通地图	须是正规交通地图，并标出项目所在地，项目主要出入口、公共交通线路站点并明确有几条公交线路

续表

材料属性	材料分类	材料名称	要求说明
必交材料	景观设计	景观竣工图纸和说明	包含总平面图
		种植竣工图	应标明具体的植物名称及数量
		苗木表	应与种植图对应，并统计各种植物的数量
	暖通设计	建筑围护结构的热工设计竣工图纸和相关设计计算书	1. 围护结构热工性能、窗户气密性； 2. 防结露措施的详细说明及构造做法详图
		暖通竣工图纸、设计说明	1. 暖通设计说明（室内外设计参数、系统形式）； 2. 设备列表及性能参数计算说明书（机组额定工况能效比）； 3. 机房图纸； 4. 暖通平面图纸； 5. 集中采暖空调系统的热量分户计量系统图及说明； 6. 户式新风系统的新风量说明文字
		节能计算书	该节能计算书应以国家批准或备案的建筑节能标准中的参照建筑作为比较对象。说明书中应明确说明能耗模拟中的详细设定，包括热工参数、人员作息、设备作息、室内热扰等的设定
		施工过程控制文件	1. 冷热源机组的形式检验报告、出厂检验报告； 2. 建设监理单位对于围护结构相关材料/产品、冷热源机组、新风系统的进场验收/复验记录、分项工程和检验批的质量验收记录，相关管理部门的检查记录
	给排水设计	水系统规划方案及说明（含水平衡图或表）、非传统水源利用方案，实际落实情况	

续表

材料属性	材料分类	材料名称	要求说明
必交材料	给排水设计	给排水竣工图、设计说明（包含设置防止管网漏损措施的设计说明）	1. 给排水系统竣工图及设计说明（包含室内外给排水系统，须写明管材、管件、接口、阀门、水表、节水器具等的选用，管道敷设、试压等工程措施）； 2. 非传统水源系统竣工图及设计说明（包含系统图、水量平衡和非传统水源系统室外总图，须在总平面图上标注非传统水源系统位置）； 3. 水表设置的平面示意图
		非传统水源水质检验报告	包括日常自检和第三方检测机构出具的送检报告
		景观用水设计说明	
		施工过程控制文件	1. 给排水管网防漏损相关产品、节水器具的形式检验报告、出厂检验报告； 2. 建设监理单位对于给排水管网防漏损相关产品、节水器具的进场验收/复验记录、分项工程和检验批的质量验收记录，相关管理部门的检查记录
		系统运行记录及分析文件	1. 用水量计量情况报告（全年逐月分析）； 2. 供水、排水水质运行监测报告
	结构建材	结构竣工图纸	结构设计总说明、各层结构平面图
		建筑工程造价决算表及装饰性构件造价比例计算书	1. 全部疑似装饰性构件及其功能一览表； 2. 土建工程决算书； 3. 建筑工程造价决算表； 4. 装饰性构件造价占工程总造价比例计算书。 如无装饰性构件可不必提供
		工程决算材料清单	由开发单位提供，包含材料生产厂家的名称、地址、材料用量等
		施工过程控制文件	1. 建材/产品的形式检验报告、出厂检验报告（包括有害物质散发情况）； 2. 建设监理单位对于建材/产品的进场验收/复验记录、分项工程和检验批的质量验收记录，相关管理部门的检查记录

续表

材料属性	材料分类	材料名称	要求说明
必交材料	电气设计	电气竣工图纸及设计说明	
		照明竣工图纸及设计说明	需详细说明各功能房间的照度设计值、照明功率密度设计值，照明产品清单
	其他材料	室内空气污染物浓度检测报告	
		室内背景噪声计算文件或现场检测报告	
		建筑构件隔声性能分析计算或检测报告	
		室内采光分析计算报告或现场检测报告	对不同朝向、不同楼层的典型户型室内自然采光效果进行模拟计算，提供照度、采光系数的计算说明文档
		照明质量检测报告	
		物业管理文档	1. 节能管理模式、收费模式等节能管理制度； 2. 梯级用水原则和节水方案等节水管理制度； 3. 建筑、设备、系统的维护制度和耗材管理制度； 4. 绿化用水的使用及计量、各种杀虫剂、除草剂、化肥、农药等化学药品的规范使用等绿化管理制度； 5. 垃圾管理制度
		物业日常管理记录	设备、用水、绿化等
		施工管理落实文件	1. 施工组织设计资料（控制扬尘及大气污染、土壤侵蚀和污染、污水、噪声、照明、现场围挡设置等）以及施工单位出具的严格照此施工的声明； 2. 或实施记录文件（包括实地照片、实时连续录像等）； 3. 或评审过相关内容的省部级以上奖项的相关证明材料

续表

材料属性	材料分类	材料名称	要求说明
自选材料	规划设计	规划图纸	住区公共服务设施配套说明
		热岛分析计算报告及措施，或热岛强度测试报告	测试报告需在典型气候条件下（所谓典型气候条件应与当地气象部门提供的过去几十年的风速、风向进行对比）进行
		废弃场地利用资料	场地地形图、相应的环评报告书（表）、检测评估报告、处理方案等
		旧建筑评价分析资料	场地地形图、旧建筑相关图纸或照片、旧建筑改造方案及竣工资料（图纸和说明）、旧建筑结构检测报告等。 如未利用旧建筑，可免
	景观设计	场地铺装图	应包含的信息点：铺装材料、透水地面面积、铺装材料
	暖通设计	暖通设计竣工图纸、文件	1. 风机单位风量耗功率、冷热源系统的输送能效比； 2. 能量回收系统设计说明及竣工图、节能效益分析； 3. 末端系统的调控说明； 4. 遮阳系统设计竣工图纸及说明； 5. 使用蓄能、调湿或改善室内空气质量的功能材料技术说明或检测报告
		室外风环境模拟分析报告及措施，或现场测试报告	对不同造型、不同布局建筑的室外风环境进行模拟计算，并提出最优设计方案； 现场测试报告需在典型气候条件下（应与当地气象部门提供的过去几十年的风速、风向进行对比）进行
		自然通风模拟分析报告	对于利用风压、热压进行自然通风的建筑，需要对其自然通风效果进行模拟计算，提供诸如自然通风换气次数等计算说明文档

续表

材料属性	材料分类	材料名称	要求说明
自选材料	暖通设计	可再生能源（风能、太阳能、水能、生物质能、地热能、海洋能等等）设计文件	可再生能源利用系统设计说明和竣工图纸、能够提供的电量或者提供的热水量、可再生能源利用率
		围护结构内表面温度计算书	包含自然通风条件下的房间的屋顶和东、西外墙内表面的最高温度的计算结果
		施工过程控制文件	1. 外窗产品、能量回收系统相关产品、可再生能源产品的型式检验报告、出厂检验报告； 2. 建设监理单位对于外窗产品的进场验收/复验记录、分项工程和检验批的质量验收记录，相关管理部门的检查记录； 3. 建设监理单位对于能量回收系统的竣工验收资料（风量、热交换效率的检验记录）
		系统运行记录及分析文件	能量回收系统、可再生能源利用的运行记录或测试报告
	给排水设计	给排水竣工图、设计说明	1. 绿化灌溉方式及设施等说明； 2. 再生水利用方案，包含水源选择的技术经济分析； 3. 项目开发前后场地综合径流系数和雨水外排量计算比较； 4. 雨水入渗措施的详图、雨水径流途径、设计施工说明
		再生水利用许可文件	当地市政主管部门对项目使用市政再生水或自建中水设施的相关规定，项目使用市政再生水的许可文件
		雨水系统方案及技术经济分析	技术经济分析中应包括水量平衡分析、系统容量计算等技术经济分析内容
		非传统水源利用率计算说明书	运行使用阶段应按照全年用水量计量结果计算非传统水源利用率
		施工过程控制文件	绿化灌溉产品的型式检验报告、出厂检验报告
		系统运行记录及分析文件	给排水系统运行数据报告（包括雨水系统等非传统水源、自来水补水等的按来源和用途区分的用水量分项计量记录报告，全年逐月分析）

续表

材料属性	材料分类	材料名称	要求说明
自选材料	结构建材	土建与装修一体化设计施工证明材料或避免重复装修的证明材料	土建和装修的竣工图及设计说明
		工程主要材料采购合同	1. 工程主要材料采购合同； 2. 预拌混凝土、商品砂浆等的供货单
		高性能混凝土、高强度钢使用情况资料	高性能混凝土、高强度钢使用说明文件及比例计算书，关于所采用的混凝土、钢材合理性论证材料，混凝土检验报告（含耐久性指标）
		结构体系设计资料	建筑结构体系（包括各水平、竖向分体系，基坑支护方案）优化论证资料
		以废弃物为原料生产的建筑材料的使用数量、废弃物掺量的说明	
		材料用量比例计算书	500km 以内建筑材料用量比例计算书，商品砂浆用量比例、可再循环材料使用比例、工厂化预制的装修材料或部件重量占装饰装修材料总重量的比例、以废弃物为原料生产的建材使用比例、可再利用材料使用比例计算书
		施工过程控制文件	建设监理单位对于高性能混凝土、高强度钢的进场验收/复验记录、分项工程和检验批的质量验收记录，相关管理部门的检查记录
	电气设计	电气竣工图纸及设计说明	包含建筑智能化设计
		室内空气质量监控系统设计文件	包括 CO_2 参数的监控和通风系统的联动
		施工过程控制文件	1. 照明产品的形式检验报告、出厂检验报告； 2. 建设监理单位对于照明产品的进场验收/复验记录、分项工程和检验批的质量验收记录，相关管理部门的检查记录
		系统运行记录及分析文件	建筑智能化系统运行记录

续表

材料属性	材料分类	材料名称	要求说明
自选材料	其他材料	场地环境噪声控制文件	1. 场地环境噪声分析计算报告； 2. 运行后的环境噪声现场测试报告或现场措施落实情况说明
		施工过程控制文件	施工废弃物管理规定，施工现场废弃物回收利用记录
		水、电、燃气分户、分类计量与收费相关的竣工图纸及说明	如非分户、分类计量与收费，可免
		物业管理文档	1. 物业管理合同（水、电、燃气分户、分类计量收费情况）； 2. 绿化植物维护管理制度
		物业日常管理记录	1. 化学药品的进货清单与使用记录； 2. 垃圾分类收集率
		物业管理公司的资质证书	

说明：

1. 所有的文件都必须提交签字盖章的有效纸质文件，图纸应是经过审查的签字盖章的竣工图蓝图，相关证明文件须加盖完成单位公章；除特别规定外，相关的设计内容应有图纸作为证明，单独文本说明文件一般不能起到证明作用；

2. 括号中的内容必须包含但不限于此类材料应提供的信息；

3. 清单中涉及的分析、计算、模拟报告均指根据项目实际条件进行的分析计算模拟报告，需提供相应的图纸、运行记录等支持文件，并加盖完成单位公章；

对于模拟报告，其中应有对所使用软件类型、版本的简要说明，以及对模型简化方法、主要参数设置的介绍。另外，模拟报告除需提供打印版本之外，还应提供模拟过程中的相关电子文件（光盘版）；

4. 清单中涉及的检测报告、检验报告、评价报告指由相关管理机构或通过国家计量认证（CMA）及国家实验室认可（CNAS）的第三方检测机构提供的正式报告复印件，由第三方检测机构提供的证明材料中应包括该机构相关资质证明文件复印件；

5. 上述要求的设计文件、图纸、技术书、竣工图等，在明确参评范围后，只需提供与绿色建筑评价内容相关的资料；

6. 所有证明材料按“基本材料”、“规划设计”、“建筑设计”、“景观设计”、“暖通设计”、“给排水设计”、“结构建材”、“电气设计”和“其他材料”分类整理并编号；电子版资料与纸质版资料必须一致，并在申报书的相应材料列表中注明（图纸材料仅需归类列出类别名称，注明图号范围，无需详单）；电子版材料分类归入不同文件夹，纸质版材料分类装订成册并装盒；

7. 在打包或装订的各类材料的首页附此类材料的清单及图纸详单。

绿色建筑评价标识证明材料要求及清单（公共建筑）　　附表 7-4

材料属性	材料分类	材料名称	要求说明
基本材料	项目审批文件	土地使用证	
		立项批复文件	
		规划许可证	
		施工许可证	
	建设单位文件	建设单位简介	
		建设单位法人证书	
		开发资质证明	
		银行出具的固定资产、年产值、负债证明材料	
	设计单位文件	设计单位简介	
		设计单位资质证书	
		设计实例介绍	
	施工单位文件	施工单位简介	
		施工单位资质证书	
	监理单位文件	监理单位简介	
		监理单位资质证书	
	物业单位文件	物业单位简介	
		物业单位资质证书	
	其他补充材料		

续表

材料属性	材料分类	材料名称	要求说明
必交材料	规划设计	规划图纸	须标有清晰的红线、绿线，以及提供能反映本地块与周边居住类地块的空间相邻关系的数据（距离、高度等）
		环评报告书（表）	应包含的信息点： 1. 场地建设不破坏当地文物、自然水系、湿地、基本农田、森林和其他保护区； 2. 建筑场地选址无洪灾、泥石流及含氡土壤的威胁，建筑场地安全范围内无电磁辐射危害和火、爆、有毒物质等危险源； 3. 场地内无排放超标的污染源； 4. 项目运营期无超标污染排放； 5. 场地环境噪声
		日照分析报告	
		场址检测报告或项目立项书	
	建筑设计	场地地形图	
		建筑专业竣工图纸、设计说明	1. 总平面图（标明技术经济指标）； 2. 各层平面图，其中地下室各层平面图中需标明地下室空间使用功能； 3. 绿化层建筑平面图； 4. 窗墙比、体形系数、最终装修竣工图及设计说明、设备房的位置、地下室或室内空间有否增强自然采光的措施； 5. 建筑立面图； 6. 围护结构做法详图； 7. 垃圾处理系统竣工图及说明
		建筑效果图	
		项目所在地交通地图	须是正规交通地图，并标出项目所在地，项目主要出入口、公共交通线路站点并明确有几条公交线路
	景观设计	种植竣工图	应标明具体的植物名称及数量
		苗木表	应与种植图对应，并统计各种植物的数量

续表

材料属性	材料分类	材料名称	要求说明
必交材料	暖通设计	建筑围护结构的热工设计竣工图纸和相关设计计算书	1. 围护结构热工性能、窗户气密性； 2. 防结露措施的详细说明及构造做法详图
		暖通竣工图纸、设计说明	1. 暖通设计说明（室内外设计参数、系统形式）； 2. 设备列表及性能参数计算说明书（机组额定工况能效比、机组部分负荷工况能效比）； 3. 机房图纸； 4. 暖通平面图纸； 5. 特殊空间气流组织设计说明； 6. 户式新风系统的新风量说明文字
		节能计算书	该节能计算书应以《公共建筑节能设计标准》中的参考建筑作为比较对象。说明书中应明确说明能耗模拟中的详细设定，包括人员作息、设备作息、室内热扰等的设定
		幕墙主要竣工资料	需包含光污染分析说明
		施工过程控制文件	1. 冷热源机组的形式检验报告、出厂检验报告； 2. 建设监理单位对于围护结构相关材料/产品、冷热源机组的进场验收/复验记录、分项工程和检验批的质量验收记录，相关管理部门的检查记录； 3. 建设监理单位及相关管理部门提供的设备系统的运行调试竣工验收记录（包括新风量测试）
		系统运行记录及分析文件	1. 能耗分项计量运行记录、分项计量能耗分析报告（至少有一个采暖季或空调季的记录数据）； 2. 建筑房间内温度、湿度的运行记录数据； 3. 新风系统的运行检测记录

续表

材料属性	材料分类	材料名称	要求说明
必交材料	给排水设计	水系统规划方案及说明（含水平衡图或表）、非传统水源利用方案，实际落实情况	
		给排水竣工图、设计说明（包含设置防止管网漏损措施的设计说明）	1. 给排水系统竣工图及设计说明（包含室内外给排水系统，须写明管材、管件、接口、阀门、水表、节水器具等的选用，管道敷设、试压等工程措施）； 2. 非传统水源系统竣工图及设计说明（包含系统图、水量平衡和非传统水源系统室外总图，须在总平面图上标注非传统水源系统位置）； 3. 水表设置的平面示意图
		非传统水源水质检验报告	包括日常自检和第三方检测机构出具的送检报告
		景观水体竣工图及设计说明	如无景观水体，可免
		施工过程控制文件	1. 给排水管网防漏损相关产品、节水器具的形式检验报告、出厂检验报告； 2. 建设监理单位对于给排水管网防漏损相关产品、节水器具的进场验收/复验记录、分项工程和检验批的质量验收记录，相关管理部门的检查记录
		系统运行记录及分析文件	用水量计量情况报告（全年逐月分析）
	结构建材	结构竣工图	结构设计总说明、各层结构平面图
		建筑工程造价决算表及装饰性构件造价比例计算书	1. 全部疑似装饰性构件及其功能一览表； 2. 土建工程决算书； 3. 建筑工程造价决算表； 4. 装饰性构件造价占工程总造价比例计算书。 如无装饰性构件可不必提供
		工程决算材料清单	由开发单位提供，包含材料生产厂家的名称、地址、材料用量

续表

材料属性	材料分类	材料名称	要求说明
必交材料	结构建材	施工过程控制文件	1. 建材/产品的形式检验报告、出厂检验报告（包括有害物质散发情况）； 2. 建设监理单位对于建材/产品的进场验收/复验记录、分项工程和检验批的质量验收记录，相关管理部门的检查记录
	电气设计	分项计量图纸	冷热源、输配系统和照明等各部分分项计量配电系统图
		照明竣工图纸及设计说明	需详细说明各功能房间的照度设计值、照明功率密度设计值，照明产品清单
		景观照明竣工文件	
	其他材料	室内空气污染物浓度检测报告	
		室内背景噪声计算文件及现场检测报告	
		照明质量检测报告	
		物业管理文档	1. 节能管理模式、收费模式等节能管理制度； 2. 梯级用水原则和节水方案等节水管理制度； 3. 建筑、设备、系统的维护制度和耗材管理制度； 4. 绿化用水的使用及计量、各种杀虫剂、除草剂、化肥、农药等化学药品的规范使用等绿化管理制度； 5. 垃圾管理制度
		物业日常管理记录	设备、用水、绿化等
		施工管理落实文件	1. 施工组织设计资料（控制扬尘及大气污染、土壤侵蚀和污染、污水、噪声、照明、现场围挡设置等）以及施工单位出具的严格照此施工的声明； 2. 或实施记录文件（包括实地照片、实时连续录像等）； 3. 或评审过相关内容的省部级以上奖项的相关证明材料
		工程决算材料清单	由开发单位提供，包含材料生产厂家的名称、地址、材料用量

续表

材料属性	材料分类	材料名称	要求说明
自选材料	规划设计	废弃场地利用资料	场地地形图、相应的环评报告书（表）、检测评估报告、处理方案等
		旧建筑评价分析资料	场地地形图、旧建筑相关图纸或照片、旧建筑改造方案及竣工资料（图纸和说明）、旧建筑结构检测报告等。 如未利用旧建筑，可免
	建筑设计	建筑竣工图纸、文件	1. 无障碍设计的说明文字或总平面图和建筑各层平面图中无障碍设施的设计； 2. 可变换功能的室内空间采用灵活隔断的计算书及说明［可变换功能的室内空间为总建筑面积减去不可改变功能的室内空间（如走廊、楼梯、电梯井、卫生间、设备机房、公共管井等）的建筑面积］； 3. 门窗表
	景观设计	景观竣工图纸和说明	
		场地铺装图	应包含的信息点：铺装材料、透水地面面积、铺装材料
		屋顶绿化竣工图纸	应包含的信息点：屋顶绿化方式、绿化面积、屋顶可绿化面积、种植苗木表
		垂直绿化设计	此处的垂直绿化主要指建筑墙面绿化，应包含的信息点：垂直绿化的方案、位置、苗木表
	暖通设计	暖通设计竣工图纸、文件	1. 蓄冷、蓄热技术设计说明及计算报告； 2. 新风预热（或预冷）系统竣工图纸及设计说明、节能效益分析； 3. 余热利用； 4. 风机单位风量耗功率、冷热水系统的输送能效比的计算书或测试记录； 5. 分布式热电冷联供系统设计说明； 6. 末端系统的调控说明； 7. 遮阳系统设计竣工图纸及说明

续表

材料属性	材料分类	材料名称	要求说明
自选材料	暖通设计	室外风环境模拟分析报告及措施，或现场测试报告	对不同造型、不同布局建筑的室外风环境进行模拟计算，并提出最优设计方案； 现场测试报告需在典型气候条件下（应与当地气象部门提供的过去几十年的风速、风向进行对比）进行
		自然通风模拟分析报告	对于利用风压、热压进行自然通风的建筑，需要对其自然通风效果进行模拟计算，提供自然通风换气次数计算说明文档
		可再生能源（风能、太阳能、水能、生物质能、地热能、海洋能等等）设计文件	可再生能源利用系统设计说明和竣工图纸、能够提供的电量或者提供的热水量、可再生能源利用率
		外窗产品气密性检测检验报告	必要时，需提供现场抽样检测报告
		施工过程控制文件	1. 新风预热（或预冷）系统相关产品、可再生能源产品的形式检验报告、出厂检验报告； 2. 建设监理单位对于外窗产品的进场验收/复验记录、分项工程和检验批的质量验收记录，相关管理部门的检查记录； 3. 建设监理单位对于新风预热（或预冷）系统的竣工验收资料（风量、热交换效率的检验记录）
		系统运行记录及分析文件	空调系统部分负荷运行、余热利用、新风预热（或预冷）系统利用、蓄冷蓄热技术应用、分布式热电冷联供系统运行、可再生能源利用的运行记录或测试报告

续表

材料属性	材料分类	材料名称	要求说明
自选材料	给排水设计	给排水竣工图、设计说明	1. 绿化灌溉方式及设施等说明； 2. 再生水利用方案，包含水源选择的技术经济分析； 3. 水表层级设置的示意图
		再生水利用许可文件	当地市政主管部门对项目使用市政再生水或自建中水设施的相关规定，项目使用市政再生水的许可文件
		雨水系统方案及技术经济分析	技术经济分析中应包括水量平衡分析、系统容量计算等技术经济分析内容
		非传统水源利用率计算说明书	运行使用阶段应按照全年用水量计量结果计算非传统水源利用率
		施工过程控制文件	绿化灌溉产品形式检验报告、出厂检验报告
		系统运行记录及分析文件	给排水系统运行数据报告（包括雨水系统等非传统水源、自来水补水等的按来源和用途区分的用水量分项计量记录报告，全年逐月分析）
	结构建材	土建与装修一体化设计施工证明材料或避免重复装修的证明材料	土建和装修的竣工图及设计说明
		工程主要材料采购合同	1. 工程主要材料采购合同； 2. 预拌混凝土供货单
		高性能混凝土、高强度钢使用情况资料	高性能混凝土、高强度钢使用说明文件及比例计算书，关于所采用的混凝土、钢材合理性论证材料，混凝土检验报告（含耐久性指标）
		结构体系设计资料	建筑结构体系（包括各水平、竖向分体系，基坑支护方案）优化论证资料
		以废弃物为原料生产的建筑材料的使用数量、废弃物掺量的说明	

续表

材料属性	材料分类	材料名称	要求说明
自选材料	结构建材	材料用量比例计算书	500km以内建筑材料用量比例计算书，可再循环材料使用比例、以废弃物为原料生产的建材使用比例、可再利用材料使用比例计算书
		施工过程控制文件	建设监理单位对于高性能混凝土、高强度钢的进场验收/复验记录、分项工程和检验批的质量验收记录，相关管理部门的检查记录
	电气设计	电气竣工图纸及设计说明	包含建筑智能化设计
		室内空气质量监控系统设计文件、运行记录	包括 CO_2 参数的监控和通风系统的联动
		施工过程控制文件	1. 照明产品的形式检验报告、出厂检验报告； 2. 建设监理单位对于照明产品的进场验收/复验记录、分项工程和检验批的质量验收记录，相关管理部门的检查记录； 3. 建设监理单位提供的建筑智能化系统验收报告
		系统运行记录及分析文件	建筑智能化系统运行记录
	其他材料	场地环境噪声控制文件	1. 场地环境噪声分析计算报告； 2. 运行后的环境噪声现场测试报告或现场措施落实情况说明
		建筑构件隔声性能分析计算及检测报告	
		采光分析计算报告	对室内自然采光效果进行模拟计算，提供照度、采光系数的计算说明文档，对地下室或室内空间有增强自然采光的措施要进行说明
		施工过程控制文件	1. 施工废弃物管理规定，施工现场废弃物回收利用记录； 2. 施工组织设计资料（土方平衡、道路设置）

续表

材料属性	材料分类	材料名称	要求说明
自选材料	其他材料	物业管理文档	1. 空调通风系统的管理措施； 2. 物业管理措施（空调、照明、输配、其他动力用能系统等分项计量情况）； 3. 物业管理合同（耗电、冷热量等分项计量收费情况）； 4. 运行阶段业主和租用者以及管理企业之间的合同（有否节约管理的激励机制）
		物业日常管理记录	通风系统维护记录
		物业管理公司的资质证书	

说明：

1. 所有的文件都必须提交签字盖章的有效纸质文件，图纸应是经过审查的签字盖章的竣工图蓝图，相关证明文件须加盖完成单位公章；除特别规定外，相关的设计内容应有图纸作为证明，单独文本说明文件一般不能起到证明作用；

2. 括号中的内容必须包含但不限于此类材料应提供的信息；

3. 清单中涉及的分析、计算、模拟报告均指根据项目实际条件进行的分析计算模拟报告，需提供相应的图纸、运行记录等支持文件，并加盖完成单位公章；

对于模拟报告，其中应有对所使用软件类型、版本的简要说明，以及对模型简化方法、主要参数设置的介绍。另外，模拟报告除需提供打印版本之外，还应提供模拟过程中的相关电子文件（光盘版）；

4. 清单中涉及的检测报告、检验报告、评价报告指由相关管理机构或通过国家计量认证（CMA）及国家实验室认可（CNAS）的第三方检测机构提供的正式报告复印件，由第三方检测机构提供的证明材料中应包括该机构相关资质证明文件复印件；

5. 上述要求的设计文件、图纸、技术书、竣工图等，在明确参评范围后，只需提供与绿色建筑评价内容相关的资料；

6. 所有证明材料按“基本材料”、“规划设计”、“建筑设计”、“景观设计”、“暖通设计”、“给排水设计”、“结构建材”、“电气设计”和“其他材料”分类整理并编号；电子版资料与纸质版资料必须一致，并在申报书的相应材料列表中注明（图纸材料仅需归类列出类别名称，注明图号范围，无需详单）；电子版材料分类归入不同文件夹，纸质版材料分类装订成册并装盒；

7. 在打包或装订的各类材料的首页附此类材料的清单及图纸详单。